Wolfram Brümmer

Management von DV-Projekten

Aus dem Bereich DV-Praxis

Die Feinplanung von DV-Systemen
von Georg Liebetrau

Modernes Projektmanagement
von Erik Wischnewski

Netzplantechnik
von Oskar Reichert

Management von DV-Projekten
von Wolfram Brümmer

Computergestützte Netzplantechnik
von Oskar Reichert

Qualitätsoptimierung der Software-Entwicklung
von Georg Erwin Thaller

Management von Softwareprojekten
von Peter F. Elzer

Vieweg

Wolfram Brümmer

Management von DV-Projekten

Praxiswissen zur erfolgreichen Projektorganisation
in mittelständischen Unternehmen

Gedruckt auf säurefreiem Papier
ISBN 978-3-663-05770-3   ISBN 978-3-663-05769-7 (eBook)
DOI 10.1007/978-3-663-05769-7

Vorwort

Dies ist die allseits bekannte, leidvolle Geschichte von vier Mitarbeitern mit den vielsagenden Namen:

Jeder, Jemand, Irgendjemand und Niemand.

Es ging darum, eine wichtige Arbeit zu erledigen und **Jeder** war sicher, daß sich **Jemand** darum kümmert.

Irgendjemand hätte es tun können, aber **Niemand** tat es.

Jemand wurde wütend, weil es **Jeder´s** Arbeit war.

Jeder dachte, **Irgendjemand** könnte es schon machen, aber **Niemand** wußte, daß **Jeder** es nicht tun würde.

Schließlich beschuldigte **Jeder Jemand**, weil **Niemand** tat, was **Irgendjemand** hätte tun können.

Viele notleidende Projekte vermitteln beim ersten Hinsehen den Eindruck, daß sie durch das Verhalten von einem, mehreren oder gar allen Vieren dieser Mitarbeiter Schaden genommen haben!

Wieviel Kapital und Ressourcen wurden schon vergeudet, vom meist nicht einmal mehr darstellbaren Nutzungsausfall wegen verspäteter oder ungenügender Betriebsbereitschaft wollen wir gar nicht erst reden.

Lassen Sie diese zunächst sehr lustig erscheinende Geschichte noch einmal Revue passieren und analysieren Sie die Bedeutung der gemachten Aussagen. Sie werden feststellen: der Mißerfolg lag nur begründet in der Nichtbeachtung von zwei Tugenden des modernen Managements:

Kommunikation und Delegation.

Das obige Dilemma wäre doch einfach vermieden worden durch die verbindliche Beantwortung der simplen Frage:

Wer macht was bis wann?

Diese oft nur unvollständig, oder manchmal auch gar nicht beantwortete Frage ist eine Situation, auf die man immer wieder trifft. Die Führungskonzepte und Managementwerkzeuge sind zwar häufig bekannt, werden aber in der Hektik des Tagesgeschäfts nicht oder nur halbherzig eingesetzt.

Gerade bei der Projektarbeit ist es entscheidend, daß die beteiligten Personen für die Dauer des Projekts nicht nur optimal arbeiten, sondern vor allem auch optimal **zusammenarbeiten**. Keine noch so ausgefeilte Managementmethode allein kann ein Projekt voranbringen, nur durch das engagierte Zusammenwirken aller Beteiligten werden Fortschritte erzielt und schlußendlich wird das klar definierte Projektziel erreicht.

Die normalen Kommunikationskanäle des Betriebs sind für Projektarbeit meist nicht tauglich und müssen erst überarbeitet werden, damit sie auch bei der Projektorganisation funktionieren.

Führungskraft in einem Projekt zu sein, ist eine Herausforderung an die Persönlichkeit des Projektleiters und für viele Mitarbeiter ist es der Einstieg in weiterführende Managementaufgaben. Das Bemerkenswerte an einem Projekt ist es, daß längst nicht alles so verläuft, wie man es vom normalen Tagesgeschäft gewohnt ist. Man bewegt sich oft wie ein Forscher auf Neuland und muß Führungsaufgaben übernehmen in Teams, die nur für das Projekt zusammengestellt wurden.

Diese Situation erfordert daher ein anderes Führungsverhalten als im herkömmlichen Linienmanagement, ein stärker auf Motivation durch Inhalte ausgelegter Führungsstil ist notwendig.

Mit manchmal skeptischen, gar widerstrebenden Fachbereichen muß man mit fast missionarischem Eifer verhandeln. Bei den in den meisten Fällen bereichsübergreifenden Projekten ist der Projektleiter auch der Moderator, der neben der Projektarbeit darauf achtet, daß die Unternehmensziele, die Projektziele und dann die Abteilungsziele, und zwar in dieser Reihenfolge der Wichtigkeit, erreicht werden.

Oft genug werden Projekte begonnen, bei denen der Projektverantwortliche sich zuerst seine Werkzeuge und seine Managementkonzeption erarbeiten muß, bevor mit der eigentlichen Projektarbeit begonnen werden kann. Hierbei, in diesem frühen Stadium eines Projekts, soll ihm dieses Buch Hilfe zur Selbsthilfe vermitteln.

Dieses Buch schildert zunächst die grundsätzlichen Voraussetzungen für erfolgreiche Projektarbeit, vermittelt sozusagen die Spielregeln und stellt dazu das Prokektphasenmodell vor. Im weiteren Verlauf werden die wichtigsten Aktivitäten in jeder Phase angesprochen und mit praxisbezogenen Hinweisen kommentiert.

Dieses Handbuch ist für die Personen geschrieben, die Projektarbeit im Mittelstand verantwortlich durchführen und beaufsichtigen müssen. Es spricht daher sowohl den Projektverantwortlichen an, als auch seinen Auftraggeber und seine Mitarbeiter. Es nimmt Anregungen und Verfahrensweisen aus Großprojekten auf, paßt sie jedoch an auf ein im Mittelstand handhabbares Maß.

Neben praktischen Hinweisen zur Projektorganisation, aber auch zu den Bereichen der Personalführung und der Projektkostenrechnung werden ferner praxiserprobte Checklisten und Formulare für die Projektarbeit vorgestellt, die einfach für die eigene Arbeit übernommen und angepaßt werden können.

Projektmanagement ist keine neue Managementmethode, sondern verwendet bereits erprobte Werkzeuge und Verfahren, die in anderen Gebieten seit langem erfolgreich angewandt werden: Führungslehre, Organisationstechnik, Informationstechnik, Entscheidungstheorie, Kommunikationskonzepte, um nur einige Gebiete zu nennen.

Da aber Projekte in der Regel einmalige Aktionen sind, scheut man oft den Aufwand für ein Organisationshandbuch und die eindeutige Festlegung von Strukturen für das Berichtswesen. Somit öffnet man Tür und Tor zu Fehlentwicklungen, Leerlauf, explodierenden Kosten und geplatzten Terminen.

Durch konsequent durchgeführtes Projektmanagement lassen sich etliche zusätzliche Rationalisierungserfolge erzielen, auf jeden Fall werden Mehrkosten durch unklare, nicht eindeutige Vorgaben vermieden und der Projektnutzen, wie immer er auch dargestellt werden kann, trägt termingerecht zum Betriebsergebnis bei.

Leider ist man immer wieder versucht, mit zum teil fadenscheinigen Begründungen „unproduktive Verwaltungsarbeit" zu unterdrücken und „am Projektfortschritt" zu arbeiten. Wenn man ehrlich ist, muß man aber auch festhalten, daß dieses Unterdrükken von Verwaltungsarbeit manchmal ganz einfach ein „Sich vor der Wahrheit drücken" ist.

Unter dem Zeit- und Kostendruck will man immer wieder abkürzen, um das Projekt schnell fertigzustellen, aber vernachlässigen wir nicht die schmerzliche Erfahrung vieler Projektleiter:

Der kürzeste Weg ist oft der Holzweg.

Stellen Sie sicher, daß Sie bei Ihrem nächsten EDV-Projekt mit Ihrem neuen Team und den in diesem Buch vorgestellten Werkzeugen Erfolg haben werden, indem Sie Inhalte, Termine und Kosten festlegen, mitteilen und dann auch erreichen.

Verfolgen Sie konsequent diese Strategie und zwar Phase für Phase Ihres Projekts, so werden Sie sicher an Ihren Zielen und denen Ihres Unternehmens anlangen.

Und hier ist Ihr neues Team:

Alle kennen die Ziele, Inhalte und Termine Ihres Projekts,

Jeder beherrscht und übernimmt seinen Part

und **Niemand** steht abseits.

Inhaltsverzeichnis

1.1 Was ist ein Projekt ?

Für eine anstehende Aufgabe ist immer dann die Projektorganisation sinnvoll, wenn nicht das eigentliche Unternehmensziel: „Verkauf des eigenen derzeitigen Produkts", sondern im weitesten Sinne eine Innovation herbeigeführt wird. Das kann ein neues Verfahren in der Produktion, ein verbesserter Ablauf in der betrieblichen Organisation, es kann auch die Einführung eines neuen Produkts sein, die Errichtung eines neuen Gebäudes oder die Einführung einer EDV-Anwendung.

In jüngerer Zeit mehren sich die Situationen, in denen auch für fast alltägliche Vorgänge die Projektorganisation vorgezogen wird. Denn die Projektteams sind meist flexibler, gewohnt für spezielle Aufgaben kurzfristig Spezialisten einzusetzen, und nach Erreichung des innovativen Ziels sind Teams auch leichter wieder aufzulösen.

Das besondere Kennzeichen eines Projekts ist, daß nicht die Regeln des täglichen, vertrauten Geschäftslebens blindlings eingesetzt werden können. Hingegen stehen im Projektgeschehen meist Situationen an, die besondere, vom Alltäglichen abweichende Maßnahmen und Verhaltensweisen erforderlich machen. Dies gilt sowohl für das Management aller Ebenen, als auch für die Sachbearbeiter im Projektteam.

Vom deutschen Normenausschuß werden unter der DIN 69900 die Faktoren ausführlich beschrieben, wann ein Projekt vorliegt:

- Die Einmaligkeit der Bedingungen
- Eine Zielvorgabe
- Die Begrenzungen (zeitlich, finanziell, personell, sonstige)
- Die Abgrenzung gegenüber anderen Projekten
- Die projektspezifische Organisation.

Der Vollständigkeit halber sei erwähnt, daß mit DIN 69901 das Projektmanagement als Führungskonzept großer Vorhaben beschrieben ist. Man spricht also neben der Aufbau- und Ablauforganisation gleichberechtigt auch von der Projektorganisation als Führungsmittel. Leider werden die Erkenntnisse der Projektorganisation meist nur bei Großprojekten genutzt und bei kleinen Projekten wird nach dem Trial and Error Verfahren gearbeitet, das Spötter auch als „Jugend forscht" betiteln.

1.2   Die Vision

Ein Projekt beginnt meist mit einer Vision als Initialzündung, etwas besser, ganz neu oder ganz anders als bisher zu machen. Ein sicherlich allseits bekanntes Beispiel einer Vision stellte der amerikanische Präsident John F. Kennedy auf:

„Ich glaube, daß diese Nation sich zu dem Ziel verpflichten muß, noch vor dem Ende dieser Dekade einen Mann auf dem Mond zu landen und ihn auch wohlbehalten wieder zur Erde zurückzubringen."

Dies forderte Kennedy am 25. Mai 1961; schon am 20. Juli 1969 umrunden die Astronauten Armstrong, Collins und Aldrin mit dem Raumschiff Appollo 11 den Mond und Armstrong spricht nach der Landung auf unserem Trabanten die bekannten Worte, die damals durch alle Radio- und TV-Stationen weltweit übertragen wurden: *„Dies ist ein kleiner Schritt für mich, aber ein großer Schritt für die Menschheit."*

Seither streiten die Gelehrten, ob dies ein sinnvoller Schritt für die Menschheit war; das können und wollen wir hier auch nicht abschließend klären, aber relativ sicher ist eines: ohne die visionäre Zielvorgabe Kennedys wäre dieser Schritt vermutlich viel später oder auch gar nie getan worden. Kennedy war also der Sponsor und Promoter, die eigentliche Projektarbeit machten andere.

Aber auch Christopher Kolumbus hatte eine Vision, doch nicht jeder, der nach Indien will, findet Amerika. Doch hätte nicht er Amerika gefunden, wer wäre dann zum Mond geflogen?

Ohne Begeisterung wird nie etwas Großes zustande gebracht.

Nun wollen wir ja mit unseren Projekten nicht gleich in den Weltraum oder neue Erdteile entdecken, aber auch in unserem kleineren Maßstab gilt: wir brauchen eine Vision für unser Projekt, die diese Aufgabe vom normalen Alltagsgeschehen abhebt.

Wir brauchen daneben einen Sponsor und Promoter, der die Mittel beschafft und zur Verfügung stellt und das „politische Umfeld" für die Projektmitarbeiter bestellt, damit sie sich auf die Arbeit konzentrieren können.

1.3   Die Realität

Der Praxisbezug des Betriebsgeschehens bringt uns dann schon schnell genug auf den Boden der Tatsachen zurück; alle Welt weiß, die ursprüngliche Vision wird in den seltensten Fällen zu hundert Prozent erfüllt. Da wir das wissen, darf, ja soll die Vision immer etwas mehr aufzeigen und fordern, auch um Freiräume zu schaffen für Ideen und um in diesem erweiterten Rahmen zu einer praktikablen, realistischen Lösung zu kommen.

Die Vision ist die erste Handskizze, der Projektplan und das Pflichtenheft sind die Blaupausen für das Produkt unseres Projekts, und das fertige System bringt dann den gewünschten Projektnutzen. Durch Ausnutzen der Freiräume kann und darf das Ergebnis des Projekts in Teilbereichen aber auch mal die Vision übertreffen oder positive Nebeneffekte hervorbringen, an die niemand zuvor dachte.

Denken wir nur an die vielen Produkte aus der Raumforschung, die heutzutage in der Telekommunikation, in der Medizintechnik, in jedem Büro und in jedem Haushalt zu finden sind.

Diese „Abfallprodukte" hatte Präsident J. F. Kennedy sicher nicht im Sinn, zumindest nicht in ihrer technischen Ausprägung, als er seine Vision veröffentlichte. Und C. Kolumbus wollte ja auch „nur" einfachere Wege zum Gold und den Gewürzen des Orients, und was ist daraus geworden?

Das erreichte Resultat muß aber sehr nahe an der konzeptionellen Lösung liegen, die in einem ersten Schritt aus der Vision erarbeitet wird. Diese konzeptionelle Lösung ist die Entscheidungsgrundlage, ob aus der Vision ein Projekt wird, oder ob der Rauhreif über die Blütenträume fällt.

Natürlich gibt es auch die Situation, daß äußere oder betriebliche Umstände es erforderlich machen, im Betriebsablauf eine Verfahrensweise zu ändern, dann ist dieser Anlaß und Druck die Initialzündung für unser Projekt. Selbst auch in diesem Fall ist es vorteilhaft, zunächst mit großem Freiraum visionär an einem Konzept zu arbeiten. Denn immer wird es notwendig werden, im Laufe des Projekts Abstriche zu machen, somit werden auch von einer von vornherein bescheidenen Minimallösung noch

Steine herausgebrochen, Ecken abgeschliffen und sie wird am Ende noch ein bißchen kleiner.

1.4 Das Projektteam

Wir bleiben also mit beiden Beinen auf dem Boden, nur diese Beine müssen wir schon bewegen. Ohne ein engagiertes Team bewegt sich nichts. Die Auswahl des Teams ist daher einer der entscheidenden Punkte, der den Erfolg des Projekts mitbestimmt.

Wichtige Gesichtspunkte bei der Auswahl der Personen für das Team sind: die Fähigkeit zu unternehmerischem Denken, Flexibilität, Belastbarkeit, Konsequenz und Kommunikationsfähigkeit, je nach Art des Projekts und der individuellen Aufgabenstellung in unterschiedlicher Reihenfolge und Ausprägung. Denken Sie auch an die Forderung vieler erfahrener Führungskräfte: „die Chemie im Team muß stimmen". Das ist nicht direkt meßbar, sondern erfordert Fingerspitzengefühl und Erfahrung. Aber wenn die Chemie nicht stimmt, ist dies sehr wohl spürbar!

Neben diesen eher persönlichen Eigenschaften sind ebenso Sachkenntnis zum Projektthema, wie auch die Kenntnis von allgemeinen Führungstechniken notwendig.

Der Einsatz in einem Projektteam ist für viele engagierte Mitarbeiter eine willkommene Abwechslung von der täglichen Routinearbeit, wenn diese Mitarbeiter für Abwechslung aufgeschlossen sind. Projektarbeit ist der fruchtbare Boden, auf dem Mitarbeiter zu Führungskräften gedeihen und erste Führungserfahrungen sammeln und ihre Talente beweisen können.

Zu Beginn einer jeden Projektarbeit sollte man sich die folgende kleine Lebensweisheit von Antoine de Saint-Exupéry in Erinnerung rufen und mit Bedacht umsetzen:

„Wenn Du ein Schiff bauen willst, so trommele nicht Männer zusammen, um Holz zu beschaffen, Aufgaben zu vergeben, die Arbeit einzuteilen.

Sondern lehre sie die Sehnsucht nach dem weiten, endlosen Meer."

So kann man elegant eine Vision umschreiben und ein Projekt verkaufen.

1.5   Der Führungsstil

Die erfolgreiche Projektarbeit erfordert einen ausgeprägten kooperativen, Ergebnis orientierten Führungsstil, mit verantwortungsbewußter Delegation von Aufgaben zur selbständigen Erledigung durch kompetente Mitarbeiter. Die Kommunikation und Kooperation zwischen den Projektmitarbeitern ist selbstverständlich offen und ehrlich und muß von den Projektverantwortlichen durch ihr praktiziertes Vorbild gefördert werden.

1.6   Die Projektkriterien

Drei Faktoren sind es, die den Verlauf eines Projektes positiv wie auch negativ beeinflussen können und damit den Grad des Erfolgs bestimmen:

- **Die Inhalte** sind die geforderten Funktionen des neuen Systems in ihrer detaillierten Beschreibung, die exakt auf die Bedürfnisse des Betriebs zugeschnitten sind. Es ist sehr wohl zu unterscheiden zwischen zwingend notwendigen Funktionen einerseits und optionalen Funktionen andererseits.

- **Die Kosten** für Beschaffungsmaßnahmen, das umfaßt neben den Einkäufen auch externe und interne Aktivitäten, ferner noch die laufenden Betriebskosten des zukünftigen Systems. Diese setzen sich im allgemeinen zusammen aus Personalkosten, Verbrauchsmaterial und Wartungskosten im weitesten Sinne.

- **Die Termine** der einzelnen Aktivitäten, wie auch der Meilensteine und ihre Einbindung in die Ecktermine des Unternehmens und seiner einzelnen, am Projekt beteiligten Abteilungen.

Keines dieser Kriterien darf ohne Zustimmung des oder der Projektverantwortlichen verändert werden, eine Entscheidung hierüber kann unter keinen Umständen delegiert werden.

Gelegentlich wird für diese drei Begriffe der folgende zusammenfassende, vieles aussagende Ausdruck benutzt:

„Das magische Dreieck
der Projektorganisation".

Wenn im weiteren Verlauf dieses Buchs von einem dieser Parameter geschrieben wird, so sind die beiden anderen automatisch mit angesprochen, auch wenn sie nicht jedesmal explizit angeführt sind.

Bild 1.1:
Das magische Dreieck der Projektorganisation

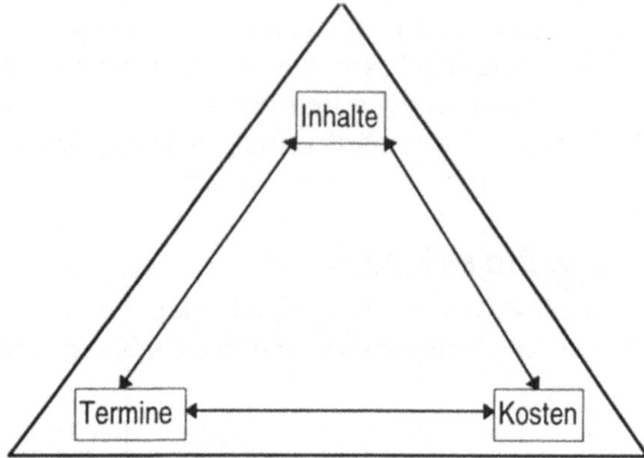

Das Verändern eines Faktors beeinflußt zwangsläufig die beiden anderen Faktoren in irgendeiner, meist gegenläufiger Weise. Niemals kann man zwei Parameter gleichzeitig verbessern, ohne den dritten meist nachhaltig zu verschlechtern. Was ferner oft übersehen wird, ist die Zeitachse: Entwicklungskosten beispielsweise, die man heute einspart, werden später als erhöhte laufende Kosten eines wie auch immer zu knappen Systems zugezahlt. Oder eine längere Entwicklungs- und Einführungzeit resultiert in verspäteter Nutzung und nicht realisierten Einsparungen, bzw. sonstigen angestrebten Vorteilen, die zu spät zum Tragen kommen. Hier ist auch das Unternehmensmanagement gefordert, damit nicht eine Projektleitung aus eigennützigen, optischen Gründen auf Kosten der zukünftigen Benutzer am falschen Platz spart.

1.7 Die Projektarbeit

Im Gegensatz zur Routinearbeit, bei der sich der Mitarbeiter meist in einem organisatorisch, bürokratisch abgesicherten Rahmen bewegt, stellt die Projektarbeit ganz andere Anforderungen an jeden Mitarbeiter. Die Arbeit ist zielgerichtet auf ein einmaliges Ergebnis, der Arbeitsprozeß ist fachbereichsübergreifend und es besteht eine horizontale Koordination, Kommunikation und Kooperation im Gegensatz zum vertrauten Linienmanagement der Ablauforganisation.

Die Projektarbeit erfordert den vollen Einsatz aller Ressourcen, einen strengen Terminplan und die Kontrolle der Termine. Im Gegensatz zum normalen Tagesgeschäft, bei dem unsere Kunden nachhaltig für unsere Termintreue sorgen, müssen wir uns hier selbst immer wieder dazu anhalten. Das leidige Problem ist oft: man will ja einem (langjährigen) Kollegen nicht zu nahe treten.

1.8   Der Übergang zur Routinearbeit

Ein Projekt ist dann beendet, wenn es in die Nutzungsphase übergeleitet wird und die Nutzung der Neuerung(en) zur täglichen Arbeit der Anwender wird. Mit dem abschließenden Projektbericht wird das Ergebnis mit den Zielen verglichen und sichergestellt, daß die Projektziele so weit als möglich erfüllt wurden.

> *Immer weniger wird vergangene Erfahrung*
> *auch zukünftige Erfahrung sein.*

Ab diesem Zeitpunkt der Systemüberleitung trägt das Produkt des Projekts zum Betriebsergebnis des Unternehmens bei. Von nun an ist nicht mehr die Projektorganisation, sondern meist die Ablauforganisation die angemessene Organisationsform für das System. Die Verantwortung für den täglichen Betrieb, das heißt für die Systemnutzung liegt nun beim Systemverantwortlichen und nicht mehr beim Projektleiter.

Projektvoraussetzungen

Aus der Vision wird ein Projekt. Bevor die Arbeit an einem Projekt begonnen wird, muß zunächst einmal festgelegt werden, was das Resultat des Projektes sein soll, welche betrieblichen Ergebnisse man erreichen will, und auch, welche nicht.

Man muß zwischen Wünschen und Bedürfnissen unterscheiden.

An diesem frühen Punkt werden bereits die Weichen gestellt, ob ein erfolgreiches EDV-Projekt in die Wege geleitet wird, oder ob ein weiteres an die lange Liste der Desaster angefügt wird.

Gefordert sind daher die folgenden Angaben:

- ein aussagefähiger Titel für das Projekt,
- die erkennbare Machbarkeit,
- ein geplantes Ergebnis als Meßlatte,
- konkrete Terminvorstellungen und
- last not least eine Aussage zu den Verantwortlichkeiten.

Das bereits erwähnte magische Dreieck der Projektorganisation erfordert daher Aussagen zu den folgenden Punkten:

2.1 Termine

Der Zeitrahmen, ebenso wie auch der Budgetrahmen stellen sicher, daß keine Luftschlößer projektiert werden. Der Zeitrahmen muß mit den Eckterminen der Unternehmensplanung harmonieren, wird jedoch berücksichtigen, daß EDV-Projekte auch nicht über Nacht eingeschaltet werden können. Dies betrifft vor allem auch den menschlichen Faktor, die Mitarbeiter müssen angemessen eingearbeitet werden, um das neue System mit Erfolg zu nutzen.

Bei der Festlegung der Laufzeit von Projekten soll man sich von der folgenden Faustregel leiten lassen: Ein EDV-(Teil-)System, das nicht von fünf Fachleuten binnen eines Jahres erstellt werden kann, wird nie fertig. Damit sind für uns als Verantwortliche zwei Dinge klar: nach einem Jahr muß das Projekt fertig sein, und ein schlagkräftiges Team ist nicht größer als fünf Personen.

Die folgende Graphik zeigt Ihnen den Einfluß des Aufwands für Kommunikation auf die Projektdauer. Ab fünf Personen in einem Team ist in der Regel dieser Aufwand größer als der Zeitgewinn durch zusätzliche Mitarbeiter.

Bild 2.1:
Kommunikations-
aufwand und Pro-
jektdauer

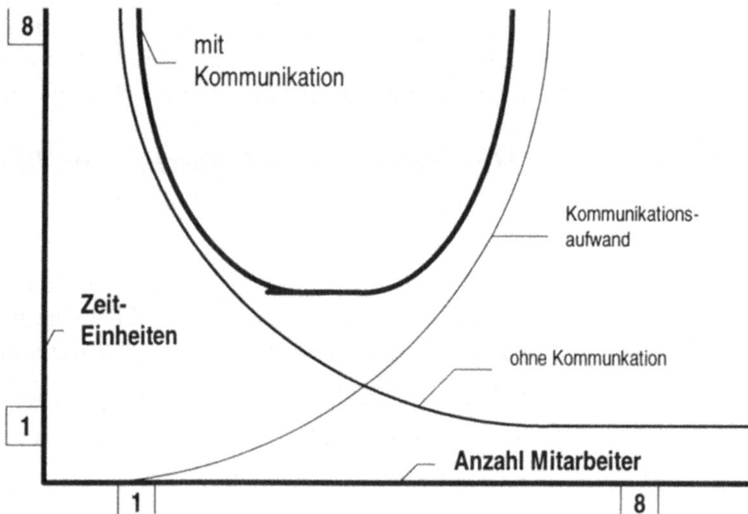

Sie kennen die Aussage:„Ein Mitarbeiter benötigt für eine Aktivität acht Tage, also benötigen acht Mitarbeiter einen Tag!" Diese weltfremde Forderung ist durch die beiden Enden der Linie: „ohne Kommunikation" dargestellt, während die Linie: „mit Kommunikation" die Resultierende aus Arbeitsaufwand und Kommunkationsaufwand zeigt.

Hüten wir uns also vor Teams, deren Hauptbeschäftigung darin besteht, sich selbst zu verwalten.

Hüten wir uns aber auch vor Projekten, bei denen ein Tüftler fünf Jahre in Klausur etwas entwickelt, das dann keiner mehr braucht.

2.2   Inhalte

Unter diesem Gesichtspunkt werden die gewünschten Funktionen des geplanten Systems beschrieben und zwar immer als konkretes, betrieblich notwendiges Ergebnis. Eine Gliederung nach operationellen, finanziellen und sonstigen Ergebnissen ist vorteilhaft und trägt zur Klarheit bei. An diesen Vorgaben ist später dann das Projektergebnis zu messen.

2.3 Kosten

Der Budgetrahmen gibt vor, welche Größenordnung und Bedeutung das Projekt für das Unternehmen hat. Hierbei wird das Projekt gewichtet zu anderen geschäftlichen Aktivitäten des Unternehmens. Ein ganz praktikabler Ansatz ist der folgende: das Projektbudget wird in Relation gesetzt zu den Gesamtkosten des Bereichs, der durch das Projekt reorganisiert werden soll. Damit ist relativ einfach die Bedeutung der Investitionssumme dargestellt und die Größenordnung des erwarteten Gewinns ist jedermann offensichtlich.

Je nach Lage der Dinge kann man auch vertraute betriebswirtschaftliche Kennzahlen (z.B. Verwaltungskostenanteil pro Rechnung) nehmen, deren jetzige und zukünftige Größe man angibt. Multipliziert mit der entsprechenden Anzahl Geschäftsvorfälle (in diesem Beispiel: Rechnungen pro Jahr) kann man einfach darstellen, warum das Budget nur eine bestimmte Größenordnung haben kann.

Bei diesen Aussagen ist es aber auch wichtig, aus den bekannten Unternehmenszielen abzuleiten, ob das Unternehmen in Zukunft mehr oder weniger Geschäftsvorfälle dieser Art bearbeiten wird (in unserem Beispiel mit den Verwaltungskosten vielleicht durch Großhändler weniger, aber aufwendigere Rechnungen, und / oder durch Direktvertrieb eine größere Anzahl von Rechnungen, die aber inhaltlich einfacher sind).

2.4 Das Unternehmen und das Projekt

Kein Projekt kann im luftleeren Raum entwickelt werden, es muß von Anfang an in das Umfeld des Unternehmens eingebettet sein. Selbst ein in einem anderen Unternehmen erfolgreich durchgeführtes Projekt kann nicht ohne Anpassung an die eigenen betrieblichen Gegebenheiten übernommen werden.

2.4.1 Ziele

Wir kennen die unterschiedlichen, zum Teil sich widersprechende Ziele der einzelnen Fachbereiche, ein erfolgreicher Unternehmer wird daher seine angestrebten Ziele soweit offenlegen, damit seine Mitarbeiter konsequent daraufhin arbeiten.

Wer nicht weiß, wo er hin will,
braucht sich nicht zu wundern, wenn er nicht ankommt.

Von der Geschäftsleitung wird anschaulich vorgegeben, welche strategischen und / oder operativen Ziele mit diesem Projekt erreicht werden sollen. Diese Ziele sind bindend für alle Projektmitarbeiter wie auch für alle im späteren Betriebsablauf beteiligten Mitarbeiter. Je konkreter die Ziele formuliert sind, um so weniger werden während des Projektverlaufs Rückfragen notwendig.

Diese Projektziele sind die Leitlinien für die zu entwerfenden Verfahren, die Arbeit und die Kontrolle des Arbeitsfortschritts. Die Geschäftsleitung muß nicht notwendigerweise der Initiator eines Projekts sein, aber sie muß das Projekt formal fördern durch alle notwendigen Maßnahmen, wie Investitionsplan, Budgetfreigabe, etc., sie ist der wichtigste Promoter.

Die Beschreibung der Ziele darf aber nicht schon die Lösung vorwegnehmen, diese Zielvorgabe muß lösungsneutral sein.

In der Praxis ist es meist so, daß der Projektleiter aus den eher allgemeinen Zielvorgaben der Geschäftsleitung / des Initiators eine Ausformulierung macht unter der fragenden Überschrift: Was soll erreicht werden?

Dies ist eine gute Übung, um sicherzustellen, daß man die Aufgabe richtig erfaßt hat.

Unternehmensziele

Wir kennen die Unternehmensziele, die im Unternehmen jährlich überarbeitet und den Mitarbeitern mitgeteilt werden. Diese Ziele umfassen die Aussagen über Produkt- und Marktstrategie, Trends und wie das Unternehmen diese Ziele am Markt umsetzt. Dazu gehören auch Aussagen zu geplanten Strukturmaßnahmen, wie Marktausweitung, Umstrukturierung des Vertriebs, der Produktpalette, etc.

Dies sind wichtige, entscheidende Maßgaben für den Projektleiter bei der Ausformulierung seiner Projektziele. Denn nichts ist sinnloser als die Konzeption eines EDV-Systems, das von überholten, falschen Voraussetzungen ausgeht.

Viele Prinzipienreiter merken gar nicht,
daß ihr Gaul schon tot ist.

Manche Firmen tun sich schwer mit der Formulierung solcher Ziele, aus welchen Gründen auch immer. Aber wenige Stunden Arbeitsaufwand hierfür vermeiden viel Leerlauf und kostenträchtige Fehlentscheidungen, nicht nur beim anstehenden Projekt. Je nach Entwicklung des Unternehmens und der Situation am Markt können und müssen diese Ziele revidiert und aktualisiert werden, somit ist auch keine Fehlinvestition zu befürchten.

„Ja, wenn ich das gewußt hätte!" Wenn dieser oft überheblich tönende Ausspruch häufig im Unternehmen fällt, dann ist das ein sicheres Zeichen, daß die Ziele fixiert, überarbeitet und veröffentlicht werden müssen. Man muß sich darüber im Klaren sein: die Mitarbeiter, die Gedanken lesen können, sind rar, und wenn sie es können, haben sie mit dieser Eigenschaft ein solches Talent, daß sie mit dieser Gabe auf einem anderen Betätigungsfeld ihr Geld verdienen können und dies sicher auch tun werden.

Die Unternehmensziele sind ein Kommunikationsinstrument, mit dem Kunden, Interessenten, Lieferanten, Banken und Mitarbeiter mit wenigen Zeilen informiert werden können. Es zeigt dem Leser die Vision des Unternehmens und wie realistisch das Unternehmen seine Möglichkeiten zur Erreichung dieser Ziele nutzen will.

Optimistischer Realismus ist angebracht, jeder der möglichen Leser kann den einen oder anderen Punkt kompetent beurteilen. Wem eine grobe Fehleinschätzung an einem Punkt unterläuft, der hat Schwierigkeiten, für den Rest glaubwürdig zu bleiben.

Das Unternehmen will sich allen diesen Lesern als zuverlässiger Partner für die Zukunft darstellen. Im Anhang zu diesem Buch ist ein möglicher Gliederungsvorschlag für Unternehmensziele als Anregung für Firmen, welche dieses Werkzeug noch nicht einsetzen.

Eine Zieldefinition ist exakter
als eine Richtungsangabe.

Projektziele

„Es muß schneller und auf Knopfdruck gehen!" Welcher Projektleiter kennt nicht diesen saloppen Spruch. Eine eindeutige Definition der Projektziele erlaubt die sorgfältige Auswahl von zu kaufender / zu erstellender Software, um das operative Ziel zu erreichen. Daraus ergeben sich die Anforderungen für Hardware, Installationsaufwand, Schulungsaufwand und sonstige Folgekosten.

Daher ist es notwendig, die angestrebten Verfahrensverbesserungen, finanziellen Vorteile (Return on Investment) und die sonstigen betrieblichen Verbesserungen aufzuführen. Dazu mögen auch immaterielle Vorteile gehören, die sich nicht in Mark und Pfennig ausdrücken lassen, aber dem Unternehmen einen geldwerten Vorsprung vor der Konkurrenz bringen: bessere Kommunikationsverfahren mit Geschäftspartnern, Kommunikation im Betrieb, Vereinfachung der Ablagesysteme, etc.

Erst wenn Konsens über die voraussichtlichen, realistischen Kosten besteht, können die funktionalen Verbesserungen und Neuerungen zugesagt werden, nicht vorher.

> ### *Neugier steht an erster Stelle eines Problems,*
> ### *das gelöst werden will.*

Aber nicht nur die erwünschten Projektziele sind zu beschreiben, sondern auch welche unerwünschten Nebeneffekte vermieden werden sollen, ist darzustellen.

Eine Gliederung der Ziele erleichtert die Darstellung: funktionale, finanzielle, soziale und sonstige Ziele wäre eine mögliche Differenzierung.

Individuelle Ziele

Die Führungskräfte wollen zuerst verbesserte Abläufe und dann aussagefähigere Informationen als zukünftige Entscheidungsgrundlage, um ihren Verantwortungsbereich auf Grund aktueller, umfassenden Informationen besser als bisher zu führen.

Sachbearbeiter sehen die Möglichkeit, sich für höherwertige, zu gegebener Zeit auch besser bezahlte Aufgaben zu qualifizieren.

Wenn sich Mitarbeiter für das, besser „ihr" Projekt mit Begeisterung einsetzen, dann sorgen sie auch ohne Dienstanweisung dafür, daß es ein Erfolg wird. Einführungs- und Anlaufschwierig-

keiten werden mit aufgekrempelten Ärmeln ohne spezielle Aufforderung aus dem Wege geräumt.

> ### *Das Ziel muß man früher kennen*
> ### *als den Weg dorthin.*

Identifizieren sich die Mitarbeiter mit dem Projekt, so wird die
weitere Entwicklung des Systems dann selbstverständlich in die
für den Betrieb erforderliche Richtung vorangetrieben.

Zielkonflikte

Bei bestehenden Zielkonflikten wird man unterscheiden zwischen den Mußzielen und den Wunschzielen und auch eine entsprechende Entscheidung herbeiführen. Auf keinen Fall darf ein
Zielkonflikt bestehen bleiben und in die Projektarbeit hinein ge-
tragen werden.

2.4.2   ### Die Machbarkeit

Jedem Betrachter muß offenkundig sein, daß dieses Projekt dem
Unternehmen geschäftliche Vorteile bringt und das Verfahren
zwar Neues, aber eigentlich nichts Ungewöhnliches beinhaltet,
somit machbar ist.

Das Verfahren

In der Verfahrensfestlegung wird der funktionale Rahmen abge-
steckt, der die betriebliche Verbesserung erbringen soll. Das
umfaßt alle die Betriebsbereiche, die beteiligt sind, wie auch die
Verbesserungen der Abläufe, bzw. neue Verfahren, die eingeführt werden, um das Betriebsgeschehen zu verbessern.

Um sicherzustellen, daß die konzipierte Lösung zur Größe des
Betriebs paßt, muß eine eindeutige, konkrete Vorgabe über die
geplanten Kosten gemacht werden. Weder billigst, noch die berühmte *„eierlegende Wollmilchsau, die auch noch fliegt"* sind
Vorgaben nach denen ein Projektteam ein Konzept erarbeiten
kann.

Nun kann ein Projektleiter natürlich nicht erwarten, daß er alle
Details auf einem silbernen Tablett von der Geschäftsleitung
serviert bekommt. Er ist gefordert, die Vision seiner Auftraggeber
umzusetzen und in Worte zu fassen, diese Kurzbeschreibung
wird dann vom Management als Verfahrensvorgabe bekannt gegeben.

Die Investition

Unter dem Begriff der direkten Kosten verstehen wir zunächst die Investitionssumme für Hard- und Software. Die Verkabelung, die Räumlichkeiten, das Mobiliar, ggf. Schulungs- und Beratungskosten und Auftragsarbeiten zählen ebenso dazu, eben alle investiven Maßnahmen, soweit sie nicht über einen Leasingvertrag abgedeckt werden.

Die indirekten Kosten

Als indirekte Kosten kommen zusätzliche Arbeiten während der Einführungsphase in Betracht, wie Zeit für Schulung, für Testbetrieb, Kontrollen und ggf. Doppelarbeit (z.B. Parallelbetrieb mit aufwendigen Abgleicharbeiten) zum laufenden Betrieb, sowie der Arbeitsaufwand des Projektteams wie auch des Projektsteuerungsteams (wenige, aber teure Stunden!).

Die Folgekosten

Zu den Folgekosten zählen wir EDV-Formularsätze, Betriebskosten, Wartungsgebühren für Anwendungssoftware, Betriebssystem und für Hardware, ggf. Telefonkosten bei Fernwartung. Je nach Art des Projekts ergeben sich auch Folgekosten im Personalbereich für Operating (DV-technisch und / oder anwendungsbezogen), um das neue System tagtäglich mit Gewinn zu nutzen.

Wird Hardware und / oder Software geleast, so sind hier auch die monatlichen Leasingkosten hinzuzurechnen. Je nach Größe der Systeme schlagen weitere Betriebskosten zu Buch: Strom für EDV- und Klimageräte, weitere Wartungskosten für Versorgungssysteme.

2.4.3

Das geplante betriebliche Ergebnis

Eine umfassende Aussage zu den geplanten betrieblichen Verbesserungen macht allen Mitarbeitern deutlich, worum es geht. Mögliche geplante Ergebnisse können sein: Produktionssteigerung, Reduzierung der Stückkosten, ein neues Fertigungsverfahren, ein neues Produkt, ein veränderter betrieblicher Ablauf.

Diese geforderten Ergebnisse werden nicht nur als Floskel *„Produktionssteigerung"* genannt, sondern konkret dargelegt: z.B. *„durch Verbesserung der innerbetrieblichen Logistik werden die Wartezeiten in der Fertigung um den Faktor X reduziert"*.

Wichtig ist, diese Forderung muß vorstellbar und später auch meßbar sein.

Besser gute Einfälle als viele.

Manche der Ziele sind zwangsläufig widersprüchlich und offensichtlich nicht immer mit dem gleichen Perfektionsgrad zu erreichen, eine hundertprozentige Lösung für den einen Bereich mag gravierende Nachteile für andere Betriebsbereiche ergeben. Hier muß also die Unternehmensleitung Prioritäten setzen und gewichten.

Als Anhaltspunkt und Ausgangsbasis empfiehlt es sich, zunächst die Pareto-Regel einzusetzen (20 Prozent Aufwand bringt 80 Prozent Ergebnis), jedes Mehrprozent Perfektion kostet überproportional mehr Geld. Dieser Mehraufwand muß gegen die kostenmäßigen / betrieblichen Verbesserungen im Rahmen einer Wirtschaftlichkeitsanalyse gewichtet werden. Solange über den Perfektionsgrad kein Einvernehmen besteht, darf noch keine Entscheidung für oder gegen eine bestimmte Software fallen.

Die Duldung des Arguments, daß man ja Vieles programmtechnisch individuell anpassen oder nachbessern kann, ist der Freibrief für explodierende Kosten und gescheiterte Termine.

Termine

Werden von der Unternehmensleitung keine strikten Projekttermine gesetzt, gibt es auch keinen Projektstart, sondern die notwendigen Aktivitäten werden auf die lange Bank geschoben und das Ergebnis ist Irgendwas irgendwann, das Projekt schleicht bestenfalls so dahin. Und dann kommt der Moment, zu dem dann schnell ein Konzept aus dem Ärmel geschüttelt wird.

Jede Arbeit dehnt sich immer so aus, daß sie genau die Zeit braucht, die man für sie erübrigen kann.

Projekte, die über ein Jahr hinausgehen, sollen, wie bereits gesagt, konsequenterweise in logische, übersichtliche und daher handhabbare Abschnitte zerlegt werden. Dadurch können die Arbeiten besser abgestimmt und Fortschritte sichtbar gemacht werden.

Die Vorstudie, Informationsphase

In dieser Phase zeigen wir Wege auf, wie die Projektziele erreicht werden können, Skizzen, Lösungsansätze, Prüfung des Kosten- und Zeitrahmens sind zu erarbeiten. Die Abstimmung mit den Unternehmenszielen und der generellen Unternehmens- und Produktionsplanung gehören ebenso dazu.

Der Termin für die Vorstudie muß sehr kurzfristig sein, eine Frist von einer Woche bis einen Monat je nach Umfang des Projekts erscheint meist als angemessen. Man kann als Faustregel nehmen, daß für die Ausarbeitung des Konzepts etwa fünf Prozent des Aufwands vom geplanten Gesamtvolumen zunächst ausreichen sollte.

Ein Erfahrungsaustausch mit Firmen, welche dieses oder ein ähnliches Projekt vor kurzem abgeschlossen haben, kann in diesem Stadium sehr hilfreich sein. Ein Software Lieferant, der solche Referenzen vorweisen kann, sammelt Pluspunkte oder auch nicht.... Bei einem solchen Gespräch und Erfahrungsaustausch kommen oft auch die Stolpersteine zu Tage, an die man noch nicht gedacht hat, obwohl man doch schon alles durchgedacht und geplant hatte.

Erfahrene EDV-Projektierer beachten daher sehr genau Hiemanns Gesetz: Die Kosten für die Behebung eines Fehlers verdoppeln sich von Phase zu Phase.

Fehlentwicklungen, die schon jetzt und daher rechtzeitig ausgemerzt werden können, kosten zu diesem Zeitpunkt vielleicht wenige Stunden Arbeitsaufwand. Wenn sie erst nach der Einführung erkannt werden, kann ihre Beseitigung oder gar das Bereinigen von fehlerhaften Datenbeständen Tage und Wochen kosten.

Betrachten wir das klassische Projektphasenmodell, so wird Hiemanns Gesetz sofort augenfällig:

Phase		Aufwand in Stunden verdoppelt sich
1.	Information	1
2.	Konzept	2
3.	Definition	4
4.	Entwicklung	8
5.	Prototyp	16
6.	Fertigung	32
7.	Sytemnutzung	64

Aus einer Stunde gespartem Arbeitsaufwand oder einer Nachlässigkeit in der Informationsphase können leicht und locker 64 Stunden werden, um eine Fehlkonzeption und daraus folgend eine Fehlentwicklung aus dem laufenden Betrieb auszumerzen. Wobei man sich zudem darüber im Klaren sein muß, daß bei einem modernen, integrierten System sich der Aufwand widrigerweise noch mit der Anzahl der betroffenen Module / Komponenten / Programme / Handbücher ausmultipliziert.

Der Kluge sucht nicht den Weg, er fragt danach.

Wir sind uns einig: große Sorgfalt in diesem frühen Stadium des Projekts erspart uns später viel Geld und Ärger. Aus der obigen Tabelle können Sie die Größenordnung der Einsparung ablesen und jeweils mit dem firmenspezifischen Tagessatz multiplizieren.

Das beschlußfähige Pflichtenheft

Nach der Genehmigung des Konzepts wird das Pflichtenheft erstellt. Es ist nicht einzusehen, warum dies von Grund auf speziell für das Unternehmen neu erarbeitet werden soll. Für geringe Beträge gibt es vorgefertigte Pflichtenhefte in der Literatur, bei Verbandsorganisationen und Beratern.

Diese Vorlagen können sehr wohl als Arbeitsunterlagen dienen für die individuelle Fassung, als Nebeneffekt werden die betrieblichen Scheuklappen etwas auseinandergeklappt. Andererseits muß man mit aller Sorgfalt prüfen, ob diese Standardlösungen wirklich den eigenen betrieblichen Abläufen entsprechen, wir stellen uns die Frage: was ist praktikabler, das fremde, noch nicht geläufige oder das eigene Konzept?

Ganz besonders kritisch ist diese Frage zu stellen, wenn das Pflichtenheft auf der Software eines Anbieters basiert. Vielleicht kann diese Software gar nicht oder nur mit erhöhtem, nicht mehr vertretbaren Anpassungsaufwand unsere angestrebte, betrieblich erforderliche Lösung erbringen.

Auch für die Erstellung des Pflichtenhefts gibt es Anhaltspunkte für den Aufwand in Relation zum Gesamtvolumen des Projekts: zwischen zehn und zwanzig Prozent liegt der angemessene Aufwand für das verbindliche Pflichtenheft. Je besser das Pflichtenheft ist, um so besser und reibungsloser wird die weitere Projektarbeit verlaufen, unabhängig davon, ob Standard oder Individualsoftware zum Einsatz kommt.

Als Fertigstellungstermin für ein Pflichtenheft sollte ein Monatsultimo gesetzt werden, wird dieser Termin nicht gehalten, ist das Projekt zu komplex oder der Verantwortliche nicht kompetent genug, oder er wird durch andere Aktivitäten von diesem Projekt abgelenkt (läßt sich ablenken?). Eine Entscheidung ist in jedem Fall fällig!

Das Pflichtenheft umfaßt die Datenstrukturen, die betrieblichen Abläufe mit Hinweis auf organisatorische, räumliche und zeitliche Zusammenhänge und Besonderheiten der Branche und des Betriebs. Das Formular- und Berichtswesen ist ebenfalls Bestandteil des Pflichtenhefts.

Projektstart

Ausgehend von Konzept und Pflichtenheft und einem angemessenen Zeitraum für die Entscheidung über das Pflichtenheft wird ein Monatsbeginn festgelegt. Je schneller die Entscheidung herbeigeführt wird, um so offensichtlicher ist es für alle, daß dieses Projekt wichtig für das Unternehmen ist.

Hier und jetzt muß die Spielregel der amerikanischen Hochzeit vorgegeben werden: *„Wer dagegen ist, spreche jetzt, danach hat er zu schweigen."*

Setzen Sie sich selbst Termine !

Ein zögerliches Entscheidungsverfahren mißinterpretieren Mitarbeiter oft als Hinweis, daß dieses Projekt nicht so bedeutend für das Unternehmen ist. Folglich unterstellt man: bei zu großem Engagement für dieses Projekt hat man nicht immer die Rückendeckung der Führungsmannschaft, daher geht der auf sein Auskommen bedachte Mitarbeiter vorsichtig und zurückhaltend zur Sache. Eine solche Verhaltensweise ist für den Projektfortschritt meistens eher nachteilig.

Inbetriebnahme des Systems, ggf. einzelner Teile

Im Rahmen der Unternehmensplanung wird die Verfügbarkeit der Projektergebnisse, bzw. der Teilabschnitte ab den von Anfang an vorgegebenen Eckterminen gefordert. Diese betriebsbezogenen Termine sind unverzichtbarer Bestandteil des Projekts.

Die fordernde Aussage, daß ab diesen Terminen mit betrieblichen, meßbaren Ergebnissen im Rahmen der Unternehmensplanung gerechnet wird, ist für alle Beteiligten Geschäftsgrundlage für ihre Aktivitäten, um diese Ecktermine zu erreichen. Auch ist es für den Mitarbeiter eher motivierend, wenn er sieht, warum der Zeitplan erstellt wurde und was und wer alles von seiner eigenen Arbeit abhängt und wie die einzelnen Elemente ineinandergreifen.

2.5   Führungskonzept

2.5.1   Delegation von Verantwortung und Kompetenzen

Kein Projekt entwickelt sich von alleine, nur durch die Personen, die es vorantreiben, kommen Fortschritte zustande. Die sorgfältige, richtige Auswahl der Leistungsträger ist daher mitentscheidend für den Erfolg eines Projektes.

> *Was der Mühe wert ist, getan zu werden,*
> *ist auch der Mühe wert, jemanden zu finden,*
> *der fähig ist, es zu tun.*

Dabei ist neben dem Fachwissen ebenso entscheidend die Identifikation der Mitarbeiter mit den angestrebten Zielen, wie auch in gewissem Umfang das Verhaltensmuster dieser ausgewählten Mitarbeiter: Pioniergeist, Ausdauer, Kommunikationsfähigkeit, Verantwortungsbewußtsein, Termintreue und Belastbarkeit sind für die Projektarbeit wichtige Verhaltensweisen.

Diese persönlichen Verhaltensmuster können weniger schnell sich angeeignet werden, manche auch gar nicht, als etwa noch fehlendes Fachwissen.

Andererseits wachsen immer wieder die meisten Mitarbeiter mit den ihnen gestellten Aufgaben, wenn sie klare Ziele für ihr Unternehmen und, nicht zu vergessen, für sich selbst sehen.

Wichtig ist auch die eindeutige Aussage über Kompetenz- und Verantwortungsbereiche: kein Mitarbeiter läßt sich gerne verantwortlich machen für Dinge, an deren Entscheidungsprozess er nicht beteiligt war.

Je besser Entscheidungsbefugnisse und Verantwortungsbereiche übereinstimmen, um so engagierter und damit auch erfolgreicher ist jeder der Mitarbeiter bei seiner Arbeit.

| 2.5.2 | **Management by Objectives** |

Gerade bei der Projektarbeit kann, nein muß man die Regeln des Management by Objectives (Zielvereinbarungen) und Management by Exceptions (Ausnahmesituationen) verbindlich einsetzen.

> ***Alles, was normal verläuft,***
> ***braucht den Vorgesetzten nicht zu belasten.***
> ***Er hat sich mit Fehlern***
> ***und Abweichungen zu befassen.***

MbO und MbE setzen voraus, daß jeder Beteiligte weiß, was normal ist (d.h. innerhalb der Zielvereinbarungen liegt), und daß er daher entscheiden kann, was Abweichungen sind, wann sie auftreten und wie zu reagieren ist.

Das umfaßt auch die Pflicht, zu agieren, um Abweichungen gegenzusteuern oder Fehler zu korrigieren.

Diese positiven Erfahrungen aus der Projektarbeit mit MbO und MbE können dann nach und nach in den Betriebsalltag übernommen werden und werden das allgemeine Betriebsgeschehen positiv beeinflussen.

Denn ein nicht zu vernachlässigender Nebeneffekt der Projektarbeit ist der Lernprozess der Mitarbeiter über die verbesserte Kommunikation im Unternehmen und dem daraus resultierenden Betriebsklima.

3 Projekt Entscheider und Macher

Wie im normalen Betriebsgeschehen haben wir in der Projektorganisation auch drei Ebenen: die strategische Leitung, das taktische Middlemanagement, und die operativen Sachbearbeiter. Manche der im Folgenden aufgeführten Funktionen können im mittelständischen Betrieb aus offensichtlichen Gründen der knappen Personaldecke nicht mit unterschiedlichen Personen besetzt werden, sondern müssen in Personalunion von einzelnen Personen ausgefüllt werden. Das ist gut machbar und vertretbar, jedoch ist grundsätzlich darauf zu achten, daß niemand sich selbst kontrolliert.

Die erste Pflicht derer,
die eine Stellung bekleiden, ist die,
anderen mit gutem Beispiel voranzugehen.

3.1 Geschäftsleitung

Entscheiden, was für das Unternehmen wichtig ist und dies in Aktionen umsetzen, dies sind die vornehmlichen Aufgaben der Geschäftsleitung. Kein Projekt darf einen Geschäftsführer von dieser, seiner eigentlichen betrieblichen Aufgabe, der Führung des Unternehmens, ablenken. Aufgaben definieren, diese delegieren und deren Erledigung einfordern, dies sind die Tätigkeiten der Geschäftsleitung im Projekt, nicht mehr und nicht weniger. Dies umfaßt natürlich auch die Betreuung des finanziellen und politischen Umfelds, damit das Projektteam ungestört arbeiten kann.

3.2 Die Verantwortungsbereiche

Je nach der Größe des Betriebs und des Projekts wird die Verantwortung für die Inhalte einerseits und die finanzielle Gestaltung des Projekts andererseits nach dem bewährten „vier Augen" Prinzip auf zwei Personen verteilt.

Alle Beschaffungsmaßnahmen müssen trotz der speziellen Projektsituation immer nach den für das Unternehmen verbindlich festgelegten Standardabläufen der Beschaffung getätigt werden. Überschreitungen des Budgets sind vor der Bestellung genehmigungspflichtig. Hier sind die Personen mit den entsprechenden finanziellen Handlungsvollmachten einzubinden.

Die technische Verantwortung, das heißt, für die funktionalen Inhalte des Projekts, wird praktikablerweise vom zuständigen Sachgebietsleiter wahrgenommen. Sind mehrere Bereiche tangiert, so ist dennoch ein Verantwortlicher zu benennen, sinnvollerweise derjenige, dessen Bereich die Hauptlast trägt.

3.3   Das Projektsteuerungsteam

Dieser Personenkreis umfaßt die Projektverantwortlichen, welche die Vorgaben für das Projekt und die technischen Details erarbeiten lassen. Die strategischen Entscheidungen, die das Projekt betreffen, werden in diesem Gremium getroffen.

Verantwortung ist nicht teilbar durch
die Anzahl der Komplizen.

Vom zuständigen **Geschäftsführer** werden die gewünschten betrieblichen Verbesserungen in meßbaren Ergebnissen vorgegeben und deren inhaltliche, aber auch termingetreue Realisierung eingefordert.

Der **Projektcontroller** legt die Termine der einzelnen Meilensteine fest, steuert die Bedarfsanforderungen der Ressourcen (Personal, Finanzen, Waren, etc.) und kontrolliert das Projektberichtswesen, sowie die auf Grund der Berichte notwendig werdenden Aktionen.

Der **Projektleiter** ist verantwortlich für die Umsetzung der Inhalte; er erstellt den Projektplan, löst die Aktivitäten aus und stellt sicher, daß die Aktivitäten sachlich und fristgerecht korrekt abgeschlossen werden. Er ist ferner verantwortlich für das Erstellen der Fortschrittsberichte, sowie die aus den Berichten abzuleitende Koordination aller weiterer Aktivitäten und der Ressourcen.

Der **Bereichsleiter** ist verantwortlich für den sachlichen, unmißverständlichen Inhalt des Pflichtenhefts und die dort aufgezeigten Lösungen. Abweichungen vom Pflichtenheft bedürfen seiner Zustimmung. Bei bereichsübergreifenden Projekten gilt dies für alle zuständigen Sachgebietsleiter.

Idealerweise fügt sich die Projektorganisation nahtlos in das Betriebsgeschehen ein, wie Sie an folgender Grafik erkennen können, verlaufen die Informationswege der Teammitglieder direkt und ohne Umwege über irgendwelche Hierarchiestrukturen. Dies betrifft jedoch nicht disziplinarische Unterstellungsverhältnisse, da gilt weiterhin die übliche Vorgesetzten- / Unterstelltensituation.

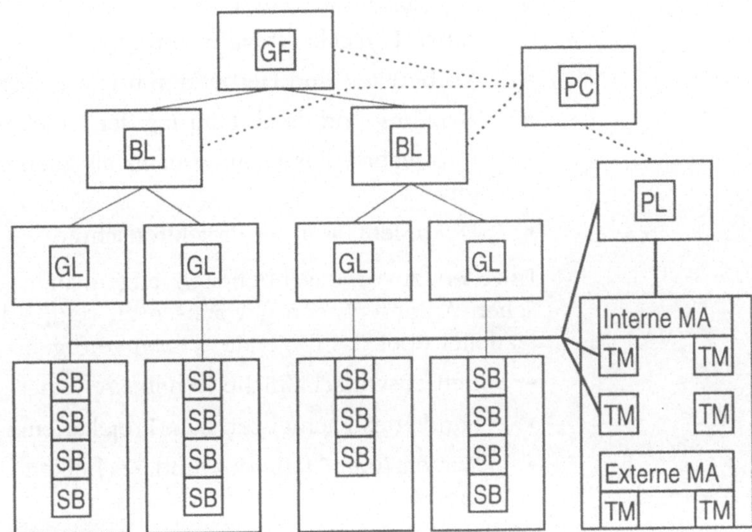

Bild 3.1:
Linien- und Projektorganisation

3.4   Der Projektleiter

Die Kenntnis des Betriebs und seiner Organisation, des Sachgebiets, sowie die Fähigkeit, eine Führungspersönlichkeit zu sein, sind die wichtigsten Kriterien, nach denen diese Funktion besetzt wird. Daher sind auch starke kommunikative Möglichkeiten notwendig, denn er muß die Vorteile des Projekts allen Skeptikern vermitteln, wie er auch im Konfliktfall moderierend eingreifen können muß.

Er hält alle Fäden in der Hand, alle Abweichungen von den vorab definierten Inhalten, Terminen und Kosten müssen ihm bekannt gemacht werden, meist kann nur er projektübergreifende Konsequenzen erkennen und entsprechend agieren.

Da die Projektorganisation sehr häufig außerhalb der normalen Entscheidungshierarchien des Unternehmens stattfindet, gilt es speziell für den Projektleiter sicherzustellen, daß die Verantwortung und Entscheidungskompetenzen deckungsgleich sind.

Dieses Agieren außerhalb der Unternehmenshierarchie erfordert eine starke Persönlichkeit, um Anfeindungen aus der Hierarchie gegenüber dem Projekt oder den Teammitgliedern angemessen entgegen zu treten.

Die Aufgaben des Projektleiters lassen sich wie folgt zusammenfassend darstellen:

- Planung der Aktivitäten,

- Überwachung und Kontrolle der drei Faktoren des magischen Dreiecks: Inhalte, Termine, Kosten,

- Vorbereiten und Herbeiführen von Entscheidungen

- Beratung und damit Führung der Projektmitarbeiter

- Information des Leitungsteams als auch der Projektmitarbeiter

- Dokumentation der Projektfortschritte

Um den zuvor beschriebenen allgemeinen und projektspezifischen Anforderungen gewachsen zu sein, sollte der ideale Projektleiter über das folgende Wissen verfügen:

- Betriebswirtschaftliche Kenntnisse

- Fundiertes Fachwissen zum Projektthema

- Wissen über Methoden und Techniken des Projektmanagements

- Wissen über Führungstechniken und Mitarbeiterführung

- Bereichsüberspannendes Wissen, um einen Interessenausgleich zwischen Fachbereichen herbeiführen können

Daneben sollte er die nachfolgend angeführten Eigenschaften besitzen:

- Flexibilität und Entscheidungsbereitschaft

- Verhandlungsgeschick

- Eine hohe Frustrationsschwelle

- Sozialverhalten

- Zielorientiert arbeiten

- Eigene Schwächen erkennen können und durch den Einsatz der Stärken anderer Mitarbeiter ausgleichen.

Sie sind hoffentlich nicht überrascht über die Summe und die Qualität dieser Anforderungen, die ohne Zweifel sachlich angebracht sind. Keine Frage, das ist die Beschreibung einer Führungskraft! Siehe auch das Psychogramm des Projektleiters.

> ***Ein Projektleiter ist wie ein Feldherr:***
> ***erst wenn etwas schiefgeht,***
> ***zeigt sich sein Talent.***

Eine der wichtigsten Eigenschaften ist aber sicher die angeführte Fähigkeit zur Selbsterkenntnis und das Vermögen, solche Arbeiten an den richtigen Mitarbeiter zu delegieren. Wer das beherrscht, kann jederzeit Projekte leiten, wenn die anderen Faktoren einigermaßen zufriedenstellend erfüllt sind.

3.5 Teilprojektverantwortlicher

Der Bedarf an Spezialwissen über den Betrieb und das Sachgebiet machen es zuweilen erforderlich, für Teilbereiche Verantwortung zu delegieren. Wichtig ist, daß auch für Teilbereiche engagierte Personen eingesetzt werden, niemals sollte eine Person genommen werden, die anderswo „weggelobt" wurde. Dies ist eine Unsitte, mit der sehr schnell gute Projektverläufe ins Schlingern gebracht werden.

Auch der Teilprojektleiter sollte eher das Zeug zur Führungskraft besitzen und daher auch der Beschreibung des Projektleiters entsprechen. Am besten ist er einer der Leistungsträger für den betreffenden Fachbereich. Das ist das Interessante an der Projektorganisation, daß gelegentlich auch Führungskräfte aus der Linienorganisation im Projekt mitarbeiten und ihr Wissen einbringen.

3.6 Projektmitarbeiter

Die Sachbearbeiter aus den beteiligten betrieblichen Bereichen wie auch diejenigen aus dem Organisations- / EDV-Bereich sind gleichberechtigt im Team. Das Wissen um die fachlichen und die EDV-technischen Details ergänzt sich, um die Projektarbeit inhaltlich korrekt und zügig voranzubringen. Auch hier gilt die Forderung: die Mitarbeiter mit dem besten Fachwissen und ausreichender Erfahrung müssen teilnehmen.

In einem Konfliktfall ist sehr wohl zu differenzieren, ob die geforderten Funktionen den betrieblichen Ablauf verbessern oder nur Wunschdenken oder gar nutzlose Spielereien sind. Die Meßlatte der Kosten- / Nutzenanalyse ist einfach anzulegen: der Nutzen ist ein besseres betriebliches Ergebnis, als die hierfür erforderlichen Kosten ausmachen werden. Die Möglichkeit des Rückgriffs auf gut definierte Projektziele und Budgetvorgaben hilft sehr oft in solchen kritischen Situationen lange und unergiebige Diskussionen zu vermeiden.

Die wichtigsten Anforderungen an die Teammitarbeiter sind ihr Fachwissen und die Bereitschaft zur Kommunikation und Kooperation, sowie eine erhöhte Belastbarkeit.

3.7   Die Teambildung

Eine ausgedeutete Anzahl von Mitarbeitern ist noch längst kein Team. Es gilt also daher, die Regeln der Gruppendynamik zu beachten.

> *Alles könnte geschehen.*
> *Aber nur manches geschieht.*

Eine alte Fußballerregel lautet: elf gute Spieler sind erst dann eine gute Mannschaft, wenn sie sich zusammengefunden haben und dann im Spiel blind verstehen.

Speziell im Profisport ordnen alle Teammitglieder (und nicht nur die elf Spieler auf dem Platz) ihre Verhaltensweisen dem gemeinsamen Ziel unter: GEWINNEN.

3.7.1   Die Voraussetzungen für die Teambildung

Das Umfeld für ein Projektteam ist entscheidend für die erfolgreiche Projektarbeit, zumal man in der Regel noch keine sonst übliche, bereits vertraute Organisationsform als Basis hat. Eine Arbeitsgruppe entwickelt sich immer dann zu einem erfolgreichen Team, wenn die folgenden sechs Faktoren stimmen:

1. **Vertrauen**: jedes Teammitglied erfüllt seine Verpflichtungen, hilft kollegial und mißbraucht nicht die Hilfsbereitschaft der Kollegen.

2. **Zielbewußtsein**: die Gruppe identifiziert sich mit dem Unternehmen und den Zielen sowohl des Unternehmens wie auch des Projekts.

3. **Kommunikation**: Qualität und Menge der Interaktion, innerhalb der Gruppe und nach außen zu den Fachbereichen und Geschäftspartnern, ist inzwischen gut und vertrauensvoll auf der Gesprächsebene, wie auch auf der Handlungsebene. Es besteht eine Form der Konfliktfähigkeit, die auf die Ziele orientiert Lösungen anstrebt und es besteht ein geordneter Prozeß der Entscheidungsfindung.

4. **Kooperation**: jedes Teammitglied und sein Arbeitsbeitrag wird vom Team respektiert, das Team ist konsensfähig. Alle Aktivitäten sind auf das Projektziel ausgerichtet.

5. **Methodik**: die regelmäßige Abstimmung und das formalisierte Berichtswesen stellen sicher, daß alle Beteiligten den gleichen Kenntnisstand haben.

6. **Gruppenidentifikation**: jeder identifiziert sich mit den Zielen der Gruppe, er ist nicht mehr Einzelkämpfer, sondern trägt durch sein Engagement zum Erfolg des Teams und damit zum Erfolg des Projekts bei.

Methodisch arbeiten bringt Ergebnisse.

3.7.2 Die Phasen der Teambildung

Wenn ein Team gebildet wird, durchläuft es in aller Regel nacheinander die folgenden vier Phasen, um sich zu einer schlagkräftigen Truppe zu entwickeln:

1. **Es geht los!** Wir sind noch gar kein Team, jeder fragt sich *„Welche Funktion / Position habe ich? Wo bin ich? Warum bin ich hier?“* Man tastet erst mal ab, verhält sich abwartend, denn man betritt Neuland im wahrsten Sinne des Wortes und das in jeder Beziehung.

2. **Wohin des Wegs?** Man kennt inzwischen die Personen, es bilden sich erste Untergruppen (Fraktionen), jeder erstrebt für sich seine Ideal- und Wunschposition im Team, die Ziele geraten gern außer Sicht durch das Ritual der Hackordnung. Anstöße von außen, insbesondere vom Projektsteuerungsteam helfen bei der Orientierung auf die eigentlichen Ziele der Gruppe.

3. **Die Richtung stimmt!** Alle Zweifel sind zerstreut, das Vertrauen untereinander bildet sich, erste Erfolge stellen sich ein und motivieren uns zu neuen Aktivitäten.

4. **Volle Kraft voraus!** Alle beherrschen nun die Thematik, man versteht sich ohne große Rückfragen, die Kooperation klappt ohne Reibungsverluste. Wir sind ein Team, wir sind kompetent und belastbar, die Projektmeilensteine werden wie selbstverständlich erreicht.

Natürlich ist es das Bestreben eines jeden Projektleiters, sein Team möglichst schnell in die Phase 4 zu bringen, aber lassen wir trotzdem dem Team die Chance, die ersten drei Phasen in der richtigen Reihenfolge zu durchlaufen, ja zu durchleiden. Dieser Entwicklungsprozess wird nur dann schnell durchlaufen, wenn konsequent auf die zuvor angeführten sechs Erfolgsfaktoren geachtet wird.

Die Vergangenheit ist ein Sprungbrett und kein Ruhekissen.

Machen Sie auch von vornherein jedem Teammitglied klar, daß nur sein Beitrag zum Projekt zählt und nicht, was er vor Jahren bei der Firma XYZ in ähnlicher Situation geleistet hat.

Wenn alle angestrengt und erfolgreich am Projekt arbeiten, aber plötzlich stellt jemand die Ziele oder die Hackordnung in Frage, ist die Katastrophe da: anstatt an dem Projekt zu arbeiten, werden Ressourcen für Konfliktmanagement vergeudet und als Konsequenz kommen die Termine ins Rutschen.

Wer nichts für andere tut, der tut auch nichts für sich.

Die Gruppendynamik ist von sehr großer Bedeutung für die Zusammenarbeit. Sprechen wir ruhig die einzelnen Phasen an und lassen den einzelnen Mitarbeiter beurteilen, in welcher der vier Phasen gerade die Gruppe ist und welche der sechs Faktoren nicht oder nur unvollständig umgesetzt werden. Solch ein Gespräch, als Einzel- oder als Gruppengespräch geführt, klärt die Fronten und das Ergebnis gibt einen Ruck in die gewünschte Richtung.

Die Erkenntnisse aus diesem Gespräch müssen natürlich umgesetzt werden, wobei alle Teammitglieder gleichermaßen gefordert sind.

3.8   Besprechungen

Die Entscheider und Macher müssen auch miteinander kommunizieren. Neben den periodischen Berichten finden auch Besprechungen statt, um Informationen auszutauschen. Da wir alle unter Zeitdruck stehen, wollen wir auch sicherstellen, daß diese Besprechungen inhaltlich wie zeitlich optimal ablaufen. Es gibt in diesem Zusammenhang nichts Schlimmeres als eine Besprechungsrunde, die damit beginnt, zu beraten, warum sie zusammengetreten ist.

Einladungen erfolgen schriftlich mit Vorgabe der Besprechungspunkte auf dem Formular: „Einladung zur Besprechung". Verteilen Sie die Einladungen mit genügender Vorlaufzeit, damit alle Teilnehmer ausreichend vorbereitet sind, oder zumindest sein können. Verhindern Sie außerdem bei allen Besprechungen, daß jemand halbinformiert vorzeitig den Raum verläßt.

Pflegen Sie einen dem Unternehmen angepaßten Stil der Besprechungen, formal, kollegial, locker oder steif, wie es angemessen ist. Aber alle Teilnehmer müssen pünktlich kommen und mit dem Thema vertraut sein. Störungen von Außen sollten für die Dauer des Gesprächs abgeblockt werden. Verstößt jemand gegen diese Spielregeln, so nehmen Sie ihn nach der Besprechung beiseite und zeigen ihm die gelbe Karte.

Die Form dieser Mahnung hängt davon ab, wie Sie zu dem „Sünder" stehen, aber auch ein leitender Mitarbeiter muß erfahren, daß er durch sein unpassendes Verhalten die Arbeit einer ganzen Gruppe von Mitarbeitern aller Ebenen behindert und somit schlußendlich dem Unternehmen schadet.

3.8.1   Gesprächsvorbereitung

Vor dem Gespräch legen wir mit dem Formular: Gesprächsvorbereitung fest, was das Thema der Besprechung sein wird und welche Ziele in der Besprechung angestrebt werden. Wir überlegen uns: Was will ich erreichen, was wird der Gesprächspartner erreichen wollen?

Wer sich vor der Besprechung kurz in die Rolle der Gesprächsteilnehmer versetzt, kann besser die Besprechung steuern, und dabei seine Ziele mit denen der anderen Teilnehmer abstimmen.

> ***Am Verzicht interessiert nicht,***
> ***wer ihn leistet,***
> ***sondern was er leistet.***

Fragen wir uns: Wie sind die Handlungsspielräume, die ohne Nachteile oder aber mit welchen Konsequenzen ausgelotet werden können? Manchmal ist ein Nachgeben an einer für uns unwesentlichen Position sinnvoller, als ein stures Beharren auf formalen Inhalten. Als Gegenleistung wollen wir natürlich auch ein Entgegenkommen in für uns wichtigen Positionen.

<table>
<tr><td>**3.8.2**</td><td>

Einladung zur Besprechung

</td></tr>
</table>

Mit dem entsprechenden Formular werden die Teilnehmer zusammengerufen, damit weiß jeder, um was es geht und wer teilnimmt. Es ist sehr schlechter Stil und nicht nur ein Verstoß gegen die guten Sitten, zu spät oder unvorbereitet zu kommen, sondern es entsteht auch ein betriebswirtschaftlicher Schaden für das Unternehmen durch die Wartezeit der anderen. Auch wenn ein Teilnehmer sich in der Besprechung erst „schlau machen" muß, geht das auf Kosten der Arbeitszeit der anderen Teilnehmer.

Der Zeitplan muß realistisch sein und muß möglichst exakt eingehalten werden: man kann über alles reden, aber nicht über eine Stunde (hinaus)! Daher sehen wir bei langwierigen Themen Pausen vor, das ist gut für die Erhaltung der Aufnahmefähigkeit. Und die Pausen können auch genutzt werden, um informelle Gespräche zu führen, damit festgefahrene Besprechungen mit sinnvollen Weichenstellungen wieder produktiv gestaltet und weitergeführt werden.

3.8.3   Besprechungsprotokoll

Der Protokollführer wird benannt, bevor der erste Besprechungspunkt in Angriff genommen wird. Im allgemeinen ist es nicht nötig, ein wortwörtliches Protokoll zu führen, sondern es reicht, pro Besprechungspunkt die Entscheidung festzuhalten: Wer erledigt was bis wann. Auch das läßt sich schnell und einfach auf dem Formular: Besprechungsprotokoll eintragen. Über das wie muß nur in den seltensten Fällen ein Protokoll erstellt werden, der Beauftragte hat in der Regel das Fachwissen oder er weiß, wo er sich es aneignen kann.

> ***Ideen halten sich nicht lange.***
> ***Man muß etwas mit ihnen anfangen.***

Es ist eine Zeitvergeudung für den Protokollanden wie auch für den Leser, eine Niederschrift der Besprechung in dem Stil zu erstellen: *„Herr Dingsda führte aus:..."* und dann alle Profilierungsübungen der Teilnehmer aufzuführen.

<table>
<tr><td>3.8.4</td><td>

Telefongespräche
</td></tr>
</table>

3.8.4 **Telefongespräche**

Telefongespräche mit Geschäftspartnern, aber auch mit Kollegen, sind ein wichtiges Kommunikationsmittel. Aber es wird leider viel zu oft gegen elementare Grundregeln verstoßen. Achten wir darauf, daß wir immer Vorhand spielen, das heißt: wir rufen an, wir sind vorbereitet mit unserem Formular Telefonatsvorbereitung.

Wir haben auf diesem Formblatt festgelegt, was wir in dem Gespräch erreichen wollen, und wir haben uns überlegt, mit welchen Argumenten unser Gesprächspartner unseren Zielen ausweichen wird und wie wir daraufhin ihn überzeugen werden.

Denken wir auch an die äußeren Umstände, wie Lärm vom offenen Fenster; unerwünschte Zuhörer, vor denen man nicht offen sprechen kann. Notizen werden Sie voraussichtlich auch machen müssen, blockieren Sie also nicht die Schreibhand mit dem Hörer.

Es soll Leute geben, die können an der Sprechweise ihres Gesprächspartners erkennen, ob er gut aufgelegt ist, ob er von sich und seinen Argumenten überzeugt ist, ob er steht, sitzt oder die Füße auf dem Schreibtisch hat. Seien Sie also nicht nur äußerlich, sondern auch innerlich bereit, bevor Sie zum Hörer greifen.

Übrigens, trinken Sie Ihren Kaffee aus, bevor Sie telefonieren, es ist unhöflich, beim Telefonieren zu trinken und wenn Sie höflich sind, haben Sie hinterher kalten Kaffee.

Hat ein schwieriger Partner Sie unvorbereitet am Telefon erwischt, weil er die obigen Regeln des Vorhandspiels kennt, so können Sie sich mit folgendem Verhalten aus der Schlinge ziehen. Kennen Sie den Partner gut, so seien Sie ehrlich: *„Ich hatte noch keine Zeit, die Fakten zu prüfen, ich kann noch keine Aussage machen."* Würde eine solche Aussage dem Geschäftsverhältnis schaden, so müssen Sie wohl oder übel zu einer Notlüge greifen: *„Ich bin gerade in einer Besprechung und kann nicht offen sprechen."* In beiden Fällen muß Ihr verbindliches Angebot kommen: *„Wann darf ich Sie zurückrufen?"* Und dann rufen Sie exakt zum angegebenen Zeitpunkt bestens vorbereitet zurück.

Lassen Sie sich kein Gespräch aufzwingen, auf das Sie nicht vorbereitet sind, Sie verlieren immer. Aber wenn Sie nicht zum verabredeten Zeitpunkt zurückrufen, verlieren Sie auch: an Glaubwürdigkeit. Und allzu häufig dürfen Sie diese Notlüge nicht verwenden, sonst wird sie als solche erkannt und nicht mehr akzeptiert. Also immer besser gleich selbst die Initiative ergreifen.

3.8.5   Vier Augen Gespräche

Nicht alles muß im großen Plenum besprochen werden, vieles läßt sich schnell und formlos besprechen, um zu einer Information oder zu einer Entscheidung zu kommen.

> ***Widerlegt zu werden ist nicht schlimm,***
> ***wohl aber mißverstanden zu werden.***

Aber auch hier gilt ähnliches wie zuvor gesagt: wer sich auf das Gespräch gut vorbereitet hat, kommt meist zu einem besseren Ergebnis. Und wenn Sie das Formular mit der Gesprächsvorbereitung aufheben, dann können Sie später rekonstruieren, wann Sie was mit wem besprochen und entschieden haben.

Sollte einer unserer drei Faktoren aus dem magischen Dreieck betroffen sein, so gebietet die Fairneß, diese Veränderung als Vermerk in der Projektdokumentation abzulegen und gleichzeitig den betroffenen Mitarbeitern zur Kenntnis zu bringen. Gehen Sie nicht davon aus, daß jeder Mitarbeiter jeden Tag das Projekthandbuch nach Ergänzungen absucht, hier besteht eindeutig eine Bringschuld desjenigen, der die Änderung veranlaßt hat.

3.9   Das Projektteam und die Anderen

Sie sehen, bei der Projektorganisation ist manches, aber nicht alles etwas anders strukturiert als bei der Aufbauorganisation und wir haben vor allem andere, direkte und daher schnellere Entscheidungswege. Die Delegation von Aufgaben und Verantwortung erübrigt die schwerfälligen Berichtswege, der Erfolg des Einzelnen, wie auch des Teams ist durch Zielvereinbarung und Zielerreichung meßbar.

Da ist das Projektsteuerungsteam als den Verantwortlichen, mit der besonderen Stellung des Projektleiters, und die teilweise temporär, teilweise permanent zugeordneten Projektmitarbeiter aus dem eigenen Hause und die externen Mitarbeiter.

Daneben sind die Fachbereichsleiter und das ganze Middlemanagement, bei dem offene Fragen zur Entscheidung gebracht werden. Je nach Aufgabenstellung des Projekts müssen auch Meister und Schichtführer zur Entscheidungsfindung herangezogen werden.

Darüber hinaus kennen wir Promoter und Vermittler, die nicht formell mit dem Projekt in Verbindung stehen, sondern das Projekt wohlwollend „begleiten", meist Geschäftsführer und Bereichsleiter. Ihr Einfluß auf das Projekt ist formal meist nicht festgelegt, aber sicher nicht zu unterschätzen.

Ferner werden wir mit Beratern zu tun haben, seien es interne oder externe Spezialisten, die wegen ihres Know-how zeitweilig oder für die Dauer des Projekts hinzugezogen werden.

Nicht vergessen sollten wir diejenigen Personen oder Organisationen, die vom Projekt zu informieren oder zum Inhalt auch vorher anzuhören sind.

Das können der Betriebsrat, der Datenschutzbeauftragte, der Sicherheitsbeauftragte oder auch Organisationen außer Haus, wie Banken, Sozialversicherungsträger, Steuerberater, Wirtschaftsprüfer oder unsere Geschäftspartner sein.

4 Das Projektmanagement

4.1 Planungssicherheit

Wer immer etwas gegen Planung und Arbeitsvorbereitung sagen will, zitiert irgendeinen Säulenheiligen (z.B. St. Bürokratius) mit dem Spruch:

Planung ist der Ersatz des Zufalls durch Irrtum.

Diese sehr spöttische These ist bestimmt für jeden Planer eine schlimme Provokation, jedoch sie beinhaltet schon ein ordentliches Körnchen Wahrheit. Aber sicher ist auch, die Größenordnung der Summe der möglichen Irrtümer bei sorgfältiger Planung ist dennoch insgesamt immer kleiner als die Streuung des Zufalls bei Laisser faire. Daher lassen wir uns niemals davon abhalten, eine sorgfältige, dem Projekt angemessene Planung durchzuführen.

Aber wir dürfen diesen Streuungsfaktor nicht außer acht lassen, sondern müssen immer eine gewisse Reserve für „Irrtümer" in der Planung vorsehen. Je erfahrener der Planer ist und je stärker das Projekt aus der Routine bearbeitet werden kann, um so knapper kann die Reserve ausfallen. Dies gilt für Zeit- und daher auch für Kostenkalkulationen.

Viele erfahrene Planer haben daher immer eine Position in ihrer Planung: Unvorhergesehenes. Je nach Komplexität und Dauer sehen sie zwischen fünf und zehn Prozent Reserve vor. Wird diese Reserve nicht aufgebraucht, ist der Erfolg sicher, auch der persönliche Erfolg der Mitarbeiter.

4.2 Der Projektstrukturplan: Aktivitäteninhalte

Es empfiehlt sich, nach dem TOP-DOWN Konzept vorzugehen und das Projekt zunächst in Teilabschnitte zu zerlegen. Diese Abschnitte werden dann jeder für sich nochmals zerlegt in einzelne Unterabschnitte, deren jeweilige Dauer in Arbeitstagen die Zeitspanne einer Woche nicht überschreiten sollte.

Dies ist notwendig, um eine Fortschrittskontrolle zu gewährleisten und im späteren Projektverlauf Aktivitäten leichter umdisponieren zu können. Diese Notwendigkeit zur Umdisposition erfordert auch, daß auch die Anzahl der Beteiligten pro Aktivität ein weiterer Teilungsfaktor ist, um Aktivitäten zu splitten, denn die Erfahrung lehrt uns: zwei Mitarbeiter bekommt man terminlich leichter gemeinsam an einen Tisch als fünf Mitarbeiter.

Es geht uns ja nicht nur um die Arbeit, die geleistet werden muß, sondern die Aktivitäten müssen auch koordiniert, die Ergebnisse müssen aufeinander abgestimmt werden.

Daher streben wir an, die Aktivitäten so zu gestalten, daß Abhängigkeiten von mehreren Personen und deren gleichzeitiger Verfügbarkeit immer nur kurzfristig zum Tragen kommen. Der einzelne Mitarbeiter kann in der Regel intensiv und ohne Warteschleife selbständig weiterarbeiten.

4.3   Der Projektablaufplan: die Aktivitätenfolge

In einem zweiten Schritt werden die Abhängigkeiten der einzelnen Abschnitte voneinander festgelegt. Es kann sehr wohl in diesem Stadium notwendig werden, die Aktivitäten nochmals weiter aufzuteilen, bzw. auch neu strukturiert zusammenzufassen.

Die alte Schmiederegel: *„Man muß das Eisen schmieden, solange es heiß ist"*, gilt auch noch heute und kann uns sehr wohl dazu bringen, Aktivitäten und deren Abfolge nochmals zu überdenken und neu zu strukturieren.

> ***Was du tust, wenn du Zeit hast,***
> ***brauchst du nicht zu tun, wenn du keine Zeit hast.***

Es ist absolut notwendig, Meilensteine vorzusehen, um verschiedene, parallel laufende Aktivitäten zu synchronisieren. Das gilt für die Start-, wie auch für die Endtermine von Aktivitätenfolgen, die entweder gemeinsam begonnen werden können oder gemeinsam beendet sein müssen.

Es empfiehlt sich ferner, immer wieder Abschnitte einzuplanen, die allen Beteiligten die Chance geben, eingeführte Teilabschnitte zu testen und die Abnahme durchzuführen. Daran angefügt wird eine Stabilisierungsphase für Schulung der neuen Funktionen und Beseitigung sonstiger Anlaufschwierigkeiten.

Diese Anlaufschwierigkeiten gibt es immer wieder und in jedem Projekt stellen sie sich unterschiedlich dar. Der Begriff Konsolidierungsphase wird hier oft benutzt, nicht exakt das, was der Betriebswirt darunter versteht, aber laut Lexikon heißt das „Festigung, Sicherung" und genau das wollen wir erreichen, einen festen Boden für die nächsten Schritte.

Wenn wir Terminrestriktionen (Ecktermine aus der Unternehmensplanung) haben, werden die Aktivitäten von diesen Terminen ausgehend rückwärts terminiert und wir erhalten als Ergebnis die Starttermine. Die einfachere, weil konfliktfreie Übung ist die Vorwärtsterminierung ohne irgendwelche Terminrestriktionen ab einem Freigabetermin.

Wurden in der Kalkulation der Brutto-Projektdauer alle Eventualitäten berücksichtigt, so ist es nicht notwendig noch Risikozuschläge hinzuzufügen, wurde nur die Netto-Projektdauer ermittelt, so werden bei kritischen Aktivitäten die entsprechenden Sicherheitszuschläge eingeplant.

Lassen Sie sich nicht erwischen, daß Sie zweimal den Zuschlag eingearbeitet haben, nach so einem Sündenfall glaubt Ihnen keiner mehr irgendeine Terminaussage!

Ein weiterer Aufwandsposten ist das Berichtswesen; Teilabschnittsberichte müssen mit eingeplant werden, ebenso wie der Projektabschlußbericht. Und die Zeit dafür ist vorzusehen: je nach Projektgröße, Berichtsform und Verteiler kann das ein erheblicher, im eigentlichen Sinne der Projektaktivitäten eben nicht produktiver Zeitaufwand sein.

Auch Entscheidungen, die den Konsens mehrerer Personen erfordern, sind Aktivitäten im Projektablaufplan, obwohl der Einzelne vielleicht nur JA oder NEIN sagen muß. Aber das JA eines Vertriebsleiters zu erhalten, der gerade in den Messevorbereitungen steckt, ist nicht einfach.

4.4   Die Planung der Ressourcen

Als Ressourcen bezeichnet man die eigenen Mitarbeiter, des Weiteren die Rechnerkapazität, die Räumlichkeiten, externe, fixe (z.B. Seminar-, Messe-) Termine und die Verfügbarkeit von Lieferanten und deren Mitarbeiter, soweit dies personenbezogen notwendig ist.

***Es gibt Menschen, die Fische fangen,
und solche, die nur das Wasser trüben.***

Bei längerfristig laufenden Projekten muß der Jahresurlaub der eigenen Mitarbeiter ebenso vorgesehen werden wie der Betriebsurlaub der Lieferanten. Nicht außer acht lassen darf man wichtige Termine, wie z.B. Messevorbereitungen oder Jahresschlußarbeiten, die wichtige Leistungsträger aus dem Projekt herausreißen können.

Je länger die Abwesenheit des Mitarbeiters vom Projekt dauert, eine um so längere Wiedereintrittsphase ist vorzusehen, schon allein um sich den aktuellen Status des Projekts wieder zu anzueignen.

Die Ressourcen werden den Aktivitäten zugeordnet und der voraussichtliche Zeitaufwand in Manntagen bzw. Stunden wird festgelegt. Hierbei ist zu differenzieren zwischen Mitarbeitern, die Vollzeit am Projekt arbeiten und Führungskräften, die nur kurzfristig bei einer bestimmten Aktivität, z.B. bei Abnahmeterminen oder Besprechungen präsent sein müssen.

Ferner wird man den geplanten Aufwand davon abhängig machen, ob der Betreffende lediglich seine Kenntnisse aus der Routinearbeit einbringen muß, oder ob er sich das Thema erst aneignen muß. Nehmen Sie die Anregungen aus der Projektdauerkalkulation auf und setzen Sie diese Faktoren bewußt ein.

Das Verhältnis zwischen einer Routinetätigkeit und neuen Aufgaben kann gut und gerne einen Mehraufwand im Verhältnis 1 zu 2 oder gar 1 zu 3 bedeuten. Daher werden wir anstreben, durch die erfahrenen Teammitglieder die komplexen Themen bearbeiten zu lassen, während Novizen die einfacheren Aufgaben übernehmen, die sie mit vertretbarem Aufwand sich aneignen und erbringen können.

4.4.1   Die Mitarbeiter aus dem Fachbereich

Es gilt, das Wissen des Fachbereichs mit aller Kompetenz in das Projekt einfließen zu lassen. Immer wieder steht man vor dem Problem, daß Leistungsträger, die der Fachbereich angeblich braucht für den laufenden Betrieb, dem Projektleiter vorenthalten werden.

Dies ist die falsche Entscheidung: wichtiger ist es, das für die Zukunft zu entwickelnde Verfahren den zukünftigen, betrieblichen Belangen optimal anzupassen. Und wer könnte das besser als der erfahrenste Sachbearbeiter!

Der Fachbereich kann sich mit dem jetzigen, vertrauten System sehr wohl für einen definierten Zeitraum auch ohne den erfahrenen Fachmann durchschlagen, man schafft es ja auch während der sonstigen Abwesenheit dieses Spezialisten, z.B. wegen Urlaub, Fortbildung, Krankheit. Selbst beim Ausscheiden des letzten Spezialisten ging der Betrieb weiter.

Die Fähigkeit, sich Neuem zuzuwenden, setzt die Fähigkeit voraus, sich vom Bisherigen zu lösen.

Sprechen wir es offen aus: hier liegt eines der Probleme des erfahrenen Sachbearbeiters. Wir müssen ihm aufzeigen, daß er mit der Einführung des neuen Systems auch weiterhin eine tragende Rolle in seinem angestammten Arbeitsgebiet haben wird.

Wenn der bisherige Fachmann diese Sicherheit nicht hat, will und wird er keine große Hilfe sein, weder bei der Entwicklung, noch bei der Einführung des neuen Systems, sondern er wird eher die *„Stärken"* seines liebgewonnenen Systems herausstreichen. Seine starke persönliche Stellung im Betrieb ist ihm mindestens ebenso wichtig wie das neue EDV-System.

4.4.2   Die Mitarbeiter aus Organisation / EDV

Auch im Bereich Organisation / Datenverarbeitung gibt es Mitarbeiter mit Erfahrungsschwerpunkten in verschiedenen, oft sehr unterschiedlichen Bereichen, dieses Wissen muß optimal eingesetzt werden.

Das Fachbereichswissen ist unterschiedlich stark ausgeprägt, ein DV-Fachmann im Bereich Lohn und Gehalt wird in aller Regel nicht unbedingt die idealen Voraussetzungen besitzen, um vielleicht anstehende Aufgaben auf dem Gebiet der Datenfernverarbeitung zu realisieren. Er muß sich dieses Spezialwissen sicher erst mühsam aneignen.

Manchmal ist es günstiger, durch den Blick über den eigenen Tellerrand Anregungen von außen zu holen, als tagelang über einer Lösung zu brüten.

Dieses Nichtbeachten der Erfahrungen anderer ist eine Eigenart, ja manchmal fast eine Unart, die viele EDV-Fachleute in ihrer Persönlichkeitsstruktur haben. In manchen Situationen ist diese

Sturheit zwar sicher notwendig und von Vorteil, aber eben nur manchmal.

Ein guter Programmierer ist nicht notwendigerweise ein guter Lehrer und kommunikationsfähig (das Gegenteil ist wohl häufiger der Fall!). Falls der DV-Fachmann nur in EDV-Chinesisch parliert, muß man ihn höflich, aber bestimmt darauf hinweisen, daß er mit größerem Erfolg seine Arbeit im Fachbereich verkaufen kann, wenn er die dortige (Fach-) Sprache auch beherrscht und benutzt.

> **Wenn dich ein Laie nicht versteht, so heißt das noch lange nicht, daß du ein Fachmann bist.**

EDV-Fachleute haben oft eine Tendenz, alles zuzusagen, was ein Computersystem leisten könnte. Das ist kein böser Wille, meistens vernachlässigen sie dabei eben nur, daß dieser Perfektionsgrad nicht immer notwendig ist und vor allem, nicht das Geld wert ist, das diese Perfektion kostet.

Benutzen wir die Pareto-Regel auch weiterhin als Maßgabe für unsere Vorgehensweise: zwanzig Prozent Aufwand erbringt achtzig Prozent Ergebnis, alles weitere unterliegt zunächst einmal der kritischen, bewertenden Kosten- / Nutzenrechnung. Entscheidungen hierüber treffen der Projektleiter und das Projektsteuerungsteam und nicht der Programmierer.

4.4.3   Externe Mitarbeiter, Lieferanten

Am Einfachsten ist es sicherlich, wenn man langfristige Erfahrungen mit einem Geschäftspartner hat, dann kann man mit einem höheren Zuverlässigkeitsgrad planen. Bei einem neuen Geschäftspartner hat man nur die Möglichkeit, über Referenzadressen Informationen zu sammeln und vorsichtig zu gewichten. Die Angebotstangaben eines neuen Lieferanten werden wir daher mit der notwendigen Vorsicht in unsere interne Planung übernehmen.

Ähnlich wie bei der Teambildung durchläuft man in einer neuen geschäftlichen Partnerschaft die vier Phasen: Wir schlagen los, drehen uns erst mal im Kreis, kommen auf Kurs und fahren dann volle Kraft voraus.

Da dieser Prozeß Zeit und Geld kostet, halten wir ihn so kurz als möglich. In jedem Fall und zu jeder Zeit wird man jedoch Inhalte, Termine und Kosten der einzelnen Aktivitäten mit dem Geschäftspartner abstimmen und zwar ausschließlich schriftlich.

Diese Schriftform gilt für unsere Aufgabenstellung an den Partner, ebenso wie für das Lösungskonzept mit Termin und Kosten pro Aktivität vom Partner. Hüten Sie sich vor pauschalen Arrangements, entweder leidet der Leistungsumfang, weil das Geldlimit nur beschränkten Aufwand erlaubt oder die Kosten laufen davon, weil alle Verständnisfragen im Wege der Nachbesserung kostenpflichtig erbracht werden.

Am Ende des Geldes ist das Projekt noch so lang.

Und die Unterstellung: *„So wie es bei uns abläuft, ist Industriestandard und der Lieferant weiß das und macht das schon richtig"* hat schon manches Projekt durch teure und zeitaufwendige Nacharbeiten von der Siegesstraße abgebracht.

Vorsicht ist geboten, wenn bei jedem Termin neue Mitarbeiter des Lieferanten auftauchen, unter Umständen werden mehrere Mitarbeiter des Lieferanten auf Ihre Kosten mit dem Thema vertraut gemacht.

Wenn es angebracht erscheint, bestehen wir per Vertrag darauf, daß nur der uns vertraute und bewährte Mitarbeiter, der unsere Organisation seit Beginn des Projekts kennt, immer kommt. Sollte ein weiterer Mitarbeiter kommen müssen, so geht das zu Lasten des Lieferanten, es sei denn, wir sind überzeugt, daß dieser neue Mitarbeiter zusätzliche Ausgaben wert ist, und wir haben daher vorab zugestimmt.

Die in diesem Fall oft gehörte Argumentation, daß der Lieferant ja einen Ersatzmann aufbauen muß, um immer für uns dienstbereit zu sein, ist selten zu widerlegen und auch in unserem Sinne, aber die direkten Kosten hierfür gehen zu Lasten des Lieferanten. Wir wissen, auch beim besten Lieferanten kommt es vor, daß Mitarbeiter Karriere machen und Nachfolger eingesetzt und eingearbeitet werden müssen, solche Übergangsphasen belasten ein Projekt immer, sollten jedoch nicht zu sehr unsere Termine und Kosten negativ beeinflussen.

4.4.4   Sonstige Bedarfe

Darunter fallen alle Bedarfe, die wären der Projektarbeit anfallen und nicht notwendigerweise direkt in das Produkt des Projekts einfließen.

Räumlichkeiten

Die Räumlichkeiten werden oft als selbstverständlich vorausgesetzt, denn sie sind ja immer da, leider nur nicht immer frei. Wie viele Besprechungen sind schon gescheitert, weil man den ganzen Trupp kurzfristig durch den Betrieb jagte auf der Suche nach einem freien, angemessenen Besprechungsraum. Oder die Besprechung wurde kurzfristig vorgezogen oder verlegt, um den Raum an einem noch freien Termin zu nutzen. Aber dann müssen die Teilnehmer oft ihre anderen Termine verlegen, kommen unvorbereitet, daraus resultieren alle möglichen negativen Konsequenzen und es entstehen vermeidbare Konflikte.

Die Entscheidungen dieser Crash-Besprechung sind dann entsprechend je nach der Stimmungslage der frustrierten Teilnehmer, oft nicht sachlich begründet, sondern emotional und daher oft wertlos oder gar gegenläufig zu den ursprünglichen Intentionen. Das ist sicher schlechter Managementstil, wenn man seine Emotionen nicht unter Kontrolle hat, aber es passiert leider eben immer wieder.

Oder ein Projektmitarbeiter (intern oder extern) wird „irgendwo" an einem gerade mal verfügbaren Arbeitsplatz untergebracht, wo er dann voll im Betriebsgeschehen steht und von der Projektarbeit abgelenkt wird. Ein Behelfsarbeitsplatz ist auch eine persönliche Mißachtung oder gar Abwertung für den Mitarbeiter, entsprechend ist seine Einstellung zu diesem Arbeitsplatz und damit zu seiner Arbeit. Seine Leistungen sind dann eben oft entsprechend der Arbeitsumgebung: „behelfsmäßig".

Kaufteile

Die benötigten Kaufteile sind so rechtzeitig zu bestellen, so daß sie termingerecht zur Verfügung stehen. Hier ist die Kommunikation zwischen dem Projektleiter und dem Einkäufer wichtig, auch ist ein gewisser Formalismus (Bestellanforderung) von Vorteil. Weiß der Einkäufer frühzeitig über den Verfügbarkeitstermin, so kann er rechtzeitig kosten- und terminbewußt bestellen. Ansonsten muß er terminorientiert bestellen, koste es, was es wolle.

Der Einkäufer muß informiert werden über den Stand der bisherigen Verhandlungen, die in der Regel meist sachliche Inhalte hatten, bei denen aber auch oft schon Termine und Kosten angesprochen wurden. Wir wollen vermeiden, daß bereits verhandelte Punkte nochmals aufgearbeitet werden müssen, im Extremfall sogar mit neuen Resultaten. Das soll jedoch nicht heißen, daß der Einkäufer nicht noch bessere finanzielle Konditionen herausarbeiten soll. Das ist seine Aufgabe, helfen wir ihm dabei mit guter Information und gezielten Hinweisen.

Sonstige Betriebsmittel

Sonstige Betriebsmittel wie Tabellierpapier, aber auch Kabelmaterial, etc. sind oft lagerhaltig im Betrieb vorhanden. Im Rahmen eines Projekts entsteht oft ein verstärkter Verbrauch, der dann meist im ungünstigsten Moment zum Lagerbestand Null führt und zu unnötigen Verzögerungen oder Kosten führt.

Vorausschauende Kontrolle des Projektleiters ist notwendig: er kann nicht die Schuld auf einen Disponenten / Lageristen abwälzen. Dieser handelte ja korrekt mit seinem Regelbestand, und nur die Projektmitarbeiter können den ungeplanten Verbrauch vorhersehen. Es ist ihre Verantwortung, solche Sonderbedarfe rechtzeitig anzumelden.

Die Kostenplanung

Der Geldfluß muß im Rahmen des Projektplans selbstverständlich auch terminiert werden. Neben den Beträgen und den Terminen wird für die spätere Kostenkontrolle zusammen mit der Buchhaltung der Kostenartenplan und soweit nötig, der Kostenträgerplan festgelegt.

Der Kostenartenplan für unser Projekt enthält sicher folgende Positionen:

- **Projekteinzelkosten**

  entsprechend dem betrieblichen Kontenplan

- Personalkosten (detailliert entsprechend der diversen Tagessätze)

- Materialkosten (detailliert nach Beschaffungs- und Hilfsmaterial)

- Reisekosten

- Fremdleistungen (detailliert nach Bedarf)

- Aus- und Weiterbildung projektbezogen

- Finanzierungskosten

- Mieten, Leasing, etc.

- **Gemeinkosten**

  entsprechend dem betrieblichen Kontenplan

- Verwaltungskosten

- interne Dienstleistungen

- Allgemeine Aus- und Weiterbildung

- Hilfsmaterial

Für den Kostenträgerplan gibt es verschiedene Denkmodelle, deren Anwendung sich nach der Forderung: so detailliert als nötig, so zusammenfassend als möglich, richten wird. Denkbar wären folgende Detaillierungstufen:

- Gesamtprojekt

- Projektteile

- Projektphasen

- Aktivitätenfolgen als Block (Bezug: Meilensteine)

- Aktivitäten

Die Unterteilung ist mit der Buchhaltung abzustimmen, um den Verwaltungsaufwand für die Erfassung und Auswertung in zu bewältigendem Umfang zu halten. Denkbar ist auch eine mit dem Projektfortschritt einhergehende stärkere Detaillierung.

Kostenkontrolle

Bei dieser Gelegenheit wird auch geklärt, wie man während des Projekts mit der Kostenkontrolle verfahren wird. Reicht die regelmäßige Auswertung aus der Kostenrechnung oder muß wegen der schnellen Abfolge der Eingangsrechnungen eine eigene Kontrolle durch den Projektleiter vorgesehen werden? Auch das Genehmigungsverfahren ist zu klären und festzulegen, und zwar für normale Abläufe und auch für Notfälle.

Die Zusammenarbeit zwischen dem Projektleiter, dem für die Finanzen Verantwortlichen und der Buchhaltung ist ein Muß. Abweichungen vom Finanzierungsplan müssen rechtzeitig beantragt und vor allem begründet werden.

Andererseits wollen wir sicher nicht die Situation der Entscheidungsnotwendigkeit durch die höchsten Gremien als Dauerzustand, angemessener Handlungsspielraum für den Projektmitarbeiter bringt schnelle Entscheidungen innerhalb des vereinbarten, vertretbaren Rahmens.

4.4.5 Die Planung des Betriebs- / Projektkalenders

Der Betriebskalender legt die wöchentliche Arbeitszeit fest, die (regionalen) Feiertage, Werksferien und / oder Betriebsstillstände wegen Umbau, geplanten Reparaturen, etc.

Hiervon abgeleitet ergibt sich ein Projektkalender, da durch die Kopplung von Ressourcen mit den Aktivitäten und dem Betriebskalender die Konfliktsituationen zutage treten und gegebenenfalls für dieses Projekt andere Zeitabläufe oder Prioritäten vorgesehen werden müssen, um die ursprünglichen, vorgegebenen Ecktermine des Auftraggebers zu erreichen.

Der Projektleiter muß auch über seinen Projektrahmen hinaus schauen. Beispielsweise kann ein verstärkter Einsatz von EDV-Ressourcen während der Werksferien des Betriebs daran scheitern, daß die Büroräumlichkeiten in dieser Zeit renoviert werden und daß etwa mit zum Teil unkontrollierbaren Stromausfällen zu rechnen ist.

Auch wer schon zur Winterzeit einmal ein Wochenende in einem mit der Schaltautomatik nur niedrig beheizten Bürogebäude verbrachte, kann ein Lied von der etwas eingeschränkten Leistungsfähigkeit in solchen Situationen singen.

4.4.6 Die Meilensteine festlegen

Als Meilensteine bezeichnet man die Synchronisationspunkte im Projektverlauf mit der Dauer Null, die zwingend verschiedene, parallel ablaufende Aktivitäten zusammenführen. Ein Meilenstein selbst umfaßt keine Aktivitäten, sondern ist ausschließlich dazu da, den angestrebten Zustand festzustellen und abzuhaken.

Bei der Festlegung von Meilensteinen werden auch die Ecktermine der Unternehmensplanung herangezogen. Damit wird sichergestellt, daß das Projekt voll in das Betriebsgeschehen eingebunden ist.

Sinnvoll ist es, das Berichtswesen mit diesen Meilensteinen zu koppeln, da ein Nichterreichen der Synchronisation sofort dokumentiert werden muß, damit Korrekturen umgehend eingeleitet werden. Denn aus einer solchen Abweichungssituation kann ein Projekt sehr schnell notleidend werden.

Durch Verschieben eines Meilensteines werden sofort alle folgenden, davon abhängigen Aktivitäten verschoben. Das Tückische daran ist, daß durch Konflikte mit anderen Terminen der Ressourcen und den äußeren Einflüssen die folgenden Aktivitäten nicht nur um den Verzug dieses einen Meilensteins en bloc verschoben werden, sondern je nach Verfügbarkeit der Ressourcen um ein Beträchtliches mehr. Meilensteine sind also die Erfolgsstufen oder Stolpersteine eines Projekts.

4.4.7 Der Netzplan

Es ist ein großer Vorteil der Projektorganisation, daß Aktivitäten, sogar ganze Blöcke parallel zu anderen Aktivitäten ablaufen können, um die Endtermine gemeinsam zu erreichen. Diese Parallelität der Abläufe setzt eine gute Übersicht voraus, um sicher zu sein, daß die voneinander abhängigen Aktivitäten sich nicht gegenseitig blockieren.

Diese Aktivitäten müssen aus logischen, betrieblichen oder sonstigen Gründen in dieser Reihenfolge erarbeitet werden.

Der Netzplan ist eine graphische Darstellung der Aktivitätenabfolge in folgender (hier stark vereinfachter) Form, wobei die Schritte eins und neun Meilensteine darstellen, während die anderen Punkte Aktivitäten sind.

Bild 4.1:
Netzplan

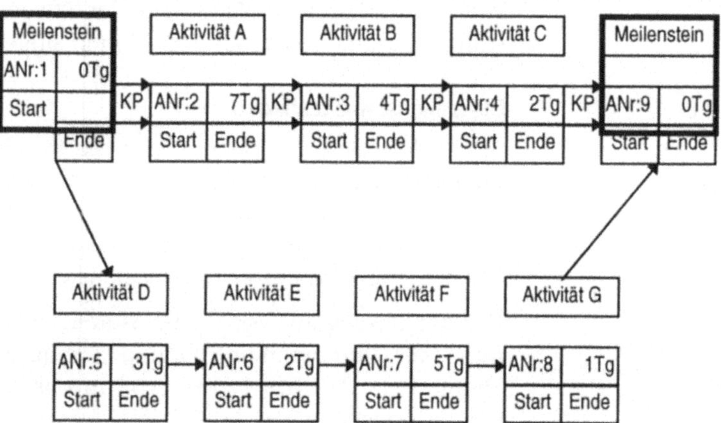

Es spielt für das Projekt keine Rolle, ob z.B. die Aktivität C zeitgleich mit den Aktivitäten F oder G bearbeitet wird. Entscheidend ist: der Meilenstein neun gilt erst dann als erreicht, wenn die Aktivitäten C und G beide fertiggestellt sind.

Bei wenigen Aktivitäten kann man das schon mal von Hand zeichnen, aber ab einer gewissen Größenordnung, und dazu gehören EDV-Projekte allemal, muß man ein DV-gestütztes Werkzeug einsetzen. Es gibt diese Werkzeuge für PCs in allen Preis-

und Leistungsklassen, meist als Teilfunktion eines Projektmanagementsystems.

Wichtig ist die übersichtliche Darstellung der Zusammenhänge, die auch dem Laien in Präsentationen, Einführungsgesprächen sofort ins Auge springen müssen. Bei guten Systemen kann man auch den Projektfortschritt optisch darstellen. Diesen Netzplan an einer für das Projektteam zentralen Stelle aufzuhängen, ist ein guter Ansporn, die Fortschritte sichtbar zu machen. Jeder sieht die Entwicklung des Projektes auf einen Blick. Aber bitte den Netzplan von Beginn des Projekts an publizieren, denn dann erscheint das Verfahren als normal. Wenn der Netzplan erst veröffentlicht wird, nachdem ein oder mehrere Mitarbeiter in Verzug kommen, so ist das ein Schlag ins Gesicht dieser Mitarbeiter.

Nutzen dürfen Sie wohl die erzieherische Komponente der Publizität, aber nicht als Pranger!

> ***Nur ein kleiner Geist hält Ordnung.***
> ***Das Genie überblickt das Chaos.***

Die Pflege des aktuellen Standes aller Aktivitäten wird natürlich immer vorausgesetzt, ansonsten wirkt das Publizieren lächerlich.

Der kritische Pfad

Dies ist die Folge derjenigen Aktivitäten im Netzplan, die am längsten dauert, wenn man die Dauerangaben der einzelnen, teilweise parallel, teilweise abhängig voneinander, ablaufenden Aktivitäten zusammenaddiert.

Im obigen graphischen Beispiel ist der kritische Pfad derjenige mit den Aktivitäten A, B und C, da die Gesamtdauer dieser Strecke die längere ist. Die genaueste Einhaltung aller Termine der auf diesem kritischen Pfad liegenden Aktivitäten sorgt für einen geordneten Projektverlauf. Bei guten Planungssystemen werden dieser kritische Pfad, ebenso wie die Meilensteine optisch hervorgehoben.

Das exaktes Nachhalten der Fertigstellungstermine ist daher erforderlich, auch um zu erkennen, daß durch notwendige Verschiebungen von Aktivitäten plötzlich ein ganz anderen Verlauf des kritischen Pfades erzwungen wird.

Vergessen wir bei der Planung niemals:

__Murphy´s Gesetz:__
__Alles, was schiefgehen kann, geht schief.__

Unsere besondere Aufmerksamkeit erfordern die Aktivitäten, die wochenlang bei ca. 90 Prozent Fertigstellung sind, wir interessieren uns nur für 100 Prozent am geplanten und vereinbarten Termin X. Denn: knapp daneben ist auch vorbei!

4.5 Die Berichtsformulare festlegen

Wie wir bei der Teambildung festgestellt haben, ist Methodik ein wichtiger Punkt im zu Beginn oft noch unstrukturierten Projektgeschehen. Deshalb bestehen wir auf einem methodischen, formalisierten Berichtswesen. Dies ist ein einmaliger Aufwand, da diese Formularsätze auch bei weiteren Projekten eingesetzt werden können.

Beispiele aus der Formularsammlung im Anhang halten diesen Aufwand in Grenzen und geben Anregungen; oft sind auch im Betrieb ähnliche Formulare vorhanden, die leicht erweitert und angepaßt werden können.

Ob diese Formulare fotokopiert und handschriftlich ausgefüllt oder in ein Textsystem als Bausteine eingespeichert und dort ausgefüllt und dann gedruckt werden, ist dem Verantwortlichen überlassen.

Die Berichte sind nicht Selbstzweck, sondern sollen den Stand des Projekts jedem Verantwortlichen aufzeigen, ohne daß noch weitere umfangreiche verbale Erläuterungen notwendig sind.

Entscheidend ist die sorgfältige Führung eines Projekthandbuchs mit einem definierten Konzept, das allen Beteiligten bekannt ist.

Ob diese Formulare wie DIN-Normblätter aussehen oder mehr in Freiform gestaltet sind, ist Stilfrage. Ebenso ist das Vorhandensein von Ausfülldatum, Unterschrift des Ausstellers, Genehmigungsdatum, Unterschrift des Genehmigenden, Versions- oder Revisionsnummer eine Geschmacksfrage der Firmenkultur. Auch mag es optisch schöner sein, das Firmenlogo einzublenden oder eher praktikabel und preiswerter, neutrale Standard Formularsätze zu benutzen. Aber mit der Verfügbarkeit von Textverarbeitungssystemen stehen heutzutage viele elegante Möglichkeiten zur Verfügung.

Der Umfang des ganzen Formalismus muß der Größe des Unternehmens und der Größe des Projekts angepaßt sein. Ein Segelflieger vor dem Start treibt weniger Aufwand als ein Kapitän eines Jumbo-Jets vor dem Transatlantikflug, und dieser wieder weniger als der Kapitän einer Raumfähre, aber alle drei besorgen sich die Wettermeldungen der Flugroute, beide prüfen die Tauglichkeit ihrer Fluggeräte und deren Instrumente, aber eben immer ihrer jeweiligen Situation und der daraus resultierenden Anforderung angemessen.

4.6   Permanente Berichte

Das Berichtswesen wird sehr oft als lästiges Beiwerk angesehen, ist aber unverzichtbar, wenn mehr als eine Person informiert werden muß; und das ist wohl immer der Fall. Es ist die einzige praktikable Art und Weise, um ein Frühwarnsystem zu organisieren, das Fehlentwicklungen rechtzeitig erkennen und diese noch kostengünstig, das heißt vor allem rechtzeitig, korrigieren läßt.

Um sicher zu sein, daß berichtet wird, sollen die Berichte weitestgehend standardisiert sein; der normale Projektfortschritt wird im Prinzip nur abgehakt, lediglich Abweichungen bedürfen der Erläuterung. Hier kommt wieder das Management by Exception zum Tragen, keine unnötige Meldung, die vielleicht vom Wesentlichen ablenken könnte.

Im übrigen gilt auch hier: Ordnung ist das halbe Leben, wichtiges kommt zuerst, weniger wichtiges kann als Anlage beigelegt werden, niemand liest gerne sieben Seiten, um im letzten Halbsatz die Kernaussage des Berichts zur Kenntnis zu nehmen.

Es soll Führungskräfte geben, die nie mehr als eine Seite aufmerksam lesen. Wer als Berichtender auf dieser einen Seite seine Nachricht nicht losgeworden ist oder zumindest das Interesse für die folgenden Seiten geweckt hat, hat nicht einfach Pech gehabt, sondern falsch berichtet.

Auf der ersten Seite geht es immer darum, die Aufmerksamkeit auf anstehende und notwendige Entscheidungen zu lenken und diese dann auch herbeizuführen. Alle Details können in die Anlage, wer als Leser sich dafür interessiert, ist dankbar für den Hinweis (oder auch ein Inhaltsverzeichnis), was wo zu finden ist.

4.6.1 Fortschrittsmeldungen: wöchentlich

Die wöchentliche Berichtsperiode hat sich bewährt für Mitarbeiter, die hauptamtlich für ein Projekt freigestellt werden. In einer Woche wird einiges bewegt und es fallen Kosten (intern wie extern) in einer Größenordnung an, die der Kontrolle bedarf. Ein Hinweis sei erlaubt: der Abgabetermin sollte am besten Freitagnachmittag sein, insbesondere wenn der Mitarbeiter zum Beispiel am Montag außer Haus ist. Es stört die Zusammenarbeit, wenn jemand für zwei Wochen in Urlaub oder auf Dienstreise geht und sein Statusbericht fehlt.

4.6.2 Fortschrittsmeldungen: monatlich

Dies ist die Zusammenfassung, um den Stand der Aktivitäten und den finanziellen Stand auf einen Blick darzustellen, Aussagen zur Termintreue, bzw. zu Terminabweichungen sind neben Umdispositionen von Aktivitäten zu begründen.

4.6.3 Fortschrittsmeldungen: Meilensteine

Ähnlich wie im Monatsbericht, werden die erledigten Aktivitäten, geplante wie ungeplante abgehakt (aber alle zu 100 Prozent fertig!), und es wird im Prinzip die Freigabe des nächsten Projektabschnitts mit geplantem Kostenansatz beantragt.

Eine verbindliche Aussage zur Terminsituation hilft dem Genehmigenden, seine Unterschrift unter den Freigabeantrag zu setzen. Er legt auch fest, bei welcher Größenordnung von internen oder externen Kostenabweichungen das Frühwarnsystem aktiviert wird. Auch die Berichtsperioden für den nächsten Projektabschnitt werden abhängig vom finanziellen Volumen und der Komplexität des Abschnitts festgelegt.

4.6.4 Kostenkontrolle: Budget, Ausgabenkontrolle

Die ausschließliche Basis der Kostenkontrolle ist das Budget. Bei größeren Projekten wird man bestrebt sein, die betriebswirtschaftliche Abteilung aus dem Finanz- und Rechnungswesen und deren Werkzeuge einzusetzen.

Wichtig ist jedoch beim Projektgeschäft die Schnelligkeit, mit der Abweichungen festgestellt werden und wie schnell gegengesteuert werden kann. Somit sind die Standardwerkzeuge der Kostenrechnung manchmal zu schwerfällig. Im Monatsraster, in der Regel zur Mitte des Folgemonats von einer gravierenden Abweichung zu erfahren, kann zu spät sein.

Schnelligkeit hat Vorrang vor exakter Genauigkeit für den Projektleiter. Er ist daher oft genug gezwungen, eine eigene Minimalkostenrechnung zu betreiben, die dann mit der exakten Kostenrechnung des Betriebs abgestimmt werden kann. Dazu ist es notwendig, daß nur die vorher definierten Kostenarten und Kostenträger kontiert werden, ansonsten wird die Abstimmung zur zeitaufwendigen Plackerei.

Die folgenden Parameter muß der Projektleiter verfolgen: Budget, Bestellobligo, fakturierte, bezahlte Positionen, daraus ergibt sich der Saldo zum Budget, nur dann gibt es keine Überraschungen. Auch hier kann eine gute Software zum Projektmanagement sehr hilfreich sein, und mit wenig Arbeitsaufwand schnelle Ergebnisse bringen.

Die Kostenkontrolle ist ein wertvolles zusätzliches Instrument, um den Projektfortschritt zu dokumentieren. Wurde mehr Geld und / oder interner Aufwand verbraucht als budgetiert war, so muß das Projekt weiter fortgeschritten sein als geplant, im anderen Fall ist zwangsläufig das Projekt im Rückstand.

Die Formel lautet: Realisierungsgrad = (Budget - Restkosten) / Budget. Wenn dieser Realisierungsgrad von den inhaltlichen Statusmeldungen abweicht, so ist die erste Alarmstufe erreicht.

Eine sehr aussagefähige Darstellung ist auch ein Zeit und Kosten Fortschrittsdiagramm, bei dem die Waagerechte die Zeitachse, die Senkrechte der Betrag und der Fertigstellungsgrad darstellen. Durch Eintragen der Plan- und der beiden Istkurven sieht man auf einen Blick, ob Kosten und Fertigstellungsgrad plangemäß oder nicht verlaufen. Ein Muster hierzu ist in der Formularsammlung.

4.6.5   Verträge

Bevor Aufträge vergeben werden, sollen alle Vertragsmodalitäten geprüft werden, ab einer firmenspezifischen Größenordnung ist es ratsam, auch einen Juristen zu Rate zu ziehen. Anhand unserer Prüfliste in der Formularsammlung: Auftragsvergabe kann man sicherstellen, daß die wichtigsten Parameter abgestimmt und schriftlich fixiert wurden.

Bei Änderungen haben wir wieder unsere drei Hauptkriterien aus dem magischen Dreieck zu berücksichtigen:

- Inhalte müssen vom Fachbereich genehmigt werden

- Termine müssen vom Projektleiter / Controller gegengezeichnet werden

- Kosten muß der Projektleiter verantworten, je nach Handlungsspielraum müssen die anderen Entscheidungsträger mit einbezogen werden.

Je nach betrieblicher Organisation müssen kostenrelevante Vorgänge vom Einkauf oder vom Finanz- und Rechnungswesen gegengezeichnet werden. Hier werden die Personen mit einbezogen, die normalerweise die entsprechenden gesetzlichen Handlungsvollmachten / Prokura besitzen.

4.7   Zusammenfassende Berichte

Es ist sicher nicht falsch, regelmäßige Statusberichte zu erstellen, um dem Managementteam zu signalisieren, daß das Projekt in geordneten Bahnen verläuft, und wann welche Entscheidungen anstehen werden. Aber es müssen auch starke Fortschritte erkennbar sein, daher ist für diese Berichte der Monat als Berichtsperiode eher geeignet.

> ***Man wird nicht dadurch besser,***
> ***daß man andere schlecht macht.***

Wir kennen die drei Hierarchieebenen des Unternehmens, jede der Ebenen benötigt Berichte in der angemessenen Form der Detaillierung oder Zusammenfassung und der entsprechenden Häufigkeit.

Daher wird das Berichtswesen zweckmäßigerweise in dieser folgenden Struktur gestaltet sein:

- Topmanagement,

- Middlemanagement

- und Sachbearbeitung

Dabei muß das Berichtswesen durchgängig und einfach zu handhaben sein und zusammenfassende Berichte sollten möglichst automatisch auf Daten der Detailstufen zugreifen.

4.7.1	**Berichte für die Entscheidungsgremien**

Denken wir immer daran: Entscheidungsgremien wollen kurze, prägnante Berichte, auch die äußere Form muß den Adressaten angemessen sein.

Eine übersichtliche Gliederung hilft dem Leser beim Verständnis:

- Projekttitel oder Thema, Projektabschnitt
- Einleitung, warum der Bericht notwendig wurde / periodischer oder Ausnahmebericht
- Status des Projekts, des Abschnitts, allgemein: der Voraussetzungen für die folgenden Vorschläge
- Vorschläge, gewichtet mit Pro und Kontra
- Abschließende Zusammenfassung, Beschlußvorschlag
- Anlagen: Dokumente, Belege, Graphiken nach Bedarf

4.7.2	**Besprechungsunterlagen**

Neben dem Bericht gibt es bei größeren Projekten auch die Dokumentation (Tischvorlage) für Besprechungen, diese soll keine Informationslücken haben, denn Rückfragen in der Besprechung oder gar einige Tage später von mehreren Lesern kosten ein vielfaches an Zeit als eine saubere verständliche Ausarbeitung. Für die Gliederung dieser umfassenden Dokumentationen gilt das zuvor Gesagte.

Wer gerne in solchen Besprechungen seine Ausarbeitung mit dem Overheadprojektor vermitteln will, muß den häufigsten Fehler vermeiden: ein normaler Schreibmaschinentext, auf die Leinwand projiziert, ist kaum zu lesen. Besser ist es auf jeden Fall, nur die Titel / Untertitel des Berichts in Großschrift auf die Präsentationsfolie zu bringen. Das ist schnell gelesen und läßt Zeit zum erläuternden Vortrag.

Wir vermeiden somit die andachtsvolle Stille, während der alle lesen und warten, daß der ranghöchste Leser sich räuspert. Erfahrene Vortragende haben es mit der Zahl sechs: eine Folie darf mit maximal sechs Zeilen von je maximal sechs Worten beschrieben sein, wenn dieser Text die Folie fast bedeckt, ist er gut lesbar, wenn die sonstigen technischen Gegebenheiten stimmen.

Denken wir auch an die goldene Regel: ein Bild sagt mehr als tausend Worte, wobei uns sogar nur 36 Worte auf einer Folie erlaubt sind.

4.8   Das Projekthandbuch

Im Projekthandbuch werden alle Unterlagen gesammelt, die im Zusammenhang mit dem Projekt erstellt wurden. Je nach Projektgröße kann das einen Schnellhefter oder mehrere Aktenordner umfassen.

Vorbereitet sein!
Im Sturm kann man nicht mehr die Segel flicken.

Denkbar ist auch die Speicherung aller Dokumente in einem DV-System, das hängt von der Einstellung, dem Wissen und der Verfügbarkeit ab. Selbst Unterlagen von Dritten können mittels Scanner „gelesen" und eingeordnet werden.

Bleiben wir für unsere Zwecke dieses Buchs beim klassischen Aktenordner, der mit einem Register je nach Bedarf versehen wird.

Als mögliche Hauptgliederung nehmen wir das Projektphasen - Modell:

- Vorstudie,
- Hauptstudie,
- Detailstudie,
- Sollkonzept,
- Lösungskonzept,
- Systemeinführung,
- Nutzungsphase,

voran- oder nachgestellt einige allgemeine Abschnitte, aus der Liste der nachfolgenden Rubriken.

Wir wissen, daß wir sicher die meisten der hier aufgeführten Rubriken benötigen, es liegt im Ermessen des Projektleiters, ob und wieweit er einige davon (z.B. Schriftverkehr, Fortschrittsmeldungen) zentral im allgemeinen Teil führt, oder als Unterteilung in jeder Projektphase entsprechend der Chronologie, für beide Ansätze läßt sich Pro und Kontra finden.

- Inhaltsverzeichnis,
- Personenverzeichnis, Projektorganigramm
- Unternehmens-, Projektziele, Projektstammblatt
- Projektbeschreibung, Teilprojekte

- Budget, Kostenaufstellungen
- Projektplan, Netzplan
- Besprechungen
- interner Schriftverkehr
- externer Schriftverkehr
- Änderungen
- Vertragsunterlagen unterteilt nach Geschäftspartnern
- Fortschrittsmeldungen
- Abnahmeprotokoll, Mängellisten
- Schlußbericht

Das sind die Rubriken, die wie gesagt von vornherein bekannt sind, es liegt am Umfang des Projekts, ob einzelne dieser Rubriken zusammengefaßt werden können oder weiter unterteilt werden müssen.

Im Laufe des Projekts wird es sich immer wieder ergeben, Rubriken zu untergliedern oder weitere, auch hier nicht aufgeführte Punkte einzufügen. Im Anhang ist eine beispielhafte Gliederung eines Projekthandbuchs gezeigt.

Wichtig ist, daß keine Unterlage aus dem Projekthandbuch weggegeben werden darf, wer Informationen für seine tägliche Arbeit benötigt, erhält Kopien. Oder er hinterläßt zumindest einen Hinweis, daß er einen Informationsblock für seine Arbeit entnehmen mußte.

Je nach Organisationsgrad des Unternehmens werden die Originale des externen Schriftverkehrs zentral abgelegt, dann enthält das Projekthandbuch aber einen kompletten Schriftsatz in Kopie.

***Der Kompaß wird spätestens dann wertvoll,
wenn man sich verirrt hat !***

Das Projekthandbuch ist jedem mit dem Projekt befaßten Mitarbeiter jederzeit zugänglich.

4.8.1   Die Aktivitätenliste pro Ressource

Jeder beteiligte Mitarbeiter erhält eine Liste mit allen ihn betreffenden Aktivitäten, auch jenen, die in weiterer Zukunft liegen. Somit kann er seine persönliche Planung besser gestalten und auch vorab schon Informationen zusammentragen für die zukünftigen Aufgaben. Er darf jedoch nur dann Aktivitäten vorziehen, wenn alle Positionen der davor liegenden Perioden erledigt sind.

Denken Sie auch daran, die anderen Ressourcen, wie Räumlichkeiten in den Listen zu belegen, damit Sie keine bösen Überraschungen erleben.

Diese Liste wird regelmäßig neu erstellt, z.B. monatlich oder nach Erreichen von Meilensteinen. Der Informationsgehalt umfaßt die Identifizierung der Aktivität mittels fortlaufender Nummer und Stichwort, dem geplanten, sowie dem bereits verbrauchten Aufwand und den Endtermin.

Betriebsspezifisch können weitere Informationen notwendig sein: Hinweis auf abhängige Aktivitäten, Ressourcen, Kosten. Das Aktivitätenblatt im Anhang kann gute Dienste leisten, um Aufgaben zu delegieren. Gleichzeitig dient es als Grundlage zur Fertigmeldung an den Projektleiter.

4.8.2 Die Fortschrittsmeldungen

Firmen- und projektspezifisch werden Fortschrittsmeldungen vorgeschrieben, die für die Projektfortschrittskontrolle erfaßt und ausgewertet werden. Dies ist notwendig von Beginn an, und nicht erst, wenn das Projekt in eine kritische Phase kommt.

> ***Es ist immer leichter, unterwegs zu sein;***
> ***haltmachen heißt,***
> ***der Wirklichkeit ins Auge sehen***

Wie wir bei der Teambildung festgestellt haben, ist Methodik ein wichtiger Faktor beim Zusammenwachsen des Teams, und zur Methodik gehört ein formalisiertes, regelmäßiges Berichtswesen. Wenn Mitarbeiter bemerken, daß Berichte nicht ausgewertet werden, dann wird nach dem Dreisatzverfahren gemeldet.

Bei vielen Projekten in der Vergangenheit wurde daher der Projektfortschritt im Dreisatzverfahren wie folgt ermittelt: von den geplanten 60 Arbeitstagen sind kalendermäßig 30 Werktage vorbei, somit ist das Projekt zu 50 Prozent fertig. Und danach werden für das Projekt wochenlang bei jedem Berichtsintervall regelmäßig Fortschritte entsprechend der abgelaufenen Kalenderzeit erzielt bis hin zum Fertigstellungstand von 90 Prozent!

In der Literatur wird das als 90 Prozent Syndrom bezeichnet. Die äußeren Merkmale des Syndroms sind ein zu schnelles Erreichen der 90 Prozentmarke und dann ein Verharren auf dieser Marke.

4.8.3   Die Kostenkontrolle

Abhängig vom Organisationsgrad der Finanzbuchhaltung und ihren Kontierungsmöglichkeiten werden dort oder aber vom Projektleiter alle Ausgaben erfaßt und den budgetierten Werten gegenübergestellt. Wenn die verwendete Projektmanagement Software diese Funktion nicht hat, kann ein Softwarepaket für Kalkulationsschemata sehr gute Dienste leisten.

Eine Abweichung von X Prozent oder Y DM absolut ist dem für die Finanzen Verantwortlichen zu melden. wobei X und Y vorab festgelegt wurden. Weitere ausgabenträchtige Aktivitäten bedürfen seiner Zustimmung, sowohl in der Höhe der Ausgaben als auch im zeitlichen Ablauf ist eine Abweichung zu genehmigen.

Auch die geplanten Manntage sind zu bilanzieren und sind bei definierten Größenordnungen von eventuellen Abweichungen zu melden. Denken wir immer daran, je später Fehlentwicklungen festgestellt werden, um so teurer wird ihre Behebung.

Starke Abweichungen bei den Manntagen im Positiven wie im Negativen deuten meist auf konzeptionelle Fehler, entweder beim Design oder bei der Umsetzung. Durch ein exaktes Nachhalten der Abweichungen vermeiden wir das zuvor beschriebene 90 Prozent Syndrom.

4.8.4   Geschäftsbeziehungen zu Lieferanten

In den Beziehungen zu den Lieferanten gilt es, die bestmögliche Leistung für unser Geld zu erhalten. Denken wir immer daran, auch ein Lieferant hat wie wir sein Geschäftsziel Nr. 1, und das ist unser Geld, das er zu seinem Geld machen will.

Verträge

Externe Auftragsvergaben bedürfen der Schriftform. Ein Bestellformular mit den wichtigsten Eckdaten geht rechtzeitig an die Abteilung Einkauf. Aus Zeitgründen werden manchmal telefonische Aufträge notwendig und auch erteilt. Das ist legal, sollte aber auch in der Projektorganisation auf Sonderfälle beschränkt bleiben. In jedem Fall wird die formelle Bestellung schriftlich, mit Verweis auf die telefonische Bestellung, sofort hinterher geschickt, im Zweifelsfall ist eine FAX-Bestellung immer der telefonischen Vereinbarung vorzuziehen, da sie genauso schnell beim Lieferanten ist.

Änderungen

Änderungen von Programmen, Funktionen bedürfen der Schriftform, auch Abweichungen von der Bestellung aus technischen Gründen. Die Änderungen sind zu begründen, ebenso sind die Konsequenzen darzulegen: Vor- und Nachteile für Inhalte, Termine und Kosten. Auch Konsequenzen für benachbarte, abhängige Aktivitäten sind anzuzeigen. Das umfaßt auch die explizite Aussage, daß gegebenenfalls keine negativen Auswirkungen zu befürchten sind.

Genehmigungen

Je nach Größe des Projekts kann es sinnvoll sein, die einzelnen aufeinander folgenden Projektabschnitte, meistens auch Phasen genannt, separat zu genehmigen.

Wurden bestimmte Meilensteine, die mit Eckterminen aus der Unternehmensplanung zusammenhängen, nicht erreicht, so müssen Aktivitäten der nächsten Projektphase zurückgestellt werden. Dies ist ein typischer Fall für das Projektsteuerungsteam, das unter Umständen die Karten neu mischt.

Diese Situation muß dem Lieferant bekannt sein, daß für weitere Abschnitte nicht automatisch Aufträge erteilt werden, sondern nur nach Prüfung der bisherigen Leistungen.

4.8.5 **Berichtsintervalle**

Das Berichtswesen hat zwei Hauptziele: erstens die Feststellung des Fortschritts und das Aufzeigen von Abweichungen und zweitens die zusammengefaßte Information für das Management.

Das sind unterschiedliche Berichte für die Projektverantwortlichen und die Geschäftsleitung. Beides soll mit wenig Verwaltungsaufwand und in angemessenem zeitlich knappen Abstand und Umfang geschehen.

Der Informationsgehalt muß dem Wissensstand und Wissensbedarf der jeweiligen Leser angepaßt sein. Nur dann liest der Adressat den Bericht und reagiert entsprechend.

Auch dürfen wir nicht vergessen, die äußere Form des Berichts hat Einfluß darauf, ob der Bericht mit der notwendigen Dringlichkeit und Sorgfalt zur Kenntnis genommen und bearbeitet wird. Jeder Bericht muß Sachverhalte darstellen und darf keine Polemik und keine Abqualifizierung von Personen enthalten. Das Projekthandbuch ist auch keine Personalakte.

Die Berichtsintervalle sind bei Arbeitsauftrag festzulegen, es bieten sich Wochen-, Dekaden- und Monatsintervalle an, von längerfristigen Zeiträumen ist, abgesehen von Projektphasenabschnitten, abzuraten. Der Status aller Aktivitäten zum geplanten Fertigstellungstermin muß gemeldet werden, unabhängig davon, ob sie bis dahin bearbeitet wurden oder nicht. Berichte haben ein wichtiges Ergebnis darzustellen, das ganz bedeutenden Einfluß auf den Fortgang des Projekts hat:

Erfolg gibt Sicherheit, Sicherheit gibt Erfolg.

Projektmitarbeiter

Empfehlenswert ist der wöchentliche Bericht des Mitarbeiters, der quasi in Vollzeitarbeit für das Projekt freigestellt ist. Alle Aktivitäten, die für die Woche (Berichtsperiode) geplant waren, werden gemeldet, auch wenn nicht daran gearbeitet wurde (aber warum nicht, wenn's doch eingeplant war!?), ferner sind Aktivitäten zu melden, die nicht geplant waren.

Das können ungeplante, aber notwendige Aktivitäten sein, oder aus Kapazitätsgründen vorgezogene Aktivitäten. Die Begründung für ungeplante Arbeiten muß berichtet werden, es könnte sein, daß Mitarbeiter Lieblingsthemen bevorzugt bearbeiten und andere Aktivitäten vor sich herschieben, und das ohne Berücksichtigung der Aktivitäten der anderen Mitarbeiter.

Dieses Verhalten kann bis zur versteckten Delegation an andere Mitarbeiter gehen, wenn diese plötzlich Aktivitäten erledigen müssen, nicht weil es ihre Aufgabe war, sondern weil sie die Ergebnisse dieser Aktivitäten für ihre eigene Arbeit benötigen. Daß die Qualität solcher dazwischen geschobener Nebenjobs zu wünschen übrig läßt, ist nicht zu vermeiden. Aber auch das Betriebsklima im Team leidet sehr unter solchen Machenschaften.

Leider hielt so manches, auf diese Art geschaffene Provisorium seinen Einzug in das allgemeine Betriebsgeschehen mancher Betriebe und ist somit ein ständiger Beweis für eine schlecht ausgeführte Arbeit.

Auch Krankmeldungen müssen mit in das Berichtswesen einfließen, bei länger dauernden Abwesenheiten muß der Projektverantwortliche rechtzeitig umdisponieren können. Hier sind wir bei einem heiklen Thema: Krankmeldungen müssen mit dem notwendigen Fingerspitzengefühl und unter Beachtung aller Vorschriften gehandhabt werden.

Der kranke Arbeitnehmer ist zwar nach § 3 des Lohnfortzahlungsgesetzes verpflichtet, die voraussichtliche Dauer der Abwesenheit zu melden, aber oft wird das zunächst mit Unterstellung optimistischer Heilprozesse getan.

Gezieltes Hinterfragen verstößt schnell gegen die schutzwürdigen Belange des Mitarbeiters, und wenn erst der Gang zum Vertrauensarzt erforderlich wird, kann man kaum noch mit Engagement für unser Projekt rechnen. Hier ist die Menschenkenntnis und das Fingerspitzengefühl des Projektleiters gefordert, um rechtzeitig, angemessen und richtig zu handeln.

Wichtige Aktivitäten müssen in einem solchen Fall anderen Mitarbeitern übertragen werden, denn wir wollen und müssen ja die Ecktermine einhalten. Andererseits möchten wir den kranken Mitarbeiter nicht vor den Kopf stoßen. Jetzt ist der Vermittler und Moderator im Projektleiter gefordert.

Der Teilprojektverantwortliche

Auch für Teilprojekte empfiehlt sich das Wochenraster als regelmäßige Berichtsperiode. Je nach Projektvolumen wird es sinnvoll sein, schon Zusammenfassungen zu erstellen und diese an den Projektleiter weiterzugeben.

Der Projektleiter

Der Projektleiter sammelt die Berichte, analysiert sie und überträgt die Werte in sein Projektkontrollsystem. Er muß an die Geschäftsleitung und den Projektcontroller einen monatlichen Bericht abgeben, der die Situation wie folgt aufschlüsselt:

- Normale Abläufe werden nur mit Status in Prozent oder als erledigt gemeldet.

- Problematische Situationen inhaltlicher, terminlicher, finanzieller Art sind zu erläutern.

- Abhilfen und Konsequenzen, ggf. alternative Lösungsansätze sind zur Entscheidung vorzubereiten.

- Aussage zu den Eckterminen sind für den Manager das A und O, daher mit JA oder NEIN klarzustellen, und das gegebenenfalls mit Abweichung in Tagen und sonstigen Konsequenzen.

Der Projektleiter führt daher auch den Soll / Ist Vergleich für alle im Berichtszeitraum liegenden Aktivitäten durch.

Neue Aktivitätenlisten werden erstellt, ebenso wird der Netzplan überarbeitet und monatlich veröffentlicht. Das Zusammenführen von Fertigmeldungen (Produktionsstatus) und dem Fertigstellungsgrad aufgrund der Ausgaben ergibt ein sehr wertvolles Hilfsmittel, ob die internen und externen Aufwendungen das erwartete Ergebnis zustande gebracht haben. Unser Zeit- und Kostenfortschrittsdiagramm bietet auf einem Blatt die Möglichkeit, diese Abweichung ins Auge springen zu lassen.

Wenn der finanzielle Fertigstellungsgrad und der Realisierungsgrad aus dem Berichtswesen der Mitarbeiter auseinander klaffen, wird der Projektleiter wohl das Projektsteuerungsteam informieren müssen.

Der Projektcontroller

Der Projektcontroller ist nicht in die tägliche Projektarbeit eingebunden, sondern hat eine Managementfunktion. Folgende Aspekte werden bei seiner Benennung berücksichtigt: der Controller muß unabhängig sein und er darf nicht selbst im Projekt mitarbeiten.

Ein direkter, vertrauensvoller Berichtsweg zur Geschäftsleitung und den Bereichsleitern und zum Projektleiter ist erforderlich. Der Controller hat praktische Erfahrung in allen Aspekten eines Projektverlaufs, er ist ein Generalist, da er fachübergreifend kommunizieren muß.

Der Controller vergleicht den Monatsbericht mit dem Projektplan und gibt die weiteren Aktivitäten für den Folgemonat frei, bzw. disponiert in Abstimmung mit dem Projektleiter um.

Er ist mitverantwortlich für die Einhaltung der inhaltlichen, terminlichen und finanziellen Belange des Projekts.

Gegensätze soll man nicht auszugleichen trachten, sondern produktiv gestalten

Er entscheidet, ob das Projektsteuerungsteam zusammentreten muß, weil die Abweichungen von den Vorgaben im Rahmen unserer Kriterien: Inhalte, Termine, Kosten zu groß sind. Hier ist sein Ermessensspielraum, die Kosten für eine solch hochkarätige Versammlung müssen in angemessener Relation stehen zu den zu treffenden Entscheidungen.

Das Projektsteuerungsteam

Der Monatsbericht des Projektleiters, zusammen mit der Stellungnahme des Projektcontrollers geht dem Team zu, dieses Team wird von sich aus eine Besprechung anberaùmen, falls dies notwendig erscheint. Im übrigen gilt das beim Projektcontroller gesagte analog.

Die Geschäftsleitung

Je nach Führungsstil erhält die Geschäftsleitung den selben Monatsbericht wie das Steuerungsteam, oder aber einen noch stärker verdichteten Bericht mit den wichtigsten Eckdaten über Termin- und Kostentreue. Eben die berühmte eine Seite für den Manager.

Im Übrigen gilt für alle Berichte:

$$\textit{Der gestrige Tag ging}$$
$$\textit{in der vergangenen Nacht zu Ende.}$$

Was geschehen ist, können Sie weder durch beschönigende, noch durch dramatisierende Berichte, sondern nur durch neue Aktivitäten ändern. Das heißt aber auch, daß die vorzuschlagenden Aktivitäten an exponierter Stelle in dem Bericht stehen und daß die Entscheider erkennen können, daß Entscheidungen von ihnen bis zu einem bestimmten Termin erwartet werden.

4.9   Zuständigkeiten

In der Personalführung spricht man gelegentlich von den X- / Y-Theorien:

- Die X-Theorie besagt: Der Mensch ist dumm, faul und hat alle sonstigen unangenehmen Eigenschaften, er meidet die Verantwortung und muß immer angetrieben werden (Negativwert).

- Die Y-Theorie besagt: Der Mensch ist initiativ, sucht Verantwortung, und will sich auch im Beruf verwirklichen (Positivwert).

Wie so oft im Leben: es steckt wohl in jedem Mitarbeiter etwas von X und etwas von Y, und die Summe aus beiden Faktoren gibt (hoffentlich) bei den meisten Personen einen positiven Wert. Beurteilen Sie die Mitarbeiter unter dem XY-Aspekt, und verteilen Sie entsprechend die Zuständigkeiten ausdrücklich an Personen Ihres Vertrauens mit der Ihnen bekannten oder von Ihnen unterstellten starken Y-Komponente.

Berücksichtigen Sie jedoch, daß bei der Projektarbeit für viele Menschen auf einmal „große oder gefährliche, vor allem unbekannte" Faktoren im Raum stehen, und daß bei ansonsten Y-orientierten Mitarbeitern plötzlich die X-Komponente (meidet Verantwortung) größeren Einfluß erhält.

Denn, wie bereits erwähnt, in der Projektarbeit fehlen die gewohnten Strukturen und Hierarchien. In dieser Situation müssen wir auf diesen zögerlichen Mitarbeiter zugehen:

> ***Wir wagen es nicht, weil es schwierig erscheint;***
> ***es erscheint nur deshalb schwierig,***
> ***weil wir es nicht wagen.***

Bleiben Sie ruhig beim „wir", dann kommt vielleicht der zögerliche Mitarbeiter aus seinem Schneckenhaus und sagt: *„ Wir wagen es!".*

Geben Sie jedem Mitarbeiter das Gefühl, daß Sie überzeugt sind: gerade er ist genau die richtige Person, um diesen einen kritischen oder wichtigen Punkt erfolgreich zu erledigen. Aber achten Sie darauf, daß er Ihre Meinung akzeptiert und sich nicht manipuliert fühlt, ansonsten kehrt sich das Ganze um ins Negative.

Andererseits gibt es verdiente Mitarbeiter, die jedoch nur bis zu bestimmten Anforderungen eingesetzt werden können, respektieren Sie diese Situation, indem Sie niemanden zu sehr überfordern.

> ***In einer Hierarchie steigt jeder auf***
> ***bis zu seiner Stufe der Inkompetenz.***

Damit ist auch schon ausgesagt: ein Mitarbeiter ist für das Unternehmen am wertvollsten auf der individuellen Höchststufe seiner Kompetenz. Und nur dort fühlt er sich wohl und arbeitet gut, also sorgen wir dafür, daß er auf dieser Stufe sich mit seinen Erfolgserlebnissen auch weiterhin wohl fühlt. Wir sorgen am ehesten für den Mitarbeiter und das Unternehmen, wenn wir solche Aufstiege in den luftleeren Raum vermeiden.

4.9.1   Die Delegation

Wir kennen die sieben Ws der Delegation, hinter jedem W steht eine Frage, und nur wenn jede der sieben Fragen beantwortet ist, kann die Aktivität im Sinne des Delegierenden erledigt werden. Wie umfangreich eine Frage erläutert werden muß, hängt u.a. auch vom Wissen um und das Vertrauen in die Kenntnisse des Beauftragten ab. Je mehr Detailkenntnisse der Beauftragte besitzt, um weniger muß erläutert werden, ja da kann ein Zuviel an Erläuterung auch als unangemessen empfunden werden und das kann dann nachteilig für das Arbeitsklima sein.

WAS muß getan werden: INHALT

Fragen Sie einmal nach der Definition des Wortes „Zugspitze"!

Von drei Personen erhalten Sie drei „richtige" Antworten:

- Der Alpinist: Deutschlands höchster Berg
- Der Eisenbahnfan: die Lokomotive, insbesondere die des ICE ist Spitze
- Der Veranstalter: die ersten Reihen eines (Karnevals-) Umzugs

Daraus erkennen Sie, daß es notwendig ist, nicht nur Stichworte zu benutzen, sondern eindeutige Definitionen als Arbeitsauftrag zu vergeben. Jeder Mensch interpretiert einen Begriff immer nach seinem persönlichen Wissensstand, und der ist im allgemeinen auf seine persönliche Ausbildung und Erfahrung beschränkt.

WER muß dieses tun: PERSON

Denken Sie an unserer Spezialistenteam aus dem Vorwort:

- Jeder,
- Jemand,
- Irgendjemand,
- Niemand

Keiner fühlt sich angesprochen, der nicht namentlich genannt ist. Im Zweifelsfalle ist immer ein anderer als „Irgendjemand" am

Zuge. Unterstellen Sie nicht, daß eine Person sich angesprochen fühlt, wenn z.B. eine Abteilung als Ausführender genannt wird, auch dort gibt es meistens Mitarbeiter mit diesen obigen Namen.

In so einem Fall muß der verantwortliche Abteilungsleiter namentlich genannt sein, je nach Situation wird er verantwortungsbewußt innerhalb seiner Abteilung delegieren. Delegieren Sie auch niemals an einen anonymen Sachbearbeiter eines Bereichs (z.B. „Sachbearbeiter FIBU"), diesen gibt es nämlich nicht.

WIE wird man dieses tun: UMFANG, DETAILS

Es gibt immer eine Minimal-, eine Maximal- und für jedes Unternehmen die optimale Lösung, und diese ist zu fixieren und als Auftrag zu vergeben. Niemals dürfen wir unterstellen, daß alle Mitarbeiter den selben Kenntnisstand haben und wissen, wie ein bestimmter Vorgang sinnvoll in das Betriebsgeschehen eingebunden werden kann und dieses verbessern wird.

Nicht härter, sondern intelligenter arbeiten.

Auch die Auswirkungen auf benachbarte Arbeitsgebiete sind nicht jedem Mitarbeiter augenfällig, insbesondere wenn er noch nicht dort gearbeitet hat. Der Projektverantwortliche muß dafür Sorge tragen, den persönlichen Wissensstand des Mitarbeiters auf den betrieblich notwendigen Umfang und Qualität zu bringen.

WOMIT wird man dieses tun: WERKZEUGE

Der Begriff Werkzeuge gilt im weitesten Sinne: für die Projektarbeit ebenso, wie für die endgültige Lösung. Darunter verstehen wir: Rechnerkapazität, Programmierhilfen, sowie alle denkbaren Hilfsmittel bis hin zu Hilfsleistungen Dritter.

WO ist Kapazität: ARBEITSUMGEBUNG

Man kann z.B. nicht Software entwickeln, testen, einführen auf einem bereits durch den laufenden Betrieb ausgelasteten Rechnersystem, das bringt zwangsläufig Störungen im Tagesgeschäft, wie auch der Projektfortschritt eher gehindert ist, anstatt zu raschen, terminlich geplanten Ergebnissen zu kommen. Behalten wir im Auge, daß die Arbeitsumgebung schon einen erkennbaren Einfluß auf die Qualität der geleisteten Arbeit hat.

WANN Beginn- / Endtermin: MEILENSTEINE

Bei jeder Aktivität ist das Schwergewicht zu legen auf Termine: der 30. September als Endtermin ist immer verpflichtender als eine kalkulierte Dauer von 30 Tagen. Eine solche Dauerangabe ist eher unverbindlich, man kann den Beginn verlegen, anderes „Wichtigeres" vorher tun und immer ist man noch innerhalb der kalkulierten 30 Tage Arbeitsaufwand, selbst am 31. Oktober.

Natürlich müssen wir eine Netto- und Bruttoprojektdauer ermitteln, aber ein Arbeitsauftrag ist an einen Endtermin gebunden, und der ist brutto wie netto identisch.

WARUM wird es getan: ZIEL, MOTIVATION

Wer weiß, warum eine Aktivität getan werden muß, wer die notwendigen Zusammenhänge kennt, erledigt diese Arbeit besser als jemand, der nur gesagt bekommt: „Machen Sie das!"

Sie können Pferde zur Tränke führen, aber motivieren Sie die mal zum Saufen!

Ein informierter Mitarbeiter macht auch weniger Fehler, weil er über seine Schreibtischkante hinausschaut und Situationen besser beurteilen kann. Wenn er dann noch seinen eigenen Erfahrungsschatz anwenden kann, wird Leerlauf oder gar Fehlentwicklung vermieden.

4.9.2   **Entscheidungsbefugnisse**

Jeder beteiligte Mitarbeiter muß wissen, wie weit seine Befugnisse gehen und ab wann (MbE) er die Personen zu Hilfe rufen muß, welche die Kompetenzen haben, um die anstehenden Entscheidungen zu fällen.

Es geistert immer noch die mittelalterliche Ansicht herum, daß der Überbringer schlechter Nachrichten vom Fürsten geköpft wird. Also läßt der unsichere, scheue Mitarbeiter oft genug die Finger davon, Probleme aufzuzeigen. Für erfolgreiche Projektarbeit, aber auch im Tagesgeschäft, ist es wichtig für die Führungskraft, durch vertrauensbildende Maßnahmen offensichtlich zu machen: dieses Unternehmen ist in der Neuzeit, denn:

Autorität gründet sich nur auf in Freiheit dargebotenes Vertrauen.

4.9.3   Der finanzielle Rahmen

Zwischen zwei Hauptkostenarten muß unterschieden werden: externe Auftragsvergabe an Dritte mit anschließender Rechnungsstellung einerseits und intern die innerbetrieblichen Leistungen zum Verrechnungssatz andererseits.

Beschaffung

Bei der Beschaffung gelten die üblichen, firmenspezifischen Einkaufsregelungen und Grenzen. Kurz und bündig: Mitarbeiter XYZ darf bis DM xyz Beschaffungsmaßnahmen veranlassen (normalerweise eingeschränkt auf das Projekt), jede Bestellung muß vom Einkauf gegengezeichnet werden und der Projektleiter muß im Voraus oder nachträglich innerhalb einer festgelegten Frist (z.B. mit dem Wochenbericht) diesen Vorgang genehmigen.

Interne Leistungen

Nicht außer acht lassen darf man jedoch auch Arbeiten im Hause, mit der Zeit des eigenen Personals wird viel zu oft bei der Projektarbeit zu leichtfertig umgegangen. Spötter sagen: das sind „SODA-Kosten" (Die Leute sind ja so wie SO DA !).

Man muß sich jedoch vor Augen halten, daß ein Mitarbeiter mit einem runden Bruttomonatsgehalt von DM 6000,-- mit Weihnachts- und Urlaubsgeld, sowie den Arbeitgeberanteilen für Sozialversicherungen und den Fixkosten für seinen Arbeitsplatz im Nu in der Größenordnung von TDM 100 im Jahr kostet.

Bei einer angenommenen Arbeitszeit von etwa 200 Arbeitstagen pro Jahr, nach Abzug von Urlaub, Abwesenheit für Schulung, wegen Krankheit, ergibt sich ein Mindesttagessatz von (TDM 100 / 200 Tage) sage und schreibe DM 500,-- pro produktivem Arbeitstag.

Unter Berücksichtigung dieser Tatsache scheint es mehr als angeraten, auch bei Personaleinsatzentscheidungen ähnlich wie beim Einkauf Entscheidungsspielräume vorzugeben. Auch hier sollte eine nicht zu weite Bandbreite der Abweichung vom Plan festgelegt werden.

Bilanz

Auch sollten die steuerlichen / bilanziellen Aspekte dieser Situation nicht außer acht gelassen werden, es wird meist ein „Produkt oder Werkzeug im weitesten Sinne" hergestellt, dabei sind Kosten entstanden und unter Umständen ist der Wert dieses Werkzeugs aktivierungspflichtig. Die Rücksprache mit dem Steuerberater bezüglich der steuerlichen Behandlung der Aktivitäten vor Beginn der Arbeiten ist angeraten.

Gute Praxis ist es, bei der Freigabe eines Projektabschnitts die Meldepflicht bei Abweichung einer Anzahl von Manntagen vorzugeben. Man spart die Erklärung einer, wie auch immer gearteten „Handlungsvollmacht", aber die Grenzen sind festgelegt. So kann man von Phase zu Phase unterschiedliche Vollmachten erteilen, je nachdem wie gut die vorherigen Vorgaben eingehalten wurden.

4.9.4 Bereichsspezifische Inhalte

Der Umfang dieser Inhalte muß als Entscheidungsvorlage von den beteiligten Mitarbeitern vorbereitet werden und der verantwortliche Fachbereichsleiter entscheidet, denn er und sein Team muß in Zukunft mit dem neuen System und dessen Funktionen sein Tagesgeschäft erledigen. Praktikabel ist, wenn der Bereichsleiter Vorgaben skizziert, entlang denen die Projektmitarbeiter den oder die möglichen Lösungsansätze entwickeln, über die dann entschieden wird.

Besser das Richtige tun, als nur etwas richtig tun.

Vermeiden wir die berühmt-berüchtigte „Delegation nach oben". Auf jeden Fall wehren wir solche Versuche sofort und in aller Konsequenz ab als Verstoß gegen die Spielregeln des Management by Objectives.

4.9.5 Bereichsübergreifende Inhalte

Auch in diesen Situationen der auseinander strebenden Interessen einzelner Fachbereiche müssen Lösungskonzepte von den beteiligten Mitarbeitern zur Entscheidung vorbereitet werden. Nur das Konzept der Anderen abzulehnen, ist ebenso ein Verstoß gegen die Spielregel, wie das Pochen auf der Unfehlbarkeit der eigenen Vorstellung. Leider wird das häufig praktiziert, denn es ist viel leichter, zu kritisieren, als selbst konstruktive Beiträge zu leisten.

Entschieden wird durch alle verantwortlichen Bereichsleiter, kommt keine Einigung zustande, ist das Projektsteuerungsteam gefordert. Gerade bei bereichsübergreifenden Themen ist die

Gefahr des Konflikts groß, das Abteilungsdenken wird vorangestellt und die Sachlichkeit leidet.

Der Projektleiter muß mit den vorbereiteten Lösungskonzepten das Team einberufen, und die Pros und Kontras darlegen und, soweit möglich, gewichten. Erfahrene Projektleiter sprechen die Lösungsansätze jeweils einzeln und vorab mit den Konfliktparteien durch, unter Berücksichtigung der drei schon bekannten Kriterien:

- Inhalte,

- Termine,

- Kosten.

Dabei wird offener gesprochen und man kann sich ein besseres Bild machen, was Wunschdenken, was Bedarf und was reines Imponiergehabe ist. In der formellen Krisensitzung gibt keiner gerne nach, da demonstriert man gerne Durchsetzungsvermögen, insbesondere wenn die Geschäftsführung anwesend ist..

Informationen, die in dem Vorgespräch übermittelt wurden, darf man nicht zum offensichtlichen Nachteil des Informanten verwenden, sonst gibt es nie wieder gehaltvolle Informationen!

4.10 Konfliktmanagement

Wir unterscheiden zwischen Problemen und Konflikten. Die erste Fragestellung des Projektleiters muß also immer wieder sein: Haben wir ein Problem oder befinden wir uns in einem Konflikt?

*Ein Konflikt oder ein Problem entsteht,
wenn sich auf eine vorhandene Situation
keine Reaktion einstellt.*

Sie dürfen nie die Augen vor solchen Situationen verschließen, sondern müssen herausarbeiten, worum es geht. Dann können erst die angemessenen Lösungen in Angriff genommen werden, und das schnellstmöglich, bevor noch mehr Unheil geschieht.

4.10.1 Probleme

Ein Problem ist ein Hindernis, das durch Sachentscheidungen aus dem Weg geräumt wird.

Wir unterscheiden in der Praxis folgende Problemarten:

- Das Routineproblem, das mit bekannten, vertrauten Mitteln in gut planbaren Schritten gelöst wird.

- Das Pilotproblem, das mit bekannten, aber den Mitarbeitern im Unternehmen noch nicht vertrauten Mitteln angegangen wird. Das Ergebnis ist planbar, diese Planung ist jedoch mit einem leichten bis mittleren Unsicherheitsfaktor verbunden.

- Das Pionierproblem, zu dessen Lösung noch neue Lösungsansätze geschaffen werden müssen. Diese sind auch planbar, jedoch wird unsere nun zu konzipierende Lösung voraussichtlich einen oder mehrere Termine ins Rutschen bringen.

Der Unterschied ist eigentlich nur der Aufwand im weitesten Sinne, der zu treiben ist, um die Situation zu lösen. Und natürlich die Auswirkungen auf unsere Kriterien: Inhalt, Termin und Kosten sind unterschiedlich präzise planbar und daher mit angemessener Vorsicht zu gebrauchen.

4.10.2   Konflikte

Ein Konflikt entsteht, wenn die streitenden Personen nicht mehr zur konstruktiven Zusammenarbeit bereit sind. Es besteht keine sachliche Meinungsverschiedenheit mehr, sondern man greift sich unsachlich gegenseitig an. Typisch sind dann Argumente, die mit dem Projekt gar nichts oder nur am Rande zu tun haben. Es werden meist sogenannte Nebenkriegsschauplätze aufgebaut.

Wir unterscheiden die folgenden drei Konfliktarten:

- über die Ziele,

- über die Mittel zur Zielerreichung,

- über Fakten.

Entsprechend der Konfliktart, müssen die Lösungen angestrebt werden, das kann von reinen Fortbildungsmaßnahmen zur Beseitigung von Mißverständnissen bis zu reinen autoritären Entscheidungen reichen: Unternehmensziele haben Vorrang.

Im Konfliktfall haben das Projekt und die Unternehmensziele Priorität vor Abteilungsdenken oder gar persönlichen Präferenzen. Wichtig ist in solchen Situationen immer wieder, die Emotionen herauszunehmen und dafür zu sorgen, daß niemand sein Gesicht verliert.

Man muß ja ab der nächsten Stunde wieder im Interesse des Unternehmens zusammenarbeiten. Auf je niedriger Ebene und je schneller Konflikte gelöst werden können, um so besser ist es für den Fortgang des Projektes, und damit für das Unternehmen.

> ***Es ist besser miteinander zu reden,***
> ***als gegeneinander zu schweigen.***

Daher ist es gut, wenn gleich ab Beginn des Projekts eine allgemein akzeptierte Vertrauensperson mit entsprechendem Vermittlertalent als Ansprechpartner zur Verfügung steht. Konflikte sind oft schon durch miteinander reden zu beheben, da sie meist nur durch Mißverständnisse entstehen. Und Mißverständnisse beruhen ausschließlich auf ungenügender Kommunikation.

Aber Achtung, vergessen Sie nicht: ein Konflikt ist erst dann gelöst, wenn beide Seiten dies ungezwungen von sich aus bestätigen. Erzwingen Sie nicht unnötigerweise den Friedensschluß, sondern führen Sie ihn vorzugsweise als Moderator herbei. Achten wir auf die Glut unter der Asche, die vielleicht zum unpassendsten Zeitpunkt wieder auflodert.

4.10.3 Aktives Konfliktmanagement

Unsere erste Frage lautet: Haben wir ein Problem oder befinden wir uns in einem Konflikt?

> ***Wenn Sie nichts Gutes erwarten, warten Sie nicht länger!***

Die meisten Probleme sind nach Klärung einiger Sachfragen schnell aus der Welt geräumt, schwieriger ist es mit Konflikten: finden wir heraus, um welche Art von Konflikt es sich handelt.

Wir haben festgestellt, es gibt folgende drei Konfliktarten:

- über die Ziele,
- über die Mittel zur Zielerreichung,
- über Fakten.

Daneben gibt es natürlich auch betriebsbedingte Konfliktgründe, die im betrieblichen oder persönlichen Bereich liegen können, diese müssen als solche erkannt und eben dort in diesen Bereichen gelöst werden.

Eine strittige Arbeitszeitregelung oder Parkplatzregelung hat normalerweise nichts mit der Projektarbeit zu tun, kann sie aber sehr negativ beeinflussen. Daher müssen solche Themen sofort zu den zuständigen Personen delegiert werden. Laut Lexikon heißt delegieren: übertragen, zuweisen, überweisen, von „Ober sticht Unter" ist nichts gesagt! Zuständig kann also auch ein Vorgesetzter sein, dem man seine eigentliche Führungsaufgabe wieder überweist.

Heikel ist ein Konflikt mit Ursachen im persönlichen Bereich eines Mitarbeiters, ein Daraufeingehen muß in gewissem Grad möglich sein, darf aber nicht zu weit gehen. Ein Projektleiter kann nicht die Funktion des Eheberaters, Drogenberaters etc. übernehmen.

Falls das Unternehmen eine Stabsstelle für solche sozialen Dienste hat, sofort den Mitarbeiter dahin verweisen. Andernfalls müssen solche Situationen im vertraulichen Gespräch geklärt werden, bevor das Projekt dadurch zum Notfall wird. Kein Mitarbeiter mit solchen Problemen kann auf Dauer von seinem Arbeitgeber erwarten, daß man daraus begründete Minderleistungen hinnimmt.

Leute, die sich gehen lassen, sollte man lieber laufen lassen

Ein Projektleiter muß einen solchen Mitarbeiter nicht erdulden, sondern er hilft ihm eher, wenn er ihm klar macht, welche normale Arbeitsleistung von ihm erwartet wird. Alles darüber Hinausgehende ist zwar ehrenwerte Sozialarbeit, kann aber nicht die Aufgabe des Projektleiters sein, sondern muß vom Personalchef und seinem Team geleistet werden.

Situationsbeschreibung

Die Unternehmensziele sind zwar vorgegeben und dürften sich kurzfristig nicht ändern, aber haben sich die Voraussetzungen geändert? Wenn ja, dann muß die Geschäftsleitung schnellstens neue Unternehmensziele formulieren. Vorschläge für die neue Situation von dem Mitarbeiter, der diese geänderten Voraussetzungen festgestellt hat, dürften klarstellen, ob er die Situation richtig oder falsch beurteilt.

Die Projektziele müssen selbstverständlich bei neuen Unternehmenszielen nachgeführt werden, soweit diese neuen Ziele Einfluß auf das Projekt haben. Ferner kann man durch die inzwischen intensive Beschäftigung mit dem Projekt zu neuen Erkenntnissen gelangt sein, die bessere Lösungsansätze erlauben, als ursprünglich geplant waren. Das muß sich natürlich in revidierten Projektzielen niederschlagen, die allen Beteiligten zugänglich gemacht werden.

Die Mittel zur Zielerreichung können oft besser von den Mitarbeitern beurteilt werden, welche diese Arbeit tagtäglich zu erledigen haben. Sie müssen jedoch den Beweis antreten, daß ihr Konzept die bessere Lösung ist, auch hier gelten unsere bekannten Kriterien: Inhalt, Termin, Kosten; hinzukommt: Integration mit benachbarten Sachgebieten.

Beim Konflikt über Fakten kommt es schnell zum Punkt: sind es beweisbare Fakten oder sind es Unterstellungen aus Unwissenheit?

> ### *Der ganz unrecht hat, ist leichter zu überzeugen*
> ### *als einer, der zur Hälfte recht hat.*

Seien wir immer bestrebt, daß wir mit zweifelsfreien Fakten überzeugen. Wer Halbwahrheiten benützt, lügt auch, zumindest zu 50 Prozent!

Konfliktlösungsansätze

Konflikte sind schnellstmöglich aus dem Weg zu räumen. Jede vertane Stunde ist verlorene Projektzeit. Der Projektleiter oder der Projektcontroller sollten im Konfliktfall zunächst ein vier Augen Gespräch führen mit jedem der Kontrahenten, um die Fakten zu sammeln und den Konflikt zu analysieren.

Das klingt im ersten Moment zeitaufwendig, ist aber tatsächlich schneller als sofort zum großen Kriegsrat zu schreiten. Je nach Situation, werden die strittigen Punkte geklärt, den Kontrahenten wieder im vier Augen Gespräch mitgeteilt, und dann wird entschieden, ob eine bereinigende Krisensitzung notwendig ist. Vorsicht, in einer solchen Sitzung kann schnell die „Ausrichtung auf die Ziele" zur „Hinrichtung" des Unterlegenen ausarten, an diese erinnern sich die Mitarbeiter Monate später noch eher als an das eigentliche, sachliche Ergebnis der Besprechung. Das kann zur inneren Kündigung oder zur echten Kündigung führen, beides ist dem Betrieb abträglich.

Ein Lösungsansatz bei sachlichen Konflikten kann auch sein, das Problem schon „flußaufwärts" zu lösen. Das heißt, durch eine schlichte Änderung in einem vorgelagerten Abschnitt des Betriebsablaufs die diskutierte Konfliktsituation gar nicht erst aufkommen zu lassen.

Der Fortschritt lebt vom Austausch des Wissens.

Lösungen müssen logisch nachvollziehbar und in sich schlüssig dargelegt werden:

1. Unternehmensziele, Projektziele

2. Darstellung der Konfliktargumente

3. Lösungsansatz A und B mit gewichteten Pro und Kontra, vorzugsweise nur zwei Lösungen

4. Entscheidung mit Nennung der starken Pro und schwachen Kontra Argumente

Die Entscheidungsgremien

Einen Konflikt darf man niemals sich unnötig aufbauschen lassen. Je früher er erkannt und bereinigt wird, um so weniger, unnötigerweise auch noch unbeteiligte Mitarbeiter damit konfrontiert werden, um so weniger Porzellan wird zerschlagen.

Das Aussprechen einer Entschuldigung ist keine Demütigung, sondern ein Zeichen von Reife und Aufrichtigkeit.

Je nach Bedeutung der Konfliktinhalte muß jedoch auch das Projektsteuerungsteam sich damit beschäftigen, und damit ist die Geschäftsleitung mit involviert.

Stehen Themen der Unternehmensführung in der Diskussion, so ist zunächst einmal ohne die Kontrahenten der Weg zur Lösung festzulegen. Dieser Weg wird dann mitgeteilt und wenn vom Thema her vertretbar, diskutiert. Manche Themen können und dürfen aber auch nicht diskutiert werden. Eine unternehmerische Entscheidung ist als solche anzuerkennen, es gibt Situationen, in denen nur ein Unternehmer in seiner Funktion entscheiden kann, ohne die geschäftlichen Hintergründe offenzulegen.

Eine Kritik an einem solchen Verhalten kann nur bei erwiesener unternehmerischer Unfähigkeit der Geschäftsleitung angebracht werden, aber bei wem?

4.11   Transaktionsanalyse

Ein mögliches Hilfsmittel zur Vermeidung von Konflikten, und auch bei der Behebung von Konfliktsituationen, kann die Berücksichtigung der Erkenntnisse der Transaktionsanalyse (kurz TA) sein. Eine kurze Erläuterung mag Ihr Interesse für dieses Thema wecken.

Jede zwischenmenschliche Kommunikation wird als Transaktion bezeichnet, denn sie besteht nicht nur aus der eigentlichen verbalen Aussage, sondern die Sprache, der Tonfall, die Mimik, die Gestik und weitere Körpersignale bestimmen, wie die Nachricht des Senders beim Empfänger ankommt, dort verarbeitet wird und wie die Rückmeldung gestaltet wird.

Ferner hat jeder Mensch drei Ebenen von Verhaltensweisen, die der Einfachheit halber wie folgt bezeichnet werden, und damit erklärt sich die jeweilige Verhaltensweise der kommunizierenden Personen:

Ebene	typische Verhaltensweise
• Eltern-ICH	Kritisch: schreibt vor
• Eltern-ICH	Fürsorglich: erlaubt und hilft
• Erwachsenen-ICH	handelt sachlich und logisch nachvollziehbar
• Kindheits-ICH	Natürlich: ist spontan, neugierig, kreativ, rücksichtslos, intuitiv
• Kindheits-ICH	Angepaßt: versucht zu tun, was MAN erwartet, klagt anstatt zu handeln

Jede dieser Verhaltensweisen ist nach der TA bei jedem Menschen vorhanden, aber unterschiedlich stark ausgeprägt auf Grund von Erlebnissen, Erfahrung, Erziehung, Charakter und auch der Situation.

Entscheidend ist nun, daß eine Transaktion von der Sender-Ebene die richtige Empfänger-Ebene richtig anspricht, die Transaktion ist nur dann erfolgreich beendet, wenn die Rückmeldung ebenfalls von der richtigen Ebene an die richtige Ebene des ursprünglichen Senders zurückkommt.

Man kennt die komplementären Transaktionen (d. h. die Rückantwort geht den selben Weg, den der ursprüngliche Sender eingeschlagen hat: z.B. Eltern-Ich an Eltern-Ich), die normalerweise konfliktfrei ablaufen, falls sie jedoch nicht auf gleicher Ebene stattfinden (z.B. Eltern-Ich an Kind-Ich und zurück Kind-Ich an Eltern-Ich), können sie zu Konflikten führen.

Eine Transaktion ist gestört und ohne positives Ergebnis beendet, wenn der Empfänger seine Ebene wechselt. Das heißt, der Sender spricht aus dem Erwachsenen-ICH den Empfänger im Erwachsenen-ICH an, der Empfänger reagiert jedoch beispielsweise aus dem Kindheits-ICH und wendet sich an das Eltern-Ich des Senders.

Beispiel einer gestörten Transaktion:

Aussage: *„Sie erhalten diesen Auftrag nur, wenn Sie die Termine einhalten."*
(Vom Erwachsenen-Ich an Erwachsenen-Ich)

Antwort: *„Sie wissen doch, Pünktlichkeit ist unser oberstes Gebot!"*
(Vom spontanen Kind-Ich an Eltern-Ich)

Gekreuzte Transaktionen signalisieren Konflikte, die je nach Situation und der Streitfähigkeit der Personen zur sachlichen Klärung oder zum Abbruch der Beziehung führen können.

Zu beachten ist, daß auch ein interner Dialog stattfinden kann, z. B. das angesprochene Kind-ICH empfängt die Nachricht, aber das Eltern-ICH übernimmt die Antwort; in diesem Fall kommt die Antwort meist überraschend, meist auch an eine andere Ebene adressiert.

Gefährlich sind die verdeckten Transaktionen, d.h. die verbale Aussage und die sonstigen Begleitsignale sprechen unterschiedliche Ebenen des Empfängers mit unterschiedlichen Aussagen an. Fehlinterpretationen sind die Regel und führen selten zum gewünschten Gesprächsergebnis, man bezeichnet diese Transaktionen als psychologische Spielchen.

***Zu fürchten sind, die nicht sagen, was sie denken,
und die nicht denken, was sie sagen.***

Daraus entsteht dann oft das sogenannte Drama Dreieck mit folgenden Rollenspielen:

* dem angepaßten Kindheits-ICH   als Opfer
* dem kritischen Eltern-ICH   als Verfolger
* dem fürsorgliche Eltern-Ich   als Retter

Wenn Sie eine solche Rollenverteilung (auch mit wechselnden Personen in den Rollen) erkennen können, nehmen Sie selbst ja keine Rolle, weder eine angetragene, noch Ihre Lieblingsrolle an, sondern geben Sie sofort eine Rückmeldung an die Gesprächspartner, um das Spiel zu unterbinden.

Treffen Sie nun Entscheidungen, anstatt zu diskutieren, bringen Sie Worte und Handeln aller Beteiligten zur vollständigen Übereinstimmung.

Sollte kein Rollentausch stattfinden, das heißt Opfer, Verfolger und Retter spielen immer die selbe Rolle, so liegt ein Erpressungsversuch vor, wobei auch mal ein Opfer seinen Retter zu erpressen versuchen kann (*„Ich kann das immer noch nicht, hilf mir!"*).

4.12   Portfolio-Analyse

Zur Versachlichung einer Konfliktsituation kann das Werkzeug der Portfolio-Analyse genutzt werden, das sehr einfach zur Verdeutlichung und überzeugenden optischen Darstellung einer Pro und Kontra Situation führen kann.

***Ich bin verantwortlich, daß man mit mir spricht,
indem ich mit den anderen spreche.***

Auf unserem Formular Portfolio-Analyse tragen wir zunächst alle Pros und Kontras, die das Projekt beeinflussen, in der Beschreibungsspalte ein, legen mit dem bekannten Punktsystem von null bis drei fest, welche Bedeutung diese Pros und Kontras für den Betrieb haben.

Danach bestimmen wir, ob und welchen positiven oder negativen Einfluß die Erreichung oder Nichterreichung dieser Punkte für unser Projekt hat. Nach dem Ausmultiplizieren haben wir in den beiden Bewertungsspalten die Koordinaten mit Werten von null bis neun auf beiden Achsen unserer Matrix. Die fortlaufende Nr. des Arguments wird entsprechend der positiven Bewertung in der Senkrechten und entsprechend der negativen Bewertung in der Waagerechten eingetragen.

Wir vermerken, was der positive Einfluß ist, z. B. Nutzen, Zeitgewinn, ebenso geben wir dem negativen Einfluß einen Namen, z. B. Kosten, Terminverschiebung. Aus der Matrix wird sofort offensichtlich, welche Arbeiten im Quadranten I. die größte Bedeutung und welche im Quadranten IV. die geringste Bedeutung haben.

Abschließend listen wir in der Rubrik Reihenfolge alle oben aufgeführten Aktivitäten in der neuen Reihenfolge auf, mit der numerischen Aussage ihrer Koordinaten auf den beiden Achsen. In der Bemerkungsspalte können noch Hinweise gegeben werden. Die Unterschrift der Kontrahenten hält die sachliche Richtigkeit und die einvernehmliche Beurteilung der Bewertung fest.

4.13   Metaplan Seminar

Ist dieses Werkzeug in Ihrem Hause eingeführt, so kann sehr gut mit Hilfe des Metaplan Konzepts eine Besprechung anberaumt und durchgeführt werden. Bei diesem Konzept einer „optischen Sprache für problemlösende und lernende Gruppen" werden alle Gedanken und Beiträge auf kleine Karten aufgetragen, die von einem Moderator auf Pinwänden strukturiert angebracht werden (im Dialog mit den Teilnehmern).

Das Wort ergreifen heißt handeln!

Die Pros und Kontras werden sehr schnell optisch und vor allem für alle Teilnehmer augenfällig dargestellt. Am Ende der Besprechung werden die Pinwände fotografiert und jedem Teilnehmer wird eine Kopie gegeben. Entscheidend ist, daß jeder Teilnehmer zu jedem Besprechungspunkt mindestens einen Beitrag abgibt, so kommen selbst die Schüchternen und Mundfaulen zu Wort.

Der Vorteil des Metaplan Konzepts ist es, daß viele „Wortmeldungen" in kurzer Zeit, da parallel geschrieben, zur allgemeinen Kenntnis kommen und behandelt werden können. Der Moderator sollte jedoch eine Moderatoren-Ausbildung genossen haben, um die Hilfsmittel des Metaplan Konzepts richtig einzusetzen. Ohne erfolgreiche Moderation läuft das Konzept des Metaplan Seminars Gefahr, die damit möglichen optimalen Ergebnisse nicht vollständig herauszuarbeiten. Das Metaplan Konzept läßt sich nicht nur bei der Projektarbeit verwenden, sondern ganz allgemein bei vielen Arten von Gruppenarbeiten.

4.14 Konflikte sind wie Eisberge

Seien wir immer auf der Hut, Probleme und Konflikte haben ähnliche Eigenschaften wie Eisberge: zwanzig Prozent ihres Volumens sind sichtbar und daher einschätzbar, die anderen achtzig Prozent sind nicht sichtbar und ihre Ausdehnung ist, gelinde gesagt, von bizarrer Form. Nur durch kluges Hinterfragen und Ausloten bekommt man allmählich ein in etwa exaktes Abbild des nicht sichtbaren Teils des Eisbergs (Konflikts) und kann dann entsprechend handeln.

Fragen Sie daher den Mitarbeiter, der ein Problem vorträgt:

***Kommen Sie mit einem Problem,
oder sind Sie ein Teil des Problems?***

4.15 Zusammenfassung

Nun werden Sie, werter Leser vielleicht feststellen wollen, Projektmanagement artet in Formalismus und Bürokratie aus. Und dabei wollen Sie doch nur so ganz schnell ein Projekt durchziehen. Aber bedenken Sie bitte: jeder gute Handwerker legt sich vorher seine Werkzeuge bereit und prüft deren Funktionstüchtigkeit, bevor er mit dem eigentlichen Gewerk beginnt. Notfalls beschafft er sich neue Werkzeuge, die der anstehenden Aufgabe besser entsprechen, als seine alten Gerätschaften.

Verfallen Sie also nicht in den Fehler des fleißigen, hart arbeitenden Waldarbeiters, den man darauf hinwies, daß seine Säge stumpf ist. Er antwortete nämlich: *„Ich habe keine Zeit, die Säge zu schärfen, ich muß sägen.“* Machen Sie sich erst mit den Werkzeugen für die Projektarbeit vertraut, dann werden Sie zumindest nicht wie unser Waldarbeiter unnötig schwitzen.

Sie können jederzeit ganz gelassen ein Projekt angehen, das gut vorbereitet ist.

Wohlüberlegtes Organisieren geht dem aktiven Handeln voraus und beugt dem Chaos vor.

Und wenn dann noch in Ihrem Unternehmen die folgenden allgemeinen zehn Führungsregeln praktiziert werden, kann gar nichts mehr schief gehen:

- Die Strategien stellen ein in sich schlüssiges Gesamtkonzept dar.

- Unsere Planung entwickelt Fähigkeiten, anstatt nur Zahlen hochzurechnen.

- Die Disposition der Ressourcen ist zielorientiert, nicht emotional.

- Die Organisationsform gewährt Handlungsfreiheit in Verantwortung.

- Das Management handelt unternehmerisch anstatt nur zu verwalten.

- Der Führungsstil ist konstruktiv aufbauend (Coaching).

- Die eingesetzten Managementmethoden sind ergebnisorientiert und nicht nur „Methode".

- Die Machtzentren betonen die unternehmerischen Ziele, anstatt Bereichsinteressen zu verfolgen.

- Auch die Mitarbeiterentwicklung ist themen- und zielorientiert.

- Das Berichtswesen verdichtet Daten problemgerichtet und ist kein Zahlenfriedhof.

Sie sind also in einem gut geführten Unternehmen, sorgen Sie durch Ihr Engagement, daß es auch ein erfolgreiches Unternehmen sein und bleiben wird.

5 Das Phasenmodell der Projektorganisation

In der Unternehmensführung verwendet man bei Projekten das Mehrphasen - Modell, das seit langem auch Eingang in das EDV-Projektmanagement gefunden hat. Die Aktivitäten der einzelnen Phasen sind bei den verschiedenen Modellen ähnlich bis gleich strukturiert, lediglich die Art der Aktivitäten wurden der EDV-Situation angepaßt.

Die Phasen haben je nach Lehrmeinung die unterschiedlichsten Namen, aber bei jeder Lehrmeinung ist auch die weiter unten dargestellte Grobstruktur (der Phasen 1 -7) erkennbar. Die Phasen in ihrer inhaltlichen Auslegung überlappen sich gelegentlich etwas, bzw. manchmal werden Aktivitäten nicht als selbständige Phase gesehen. Dies ist im Prinzip für den Projektleiter im Mittelstand unerheblich, eine bestimmte Aktivitätenfolge findet statt, unabhängig davon, ob sie als eine selbständige Phase oder als Abschnitt innerhalb einer Phase angesehen wird.

5.1 Die Projektphasen

Die Anzahl der Phasen schwankt zwischen fünf und sieben, wobei alle Konzepte irgendwie von der Idee bis zum Einsatz des Systems kommen.

Phasenbezeichnungen

1. Information, Vorstudie, Analyse, Planung, Projektvorschlag
2. Konzept, Hauptstudie, Definition, Requirement
3. Definition, Detailstudie, Entwurf, Systementwurf
4. Entwicklung, Design Sollkonzept, Komponentenentwurf
5. Prototyp, Design Lösung, Implementierung, Realisierung
6. Fertigung, Systemeinführung, Integration, Installation
7. Systemnutzung, Betrieb, Einsatz

Das Wissen der Projektmitarbeiter vergrößert sich mit jeder Phase, ebenso vergrößert sich der Arbeits- und Kostenaufwand, der in jeder Phase erbracht wird. Der Zuwachs an Wissen ermöglicht den Zuwachs an Entscheidungskompetenz. Da von Phase zu

Phase neu überprüft und abgeglichen wird, ob die Vorgaben und die Möglichkeiten übereinstimmen, entwickelt sich das System von Stufe zu Stufe. Aufwand und Leistungsumfang sind kontrolliert und Überraschungen wird vorgebeugt.

Bild 5.1:
Das Phasenmodell

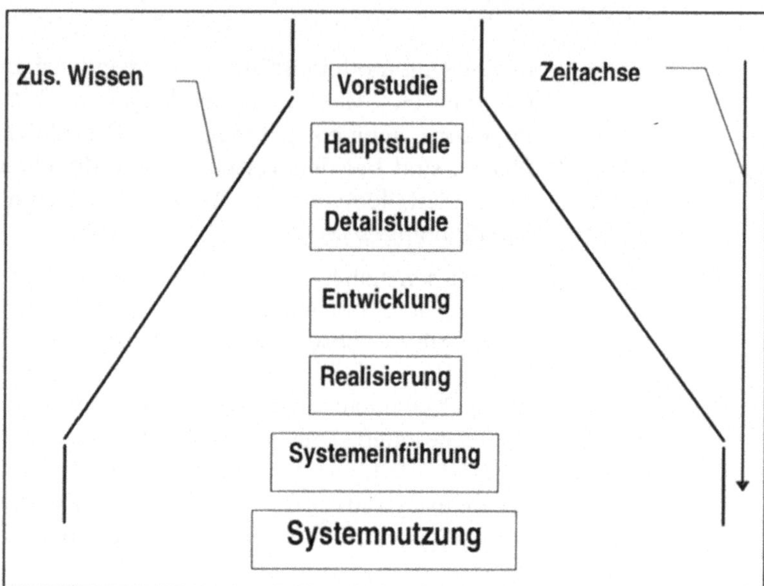

Die Beschreibung der Vorgehensweise bei der Projektarbeit folgt im nun folgenden Text diesem Phasenmodell, auch das vorgestellte Konzept eines Projekthandbuchs ist nach diesem Schema aufgebaut. Somit ist eine gewisse Struktur und auch eine Chronologie darstellbar, die zum Verständnis für denjenigen beiträgt, der später in das Projektteam eintritt. Das kann ein neuer Mitarbeiter sein oder auch ein Wirtschaftsprüfer, der nach erfolgreichem Abschluß das Projekt bilanzieren will.

> **Die Zeit arbeitet nicht für Sie.**
> **Sie müssen es selbst tun.**

5.2   Das Projektcontrolling

Da ein EDV-Projekt, wie andere Projekte auch, mit Unwägbarkeiten behaftet ist, macht es Sinn, die Konzepte des allgemeinen Projektcontrolling auch bei EDV-Projekten rigide zu befolgen.

Jede Phase wird für sich betrachtet, genehmigt, durchgeführt, überprüft und erst dann, wenn alle Voraussetzungen für die nächste Phase erfüllt sind, wird diese weitere Phase zur Bearbeitung freigegeben.

Gerade bei der Projektarbeit kann es eher als im Tagesgeschäft zu Irrtümern und daraus folgend zu Fehlinvestitionen kommen. Umso mehr müssen Kontrollen eingebaut werden, um Irrwege rechtzeitig zu erkennen und zu vermeiden.

> ***Management ist die Kunst,***
> ***aus unvollständigen und falschen Informationen***
> ***die richtigen Schlüsse zu ziehen.***

Projektmanagement ist keine eigene Managementmethode, sondern verwendet bereits erprobte Werkzeuge und Verfahren, die in anderen Bereichen des Managements seit langem erfolgreich angewandt werden: Führungslehre, Organisationstechnik, Informationstechnik, Kommunikationslehre, Entscheidungstheorie, Konferenztechnik, um einige Gebiete zu nennen.

5.3   Sonstige Einflußgrößen

Das Projektmanagement hat drei weitere Aspekte, die sich gegenseitig beeinflussen:

- Der fachliche Aspekt bei Anwendung systematischer Methoden, um ein bestimmtes Qualitätsniveau zu erreichen.

- Der wirtschaftliche Aspekt durch moderne Planungs- und Kontrollverfahren.

- Der menschliche Aspekt unter Anwendung von kommunikationsfördernden Arbeitsweisen.

Durch den konsequenten Einsatz des Phasenmodells erreichen wir in die Situation, die folgenden Anforderungen weitestgehend zu erfüllen.

- Das Projektergebnis soll die Vorstellungen des Auftraggebers bezüglich Betriebsergebnis und den Benutzerbedarf erfüllen. Dies gilt für unsere drei Kriterien: Inhalte, Termine, Kosten.

- Wir erhöhen die Transparenz des Projektverlaufs und stellen Entscheidungsgrundlagen bereit für den weiteren Verlauf des Projekts.

- Zwischenergebnisse werden definiert und ihre Umsetzung werden als Erfolge und positive Verstärker erlebt.

- Durch Einhaltung der Meilensteine werden die Aktivitäten synchronisiert und Leerläufe vermieden.

5.4   Kritikpunkte

Es wird von etlichen Praktikern auch Kritik am Phasenmodell geäußert, insbesondere eine unterstellte, aber eigentlich nicht beweisbare Schwerfälligkeit wird als Begründung zur Ablehnung oft vorgeschoben.

Als Hauptkritikpunkte werden immer wieder genannt:

- *„Das phasenweise Abarbeiten verlängert die absolute Projektlaufzeit und verschiebt damit den Endtermin."* Das stimmt nicht, innerhalb einer Phase wird sehr wohl parallel gearbeitet, nur erledigen wir logisch aufeinander aufbauende Aktivitäten und vermeiden solche Aktivitäten, für die noch keine fundierten Vorgaben bestehen. Denken Sie an den Architekten und seinen Leistungsbeschrieb und die Zeichnungen: jedes Gebäude wird vom Fundament her gebaut.

- *„Phasenmodelle werden bei wackligen Phasen zu genau erstellt und übertünchen diese Unsicherheiten."* Diese Gefahr besteht tatsächlich, wenn der Planer die anstehenden Aktivitäten falsch einordnet. Wir kennen: Routine-, Pilot-, Pionierproblem, wird das nicht korrekt gehandbaht, so kann ein falscher Eindruck vermittelt werden.

- *„Viele Phasenmodelle sind eher aufgaben- als ergebnisorientiert."* Wer das weiß, kennt auch die Mittel und Wege, die Ergebnisse herauszustellen. Dieses Buch fordert Sie immer wieder auf, ziel- und ergebnisorientiert zu handeln.

- *„Der Phasenplan kostet Zeit und Geld."* Stimmt, aber planlose Arbeit kostet mehr Zeit und Geld.

- *„Hoher Koordinationsaufwand zur Synchronisation der parallel ablaufenden Aktivitäten."* Der Aufwand ist nicht zu leugnen, aber mit methodischer Arbeit und einem guten Projektmanagementsystem in vertretbaren Grenzen zu halten. Durch konsequenten Einsatz von Management by Objectives and by Exceptions wird dieser Aufwand geringer, da neben der Arbeit auch die Verantwortung delegiert wird.

- *„Es ist schwierig, aus einer aktiven Phase in eine vorherige Phase zurückzuspringen."* Das bestätigt nur die Aussage, daß Aktivitäten ungeplant, bzw mit falschen Voraussetzungen in die Wege geleitet werden, die dann vergeblich waren und für die keiner die Verantwortung übernehmen will.

- *„Ein bereits eingesetztes, bei diesem Einsatz bewährtes Phasenmodell wird nicht an das aktuelle Projekt angepaßt."* Das darf nicht geschehen, unser Phasenmodell muß unserem Betrieb und unserem Projekt angemessen strukturiert werden. Wir nützen den Rahmen und die Erfahrungen aus dem vorigen Projekt, aber die Aktivitäten und Abläufe werden werden neu festgelegt.

Lassen Sie sich also nicht beirren, sondern passen Sie das hier vorgestellte Phasenkonzept Ihrem betrieblichen Bedarf und der jeweiligen Projektgröße an und Sie werden erfolgreich sein. Da Sie nun einige Kritikpunkte und Gegenargumente kennen, dürfte es für Sie leicht sein, das Phasenkonzept für Ihren Bedarf zu modellieren.

5.5   Individuelle Anpassungen

Es bleibt Ihnen unbenommen, bei Bedarf eine Phase mehrmals zu durchlaufen, dies ist immer noch kostengünstiger als am Ende einer späteren Phase festzustellen, daß man schon seit langem auf dem Holzweg war (Hiemann´s Gesetz der Kostenverdoppelung!).

Als Hinweise zur möglichen Anpassung des Phasenmodells seien die wichtigsten folgenden Ansatzpunkte genannt:

- Die Berücksichtigung des Herstellprozeßes (Standard-, Individual Software, Eigenleistungen, Fremdfertigung, bzw. der Umfang der verschiedenen Aktivitäten) ist einer der maßgeblichen Faktoren zur Gestaltung des Modells.

- Teilprojekte können mit unterschiedlicher, der Situation angemessener Phasenstruktur durchgeführt werden.

- Das Zusammenlegen oder Aufteilen von Phasen bringt Rationalisierungseffekte und erlaubt auch parallele Aktivitäten.

- Festlegung von Teilprojektergebnissen, die dann zum Entscheidungszeitpunkt die weitere Vorgehensweise bestimmen.

- Die Firmen- und Projektgröße sind auf alle Fälle entscheidende Einflußgrößen auf unser Phasenkonzept. Denken Sie immer an die Verhältnismäßigkeit der eingesetzten Mittel zu den vorgenannten Richtgrößen: Firma, Projekt.

- Auch die Rahmenbedingungen, wie Qualifikation des eingesetzten Personals, die Größenordnung der noch zu vermittelnden Kenntnisse sind Kriterien, die nicht außer acht gelassen werden dürfen.

Eine weitere Einflußgröße ist die Art des Projekts:

5.6 Routine-, Pilot-, Pionierprojekt

Jede dieser Projektarten verlangt offensichtlich unterschiedliche Vorgehensweisen, jedoch sind alle drei Arten von Projekten im Rahmen des Gesamtkonzepts Phasenmodell darstellbar.

Unabhängig, wie Sie Ihr individuelles Phasenkonzept strukturieren, es gilt die chinesische Weisheit:

Auch die längste Reise beginnt mit dem ersten Schritt.

5.7 Die Gliederung der Projektphase

Wir haben festgestellt, einer der Punkte zur erfolgreichen Teambildung ist Methodik. Daher gehen wir methodisch vor und gliedern daher jede Projektphase zunächst wie folgt:

- Projektphaseneröffnung mit Prüfliste der Projektphase, Projekteröffnungsgespräch
- Projektdokumentation mit Projektzielen, Projektinhalten, Planung, Projektkosten
- Projektfortschritte mit internen Aktivitäten, externen Aktivitäten, Projektberichtswesen
- Projektphasenabschluß mit Prüfliste der Projektphase sowie Phasenabschlußbericht, Phasenschlußgespräch und Freigabe der nächsten Phase

Jede Phase beginnt und endet also mit der Prüfliste der Projektphasen. Somit stellen wir sicher, daß wir alle Information haben, um zügig in dem jeweils folgenden Projektabschnitt arbeiten zu können. Mit von entscheidender Bedeutung ist auch, daß alle Beteiligten in dem für ihre Aufgabe erforderlichen Umfang informiert sind.

Diese Prüfliste hat pro Phase folgende Gliederung:

- Eingabe: was benötigen wir für diese Phase?
- Erarbeiten: welche Punkte wollen wir erledigen?
- Ergebnis: Was soll als Ergebnis am Ende vorliegen?
- Ziel: ist die Freigabe der folgenden Phase.

Sind die jeweiligen Unterlagen der Vorphase erarbeitet, so kann das entsprechende Eröffnungsgespräch der neuen Projektphase stattfinden, in dem alle Projektmitarbeiter auf einen einheitliche Kenntnisstand gebracht werden. Dies ist unabdingbar, um Fehlentwicklungen zu vermeiden.

Liegen die Ergebnisse der aktuellen Phase vor, so kann die Projektphasenfreigabe für den nachfolgenden Projektabschnitt bei den Entscheidungsgremien beantragt werden.

Es ergibt betriebswirtschaftlich wenig Sinn, irgendwelche Aktivitäten einer Folgephase in Angriff zu nehmen, solange die Projektfreigabe noch nicht vorliegt, weil noch offene Punkte aus der Vorphase geklärt werden müssen.

Nicht den zweiten Schritt vor dem ersten tun!

Diese anstehende Klärung kann sehr wohl zu dem für den Voreiligen ärgerlichen Ergebnis führen, daß einige oder gar alle Aktivitäten der Folgephase völlig anders gestaltet werden müssen und er für den Papierkorb vorgearbeitet hat.

5.8 Die Einführung der Projektorganisation

Bevor wir nun die eigentliche Projektarbeit beginnen, stellen wir sicher, daß das Konzept der Projektorganisation die Arbeitsgrundlage für alle Beteiligten sein wird.

Dazu sind die folgenden Punkte zu klären und von der Unternehmensleitung fest zu vereinbaren:

- Die Projektleitung wird einem Mitarbeiter mit der zuvor beschriebenen Qualifikation zum Projektleiter übertragen, seine Kompetenzen und sein Verantwortungsbereich werden festgelegt.

- Die Kommunikationswege mit den Anwendern werden geklärt und die Regeln für die Zusammenarbeit vereinbart.

- Die Pflichten und Rechte der Projektmitarbeiter werden vereinbart.

- Die Kommunikationsstruktur zwischen Geschäftsleitung, Projektleitung, Mitarbeitern im Projekt und in den Fachbereichen wird geklärt.

- Die Qualitätsnormen für die Projektarbeit, aber auch für das zu erstellende System werden festgeschrieben.

- Die Organisation der Beschaffungsmaßnahmen für das Projekt, sowie die Kostenerfassung und Auswertung, sowie die Genehmigungsverfahren werden mit den Bereichsleitern Einkauf und Finanzen abgestimmt und verbindlich festgelegt.

- Die Formulare für das Berichtswesen der Projektorganisation werden beschafft oder entwickelt oder aus der Formularsammlung dieses Buches übernommen und als Arbeitsmittel vereinbart.

- Die Formalitäten des regelmäßigen Berichtswesens werden festgelegt, sowie die Auswertungen und und die Berichtswege für den Normal-, wie auch für den Notfall werden organisiert.

- Das Projekthandbuch wird angelegt mit den in der Formularsammlung vorgeschlagenen Rubriken und den zusätzlich betrieblich notwendigen Punkten.

Und wer das alles nicht tun will, dem sei die folgende böse Prophezeiung angedroht:

**Wer heute den Kopf in den Sand steckt,
knirscht morgen mit den Zähnen.**

Information, Vorstudie

6.1 Die Projektphaseneröffnung: Stoffsammlung

Keine Regel ohne Ausnahme: Wir stehen vor der berühmten Frage, ob das Huhn oder das Ei zuerst da war. Meist wird ein Projekt als Idee oder Vision einer einzelnen Person geboren und unterliegt zunächst noch keinem Formalismus.

Lesen kostet Zeit, nicht lesen kostet Geld.

Die erste unverbindliche Stoffsammlung geschieht meist nach Gesprächen mit Geschäftspartnern, wird angeregt durch die Lektüre von Fachbüchern oder Zeitschriften, durch den Besuch von Seminaren.

6.1.1 Die Prüfliste der Projektphase: Vision, Projektziele

Aber sobald eine gewisse Sicherheit entsteht, daß diese Vision zu einem Projekt gedeihen wird, nehmen wir unsere Prüfliste für diese erste Projektphase zur Hand und arbeiten zielgerichtet auf die dort verlangten Ergebnisse zu. Die Fachleute gaben dieser Phase viele Namen, diese Begriffe erklären von selbst, was die Aktivitäten sein werden:

Information, Vorstudie, Analyse, Planung, Projektvorschlag

Folgende Informationen für den Phasenbeginn sind notwendig und die aufgeführten Aktivitäten sind zu erarbeiten, um das Ziel der ersten Phase zu erreichen:

- Eingabe   Vision, Projektziele, Wunschtermin, Finanziel les Volumen

- Erarbeiten   Inhalte, Termine, Kosten, betriebliche Ergeb nisse,Wirtschaftlichkeitsanalysen, (Verbesserungen, Kosten, Projektdauer), Machbarkeit, Lieferanten, Literatur, allgemeine Rahmenbedingungen

- Ergebnis   Projektvorschlag, Projektziele, Projektbe- schreibung, Projektstammblatt, Budgetantrag

- Freigabe   des Gesamtprojekts und
- Freigabe   der Phase: Konzept, Hauptstudie, Definition,
  Requirement

Wie Sie sehen, sind unsere drei Parameter des magischen Dreiecks

Inhalte, Termine, Kosten

schon von Beginn an mit im Spiel und verlangen klare Vorgaben vom Auftraggeber.

Daneben ist eine weitere Hauptaufgabe in der Stoffsammlung zu sehen für die Entscheidungsgrundlagen, ob wirklich aus der Vision ein Projekt entwickelt werden kann.

6.1.2   Das Projekteröffnungsgespräch im kleinen Kreis

In dieser Phase ist das Eröffnungsgespräch meist formlos und es werden eher die Vision(en) und die zum Teil noch nicht umfassenden Projektziele in allgemeiner Form vorgestellt. Der Teilnehmerkreis ist meist klein und noch nicht alle Fachbereiche sind eingebunden in das Gespräch. Bevor das Projekt laut verkündet wird, will man erst einmal feststellen, ob und wie es umsetzbar ist.

Am Anfang war die Idee.

Der Teilnehmerkreis wird wohl neben dem Initiator den zuständigen Geschäftsführer als Geldgeber, die Repräsentanten der am stärksten betroffenen Fachbereiche und den Organisationsverantwortlichen umfassen.

6.2   Die Projektdokumentation

Zunächst betreiben wir hauptsächlich eine Stoffsammlung, aber auch schon erste eigene Aussagen, insbesondere bezüglich der betrieblichen Ergebnisse werden schriftlich fixiert.

6.2.1   Die Projektziele: Ergebnisse skizzieren

So beginnen die meisten Projekte: *„man könnte doch, man sollte doch...".* Wird das Projekt ein Erfolg, hat es viele Eltern, wird es ein Flop, so wird es ein Waisenkind. Damit die Väter und Mütter auch in stürmischen Zeiten zu ihren Projekten / Kindern stehen, halten wir auf unserem Formular: Projektziele fest, was das Unternehmen grundsätzlich mit diesem Projekt strategisch, taktisch und operativ erreichen will.

Bewußt werden auf diesem Formular nur die gewünschten Verbesserungen des Betriebsgeschehens dargestellt, denn wir wollen einen Fortschritt vom bisherigen Zustand erzielen.

Bevor weitere Schritte in die Wege geleitet werden, muß Einvernehmen über diese Ziele bei dem zuvor genannten Gesprächskreis erreicht sein.

Wichtiger ist das Ziel, dann erst kommt der Weg.

Denken wir daran: Ziel eines Wirtschaftsunternehmens ist es, aus den verfügbaren Ressourcen: Grund, Arbeit, Kapital (Maschinen) und neuerdings auch Information ein optimales Betriebsergebnis zu erreichen.

Dazu benötigen wir verbesserte technische Verfahren, organisatorische Abläufe, wir verbessern die Rendite des Kapitaleinsatzes, wir verbessern das Produkt, wir sind mit besseren Kommunikationsmitteln näher am Kunden und am Lieferanten, auch die Mitarbeiter können besser und schneller auf Informationen zugreifen und solche austauschen. Unter Berücksichtigung dieser ergebnisorientierten Aspekte unserer Unternehmensziele definieren wir unsere Projektziele.

6.2.2   **Die Projektinhalte: Ergebnisse planen**

Nach der Formulierung der ersten Ideen werden wir nun konkreter und halten mit einer kurzen Beschreibung fest, welche Ziele wir zu erreichen gedenken. Dazu genügt zunächst eine Kurzbeschreibung mit Querverweisen auf weitere Informationen von möglichen Lieferanten, aus der wissenschaftlichen Literatur, aus Anwenderberichten, was auch immer zur Information beitragen mag. Des weiteren können Unterlagen von Messen und Seminaren, oder Berichte aus Fachzeitschriften informativ beigelegt werden.

Vor allem auch kritische Dokumente werden mit in die Dokumentation aufgenommen, denn diese Kritikpunkte können später für unser Projekt umgesetzt werden zu einem besseren Lösungskonzept.

Das Projektstammblatt

Selbst die ersten, sicher zum jetzigen Zeitpunkt noch unstrukturierten Ideen wollen wir festhalten, denn sonst geschieht schnell, was schon vielen guten Ideen widerfahren ist:

Vieles war schon Blüte und reifte nicht.

Dazu benutzen wir aus der Formularsammlung das Projektstammblatt und halten fest, wann begonnen werden kann, wann das System in Betrieb gehen sollte und welche Kosten und Einsparungen erwartet werden. Ferner werden die betroffenen Bereiche und die Kurzbeschreibung des Projekts niedergeschrieben. Damit ist die Bedeutung des Projekts für das Unternehmen zunächst klar umrissen.

Diese Beschreibung muß ergebnisorientiert formuliert werden und nicht schon die Lösung vorwegnehmen. Diese voreilige Vorgehensweise würde alle anderen möglichen, vielleicht besseren Lösungen von vornherein ausschließen.

Die angestrebten Ergebnisse

Neben den rein betriebswirtschaftlichen Ergebnissen halten wir fest, welche „Nebeneffekte" dieses Projekt dem Unternehmen bringen wird. Da ist z.B. die Veränderung der Kundenorientierung mit für den Kunden spürbar verbesserter Dienstleistung, vielleicht mit einer geänderten Produktphilosophie, kürzerer Auftragsdurchlaufzeit, etc.

Auch die Beziehungen zu den Lieferanten können verbessert werden mit den besseren Leistungen des neuen Systems.

Wir halten auch fest, in welchen betrieblichen Fachbereichen durch das Projekt Veränderungen der Abläufe und damit der Ergebnisse erwartet werden.

Seien Sie zukunftsorientiert, beschreiben Sie nicht ausführlich, was am bisherigen Konzept schlecht ist, sondern beschreiben Sie die neuen gesuchten Funktionen.

Fachliteratur

Zu allen Themen gibt es Hintergrundinformation, ein kurzes Studium von Unterlagen und das Abwägen der verschiedenen Argumente kann aus einer guten Idee eine sehr gute Idee machen. Auch konträre Lehrmeinungen unterstützen unsere Meinungsbildung und erlauben die Fokussierung auf das für unser Unternehmen Wesentliche.

Wir suchen dann mit Sorgfalt diejenigen Verfahrensweisen aus, die am ehesten zu unserem Unternehmen passen. Es ist überraschend und bedauerlich, wie viele Führungskräfte keine Zeit haben, ein Fachbuch durchzuarbeiten. Dafür nehmen sie eher in Kauf, für teures Geld beraten zu werden oder noch schlimmer: alle Erfahrungen selbst sammeln zu müssen (Learning by doing).

> *Fehler vermeidet man,*
> *indem man Erfahrung sammelt.*
> *Erfahrung sammelt man,*
> *indem man Fehler macht!*

6.2.3   Die Planung: Projektplan und Unternehmensplanung

Die Planung ist zunächst noch an den Eckterminen aus der Unternehmensplanung orientiert, aber nach der Projektdauerschätzung wird schon ein erster Plan mit konkreteren Angaben erstellt.

Die Projekttermine

Da in unserer schnellebigen Zeit nur schnelle Verbesserungen ertragreiche Verbesserungen sind, legen wir einen Wunschtermin fest, ab dem die ersten Früchte dieses Projekts geerntet werden sollen. Dieser Termin ist noch erklärtermaßen ein Wunschtermin, erst bei der weiteren Projektarbeit wird sich herausstellen, ob er erreichbar ist. Aber dieser Termin kann schon ein erster Hinweis sein, ob das Projekt überhaupt in dieser Form in Angriff genommen werden soll. Auch über den einzuschlagenden Lösungsweg kann man schon erste Aussagen machen, wenn diese Terminvorstellung im Raum steht.

> *Planen ist die Zieldefinition*
> *und der Weg zum Ziel.*

Diese nun in den Raum gestellten Termine werden in Anlehnung an die Ecktermine aus der Unternehmensplanung Teil der Projektziele.

6.2.4   Die Projektkosten: Größenordnung

Eine Aussage über möglichen Kosten und erwartetem Nutzen ist auch zu diesem frühen Zeitpunkt angebracht, wir wollen wissen, inwieweit die Ergebnisse des Projekts zum Betriebsergebnis beitragen sollen. Ferner gibt diese Aussage einen weiteren Anhaltspunkt, wie die gewünschten Ziele angegangen werden sollen.

Diese Aussage zur finanziellen Größenordnung muß als unternehmerische Entscheidung dargestellt und an das Projektleitungsteam vermittelt werden.

> ***Wer nicht plant, weiß später nicht,***
> ***wo er geirrt hat.***

Zu diesem Zeitpunkt wird dieser Wert eher eine Größenordnung sein, als ein exakter Betrag in Mark und Pfennig. Wie mit den Terminvorgaben, werden mit diesen Kostenvorgaben die ersten Weichen gestellt für mögliche Lösungswege.

An diesem Punkt haben wir nun alle drei Parameter des magischen Projektdreiecks (Inhalte, Kosten, Termine) gesetzt und können unter Beachtung dieser Parameter mit den weiteren Projektarbeit fortfahren.

6.3   Die Projektfortschritte

In dieser jetzt aktuellen Informationsphase wird meist nur ein Mitarbeiter für das Projekt freigestellt sein, die anderen Mitarbeiter werden meist nur stunden- oder tageweise hinzugezogen.

6.3.1   Die internen Aktivitäten: Informationen sammeln und prüfen

Darunter verstehen wir alle Aktivitäten, bei denen Mitarbeiter des eigenen Unternehmens im Hause beschäftigt sind.

Die Rahmenbedingungen

In der Diskussion werden sicher auch einige Argumente gegen das Projekt auf den Tisch kommen. Mit den jetzt noch auszuarbeitenden Wirtschaftlichkeitsanalysen bezüglich Verbesserungen, Kosten, Projektdauer können wir diese erste Hürde für das Projekt überspringen.

In diesen ersten Besprechungen müssen zunächst die Rahmenbedingungen aus der Sicht aller Fachbereiche verifiziert werden, danach erst kann konkreter über Geld und Zeit verhandelt werden. Berücksichtigen wir auch, ob und wieweit dieses Projekt mit Projekten anderer Abteilungen möglicherweise kollidiert oder harmoniert:

> ***Der Mensch glaubt nicht gern,***
> ***was nicht in seine Pläne***
> ***oder zu seinen Vorbereitungen paßt.***

Wir wollen Doppelarbeit oder ähnlich orientierte Projekte vermeiden, deshalb wollen wir die finanziellen und personellen Anstrengungen des Unternehmens bündeln und nicht verzetteln.

Die Machbarkeit

Die Machbarkeit muß für jeden Sachkundigen offensichtlich sein: zu diesem entscheidenden Punkt einer Darstellung oder Besprechung kann es sinnvoll sein, einen Vertriebsbeauftragten des möglichen (bisherigen) Software-Lieferanten oder auch einen neutralen Fachberater in die Diskussion einzubinden, vor allem dann, wenn es darum geht, neue Funktionen in bestehende Systeme einzubringen.

Aber dieser Vertriebsbeauftragte muß eher eine Person vom Typ Berater und nicht vom Typ Verkäufer sein.

Andererseits kann es störend sein, einen Betriebsfremden an einer Diskussion mit internem Charakter teilhaben zu lassen. Auf jeden Fall darf der Externe an der Abschlußdiskussion und der Beschlußfassung nicht teilnehmen. Die vorzeitige Kenntnis der Beschlußlage würde ihn nur in seiner späteren Kalkulation unter Umständen beeinflussen.

Die Wirtschaftlichkeitsanalyse

Damit dieses Projekt die nötige Unterstützung vom Management, wie auch von den beteiligten Fachbereichen bekommt, wird zunächst überprüft, ob die möglichen Verfahrensverbesserungen und die gegenübergestellten Kosten in einem angemessen Verhältnis stehen. Dazu benutzen wir den Formularsatz zur Durchführung der Wirtschaftlichkeitsanalyse.

Die dort aufgeführten Kosten und Einsparungen können natürlich im Moment nur Planwerte sein, aber es ist von Vorteil, zu diesem Zeitpunkt bereits zu überlegen, in welchen Bereichen und Größenordnungen das Projekt zur Rentabilität des Unternehmens beitragen wird.

Selbstverständlich gibt es neben den reinen in Mark und Pfennig auszudrückenden Vorteilen auch Verbesserungen, die so nicht gewichtet werden können. Auch diese Vorteile sollen aufgeführt werden, ob und wie sie bei einer ungenügenden finanziellen Einsparung als Zusatznutzen gewichtet werden können, liegt im Ermessen des Projektverantwortlichen. Er sollte jedoch wissen, daß mit konkreten Aussagen hierzu immer wieder Tür und Tor zu späteren Kritiken und bei böswilligen „Kollegen" sogar zu Intrigen geöffnet wird, insbesondere wenn die Zusagen nicht voll eintreffen. Da diese Ergebnisse meist nicht meßbar sind, sind sie immer interpretierbar für Übelwollende.

Die Verfahrensverbesserungen

Mit dem Formular Wirtschaftlichkeitsanalyse: Verfahrensverbesserung erstellen wir eine Entscheidungsmatrix, in der wir die Verbesserung der Funktionen in einem Punktsystem beurteilen und gewichten:

Grad der Verbesserung	Punkte
• Keine Verbesserung	0
• Geringfügige Verbesserung	1
• Spürbare Verbesserung	2
• sehr deutliche Verbesserung	3

Danach gewichten wir jede Funktion in ihrer Bedeutung für den Betrieb wiederum im Punktsystem von null (gleich unwichtig) bis drei (gleich unverzichtbar). Durch Multiplizieren erreichen wir eine Verstärkung der beiden Aspekte Verbesserung und Gewichtung. Wir erhalten somit pro Funktion eine Bewertung von null (gleich: unbedeutend) bis neun (gleich: wichtig und unverzichtbar).

> ### *Nichts ist schwieriger als das Vereinfachen.*
> ### *Nichts ist einfacher als das Verkomplizieren.*

Dividiert man die Summe der Bewertungspunkte durch die Summe der Gewichtungspunkte, so erhält man den Veränderungsindikator des Projekts im Bereich von null gleich unwesentlich bis drei gleich sehr deutliche betriebliche Verbesserung.

Ein weiteres wertvolles Nebenergebnis ist die Bewertungsspalte: jede Funktion, deren Bewertung ein Ergebnis größer sechs ergibt, muß bei den späteren Design Phasen ohne Abstriche und Kompromisse durchgeführt und erreicht werden. Dies ist ein sehr wesentliches Hilfsmittel für die spätere Auswahl der Software. Damit ist sichergestellt, daß die wichtigen Funktionen als Kriterien gelten, und wirklich die benötigten Verbesserungen dem Betrieb zur Verfügung gestellt werden können.

Die Kostenbetrachtung

Eine weitere Form der Wirtschaftlichkeitsanalyse erlaubt das Formular Kostenbetrachtung, hier werden die Investitionskosten durch die Anzahl der voraussichtlichen Betriebsmonate geteilt und um die monatlichen Betriebskosten ergänzt zu den Gesamtkosten pro Monat.

Dem gegenübergestellt werden die monatlichen Einsparungen, die durch die verbesserte Organisation erzielt werden können. Diese Betrachtung muß detailliert pro Fachbereich, sogar pro Vorgang, wenn notwendig, erstellt werden. Die Summe der einzelnen Einsparungen wird dann den obigen Gesamtkosten gegenübergestellt.

Die Differenz gibt einen ersten Anhaltspunkt, ob es sich rentiert, dieses Projekt mit diesem Lösungsansatz in Angriff zu nehmen.

Die in der Rubrik geplante Einsparungen durch Verfahrensverbesserungen aufgeführten Bereiche müssen natürlich mit den Verfahrensverbesserungen vom ersten Teil unserer Wirtschaftlichkeitsanalyse schlüssig übereinstimmen.

Die ideellen Verbesserungen

Außer acht gelassen wurde bisher eine mögliche Umsatz- / Gewinnsteigerung, diese Art der Verbesserungen ist in den seltensten Fällen mit einem verbessertem EDV-System allein darstellbar.

Eine weitere denkbare Verbesserung könnte bessere Kommunikation sein; dies gilt innerbetrieblich wie auch mit Geschäftspartnern. Auch diese Punkte werden auf dem Formular: ideelle Verbesserungen aufgeführt, eine finanzielle Gewichtung dieser Punkte kann vom Projektleitungsteam vorgeschlagen werden, diese Gewichtung ist aber schlußendlich wohl im Bereich der unternehmerischen Entscheidung zu sehen.

Die Prüfliste Softwarelieferant

Mit Hilfe des Formulars: Evaluationsmatrix legen wir die Muß- und die Kannkriterien fest, die für unser Unternehmen Bedeutung haben. Solche Kriterien können sein: Marktpräsenz, Marktführer in unserer Branche, Anzahl Installationen, Versionspolitik, Anzahl Mitarbeiter, regionale Präsenz, Stammkapital, Umsatzzahlen, strategische Partnerschaften, Softwarehändler, Softwarehersteller, bisherige Erfahrungen, Vertragsmodalitäten, Wartungsvertrag, etc.

Die Kriterien werden nach den für das eigene Unternehmen wichtigen Aussagen mittels einer Nutzwertanalyse beurteilt. Dann wird die Qualität dieser Kriterien beim jeweiligen Lieferanten bewertet, wobei wir wieder die Wertung im Punktsystem von null gleich unbedeutend bzw. nicht vorhanden bis drei gleich unverzichtbar bzw. perfekt gelöst benutzen.

Die Kannkriterien werden nur von null bis zwei bewertet, da sie nicht die absolute Bedeutung erreichen und somit im Ergebnis auch nicht die Mußkriterien überflügeln dürfen.

Das Ergebnis ist um so aussagekräftiger, je differenzierter und schonungsloser die Benotung und Gewichtung zu den Extremwerten vorgenommen wird.

> ### *Der goldene Mittelweg verläuft*
> ### *mit Vorliebe im Sande.*

Die Bewertung erfolgt durch die Multiplikation von Gewichtung und Beurteilung, dadurch werden wichtige und gut gelöste Kriterien verstärkt herausgestellt. Durch Gegenüberstellung der jeweiligen Summen aus „Muß und Kann" dürften sich schnell Partner herauskristallisieren, die den eigenen Anforderungen am ehesten entsprechen. Daneben werden sicher auch firmenpolitische Entscheidungskriterien berücksichtigt, wie Erfahrung in der bisherigen Zusammenarbeit, etc.; trotzdem schadet es nicht, auch einmal einen Haus- und Hoflieferanten zu durchleuchten. Meist findet man auf diese Weise doch einige Punkte, die durch Verhandlung zu verbessern sind.

> ### *Besser ein Ende mit Schrecken,*
> ### *als ein Schrecken ohne Ende!*

Wenn er bei sachlich begründeten Wünschen nicht verhandlungsbereit ist, kann es schon sinnvoll werden, doch in Zukunft mit einem neuen Partner zu arbeiten.

Die Prüfliste Softwarequalität

Neben dem Software Lieferanten prüfen wir mit dem Formular Softwarequalität auch das Produkt, ob die wichtigsten Kriterien betreffs Benutzbarkeit, Effizienz, Korrektheit, Zuverlässigkeit, Wartbarkeit, Testbarkeit, Flexibilität, Wiederverwendbarkeit, Portabilität und Verknüpfbarkeit unseren Anforderungen entsprechen.

Dies setzt ein längeres Gespräch bei dem oder den möglichen Software Lieferanten voraus, möglichst mit einer praktischen Vorführung. Die für uns wichtigen Aussagen des Lieferanten werden wir in einem Protokoll festhalten, denn sie werden später einmal Vertragsbestandteil.

Die Bewertung erfolgt wie in der Schule von: sehr gut gelöst bis: völlig ungenügend, am Besten mit einem Verweis auf die jeweilige Lösung in der Anwendungsdokumentation. Bei dieser Gelegenheit kann man diese auch gleich mit größerer Sicherheit beurteilen.

Das enthebt Sie aber nicht der Aufgabe, sicherzustellen, daß die in der Dokumentation beschriebenen Funktionen auch tatsächlich so wie beschrieben ablaufen.

Ein weiterer Punkt für die Qualitätsprüfung ist bei bestimmten Anwendungsbereichen vom Hersteller vorzulegen, z.B. ob eine Finanzbuchhaltungssoftware den „Grundsätzen ordnungsmäßiger Buchführung (GoB) bei computergestützten Verfahren" entspricht. Dies ist eine Aussage, die bei vielen Herstellern ein Wirtschaftsprüfer in einem Testat bestätigt, und zwar auf Kosten des Herstellers. Diese GoB wurden von einem „Fachausschuß für moderne Abrechnungssysteme (FAMA)" erstellt und werden mehr oder wenig regelmäßig an den neuesten Stand der EDV-Technik angepaßt.

Die Kenntnis der derzeit rund 40 Seiten der Broschüre und vor allem die Stellungnahme des Software Lieferanten hierzu hilft viel unnötigen Aufwand ersparen, wenn der Wirtschaftsprüfer nach dem ersten Abrechnungsjahr zur Auswertung schreitet. Dessen Fragen und sein Mehraufwand sind in Relation zu stellen zu den Mehrkosten für eine Software mit einem solchen Testat.

Von den Konsequenzen einer Verneinung der ordnungsmäßigen Buchführung am Ende eines Geschäftsjahres ganz zu schweigen.

Neuerdings gibt es auch Hersteller, die ihre Produktion mit dem Gütesiegel der Norm ISO 9000 versehen lassen. Ein Produkt, das dieses Siegel besitzt, entspricht gewissen international verbindlichen Normen der Qualitätssicherung bei der Produktion, deren Einhaltung fortlaufend durch Audits überprüft wird.

Das Siegel ISO 9000 bedeutet zunächst nicht, daß das Produkt für Ihren Betrieb besonders geeignet ist, aber das Produkt als solches ist stabil und daher hochwertig, da es nach allen Regeln der Qualitätssicherung und dem aktuellen Stand der Technik gefertigt wurde. Wenn dann noch alle die gewünschten Funktionen vorhanden sind, erhält dieses Produkt extra Pluspunkte bei unserer Bewertung.

Die Prüfliste Hardwarelieferant

Mit dem selben Formular Evaluationsmatrix stellen wir die Muß- und Kannkriterien für den Hardware Lieferanten fest und beurteilen diese entsprechend dem vorher beim Software Lieferanten kurz beschriebenen Verfahren der Nutzwertanalyse.

Die Kriterien sind natürlich teilweise andere, insbesondere technologische Marktführerschaft des Herstellers, Politik der technischen Generationswechsel, Wartungspersonal, Offenheit des Betriebssystems, Plattform für Datenbanken und Netzwerke, Lieferbereitschaft, Preise, etc.

Nicht zu vergessen die berufsgenossenschaftlichen Vorschriften: die Vielzahl der Broschüren kann hier nicht zitiert werden, aber stellvertretend am Beispiel der Verwaltungsberufsgenossenschaft sollen die Broschüren :

- Büroarbeitsplätze - sicher und gesund
- Bildschirmeinsatz ja! - aber mit Sinn und Verstand
- Sehen und Bildschirmarbeit - Physiologische Grundlagen

aufgeführt werden.

Diese Broschüren enthalten nützliche Hinweise zum Schutz der Mitarbeiter, um eine angemessene Arbeitsumgebung sicherzustellen. Das mag Ihnen alles sehr bürokratisch klingen, aber viele der Anregungen / Vorschriften sind so selbstverständlich und werden nur zu oft aus Eile nicht umfassend berücksichtigt. Manches ist allerdings auch verbindliche Vorschrift, z. B. die Inhalte der Arbeitsstättenverordnung und der Arbeitsstättenrichtlinien sind vom Mitarbeiter rechtlich einklagbar.

Es ist nun einmal eine Tatsache, daß ein Matrixdrucker einen bestimmten Geräuschpegel entwickelt und daher nicht neben dem Mitarbeiter stehen sollte, der per Telefon unsere Kunden betreut. Das ist weder für den Mitarbeiter und noch für die Geschäftsbeziehung gut.

Um an einem Beispiel auch den Kostenfaktor aufzuzeigen, nehmen wir folgende Situation an: Sie nehmen einen „preiswerteren" Bildschirm, der jedoch leider etwas flimmert und auch noch wie ein Spiegel reflektiert. Nach wenigen Tagen klagen die betroffenen Mitarbeiter über Kopfschmerzen und Sie bemerken einen Leistungsabfall, die Mitarbeiter müssen zum Augenarzt und Optiker, und die dann verordnete „Bildschirmarbeitsplatzbrille" muß in der Regel auch noch der Arbeitgeber bezahlen.

Die zusätzlich zu installierenden Bildschirmfilter und ihre regelmäßige Reinigung kosten vermutlich in der Größenordnung der ursprünglichen Einsparung am Bildschirm!

Wir sparen, koste es, was es wolle!

Ähnliches gilt für Tastaturen, starr installierte Bildschirme, die zu falscher Körperhaltung führen, sowie lärmende Gebläse, etc. All dies kann gesundheitliche Belastungen hervorrufen und im Extremfall sogar andauernde Schäden verursachen. Und unsere gesunden Mitarbeiter sind nun einmal unser wertvolles Kapital, gehen wir also schonend mit ihnen um.

Die Projektdauerschätzung

Um zu prüfen, ob das Projekt innerhalb des gewünschten Zeitrahmens umsetzbar ist, steht Ihnen mit den Formularen Nettoprojektdauer und Bruttoprojektdauer ein einfaches Hilfsmittel zur Verfügung. Mit Hilfe einer Tabellenkalkulation können Sie sehr viel schneller zu einer fundierteren Aussage kommen, als mit der berühmt berüchtigten Regel: PI mal Daumen.

Nachfolgend lesen Sie, wie das Konzept eine erste Einschätzung ermöglicht. Selbst wenn Sie nicht die Absicht haben sollten, eigene Dauerschätzungen durchzuführen, so sollten Sie sich mit den Faktoren vertraut machen, mit denen die Projektdauer beeinflußt werden kann.

Ein Konzept der Projektdauerkalkulation

Für die Wirtschaftlichkeit eines Projektes muß neben den Preisen für Hard- und Software, sowie fremder Dienstleistung auch der eigene Einführungsaufwand mit in Betracht gezogen werden.

Jede Schätzmethode, ob sie auf Intuition oder mehr auf eine formale Technik basiert, ist immer abhängig vom Wissen, der Erfahrung und der Beurteilung durch den Schätzenden.

Der Schätzende muß sich darüber im Klaren sein, daß seine Technik ihm exakter erscheint, als sie in Wirklichkeit ist und daß wichtige, entscheidende Variablen wie Initiative, Wunschvorstellung, persönliche Eigenschaften und Verhaltensweisen der Projektmitarbeiter nicht in der Formel enthalten sein können, ebensowenig sind Faktoren über das Betriebsgeschehen und Arbeitsmethodik enthalten.

Die Gewichtungsfaktoren sind Erfahrungsmittelwerte und müssen angepaßt werden an die eigene Arbeitsumgebung des Betriebs. Des Weiteren kann ein konzeptionell neues System extrem hohe Anforderungen stellen, die in einer Schätzung als Ausnahme dementsprechend berücksichtigt werden müssen.

Auf dem Formular Projekt Dauerkalkulation (Seite 1 und 2) ist beispielhaft ein Projektrahmen aufgezeigt. Zunächst prüft man, welche Funktionen oder Module man einführen wird, ergänzt diese Liste um eigene individuelle Funktionen. Die dort aufgeführten Zeiten sind Vorschlagswerte aus einem typischen mittelständischen PPS Projekt und bedürfen der Anpassung an die Erfahrungen im eigenen Unternehmen, notfalls auch in Rücksprache mit den möglichen Lieferanten.

Nutzen wir doch deren Erfahrungsschatz und fragen die Lieferanten nach Minimal-, Maximal- und Durchschnittswerten hierfür aus der bisherigen Projektarbeit bei ihren Kunden. Das erlaubt Ihnen auch eine Beurteilung der Kompetenzen und der Arbeitsmethodik des Lieferanten.

Die hier vorgestellte Methode listet die wichtigen Parameter der Projektarbeit auf. Basierend auf der Beurteilung durch den Projektverantwortlichen werden die Variablen gewichtet und schließlich zur Projektdauer in Manntagen summiert. Es bleibt aber eine Kalkulation mit angenommenen Faktoren! Somit ist das Ergebnis auch eine Annahme.

Um diese Methode anwenden zu können, muß der Schätzende über folgenden Kenntnisstand verfügen:

- Gesamtsystem,

- eventuell zu installierendes Subsystem,

- durchzuführende Aktivitäten,

- Erfahrungsstand der eigenen Projektmitarbeiter,

- Erfahrungsstand fremder, externer Projektmitarbeiter,

- erforderliche Spezialkenntnisse, z.B. neue Umgebung, Betriebssystem,

- und andere betriebsspezifische Parameter

Dieses Konzept bietet gegenüber einer überschläglichen Schätzung doch eine Reihe von Vorteilen. Neben der Tatsache, daß die entscheidenden Faktoren der Projektdurchführung aufgeführt und damit auch berücksichtigt werden, dokumentiert es den Schätzvorgang und erlaubt daher später im Projektverlauf eine Überwachung und Auswertung von Abweichungen. Das Ergebnis stellt eine erste Basis für Projektstrukturpläne und Projektablaufpläne dar.

Schlußendlich, wenn diese Schätztechnik gepflegt wird mit den Erfahrungswerten der eigenen Organisation, entwickelt sich ein immer präziseres Instrument für die Projektdauerschätzung zukünftiger Projekte.

Dieses Verfahren geht von der praktischen Erfahrung aus, daß die Summe von vielen Einzelschätzungen weniger mit Fehlern behaftet ist, als eine pauschale Überschlagsrechnung.

Daher wird eine Projektdauerschätzung in mehren Bestimmungsschritten durchgeführt:

Es erfolgt pro Projektabschnitt die Festlegung von:

- Nettoarbeitsaufwand,

- Schwierigkeitsgrad des Projekts und Konsequenz für die Personalauswahl,

- projektabhängigen sonstigen Aktivitäten,

- projektunabhängigen sonstigen Aktivitäten.

- Das Ergebnis ist die Bruttoprojektdauer in Manntagen

Die Grundlage der Schätztechnik ist der Nettoarbeitsaufwand, der unter Idealbedingungen ohne Störeinflüsse erforderlich wäre, ein Wert, der meist leichter zu schätzen ist als die unwägbaren Störeinflüsse.

Die Methode folgt dem Ihnen bereits vertrauten Phasenmodell mit:

- Vorstudie,
- Hauptstudie,
- Detailstudie(n),
- Systemdesign Sollkonzept,
- Systemdesign Lösung,
- Systemeinführung und
- Systemnutzung.

Jede der Phasen wird separat beurteilt und berechnet.

Die Nettoprojektdauer

Darunter verstehen wir den reinen Arbeitsaufwand, der notwendigerweise zu erbringen ist, um die Aktivitäten bei optimalem Projektverlauf und perfektem Kenntnisstand aller Beteiligten zu erledigen.

Die Faktoren

Die Bestimmung des Schwierigkeitsgrads des Projekts unter Berücksichtigung vom Kenntnisstand des eigenen und fremden Personals ist die Basis für die Kalkulation der Nettoprojektdauer.

Der Schwierigkeitsgrad

Der Schwierigkeitsgrad entsteht aus der Summe der Funktionen dieses Abschnitts und der notwendigen Verarbeitungsschritte. Der Schätzende muß hier die einzelnen Aktivitäten gewichten unter Berücksichtigung der vorhandenen Werkzeuge und Softwaremodule.

Der Kenntnisstand der Projektentwickler

Hier wird der Einfluß des vorhandenen Know-hows auf die Projektlaufzeit festgelegt. Es werden vier Erfahrungsstufen in Erwägung genommen:

Qualifikation	Faktor
Senior Entwickler	0,5 bis 0,9
Entwickler mit Projekterfahrung	1,0 bis 1,5
Projektsachbearbeiter	1,2 bis 3,0
Trainee	2,0 bis 4,0

Da besteht kein Zweifel, ein Senior ist eher schneller und ein Trainee ist meistens langsamer als der erfahrene Entwickler. Ist noch kein Personal dem Projekt zugeordnet, nimmt man einen Mittelwert, z.B. im Bereich von 1,5 bis 2,5. In diesem Stadium der Planung muß auch erlaubt sein, von Minimal- und Maximaldauer zu sprechen. Je kompetenter das ausgewählte Personal sein wird, um so näher an den Minimalwert kommen wir schlußendlich, wenn das Projekt in Angriff genommen wird.

Es ist für die Entscheidungsträger schon wichtig, zu wissen, daß beim Einsatz von kompetentem (teurem) Personal das Projekt aber um x Tage früher zum Einsatz kommt und somit früher die Rendite verbessert. Hiermit wollen wir erreichen, daß das Management eine unternehmerische Entscheidung treffen soll.

***Ein Experte ist ein Spezialist, der über etwas alles weiß
und über alles andere nichts!***

Kenntnisstand Fachbereichspersonal

Nun wird der Einfluß der notwendigen und ggf. zu erarbeitenden Kenntnisse der Mitarbeiter festgelegt und bei der Kalkulation berücksichtigt.

Folgende Projektbelastungsfaktoren werden benutzt:

Vorhandene Kenntnisse	erforderliche Kenntnisse		
	gute	einige	keine
• Detaillierte	0,75	0,2	0,0
• Gute allgemeine, einige Details	1,00	0,4	0,0
• Allgemeine, aber keine Details	1,25	0,6	0,0
• Keine vom Fachgebiet, jedoch einige von ähnlichen Aufgaben	1,50	0,8	0,2
• Keine Kenntnisse	1,75	1,0	0,3

Allgemein gesagt, beschleunigen vorhandene Kenntnisse ein Projekt, während zusätzlicher Bedarf für Schulung, oder gar „Grundlagenforschung" es verlangsamt. Und je weniger der Bedarf an Kenntnissen erfüllt wird, desto schwerfälliger entwickelt sich das Projekt.

Die Formel zur Berechnung der Projektlaufzeit lautet:

Projektlaufzeit =
Schwierigkeitsgrad x (Faktor Entwickler + Faktor Anwenderpersonal)

Ein Beispiel soll das verdeutlichen: Die Gewichtung eines Projektabschnitts ergibt 14 Punkte (Manntage); ein Senior Entwickler mit Faktor 0,6 und Anwenderpersonal mit allgemeinen Kenntnissen und damit Faktor 1,25 ergibt: 14x(0,6+1,25)= 25,9 Manntage, gerundet 26 Arbeitstage, nicht Kalendertage.

Die Bruttoprojektdauer

Die bisher errechnete Nettoarbeitszeit unterstellt, daß das eingesetzte Personal ohne Unterbrechung oder Störung am Projekt arbeitet. Da wir wissen, daß dies in der Praxis nie stattfinden kann, werden wir nun im nächsten Schritt auch diese negativen Einflüsse berücksichtigen.

Die Bestimmung der projektabhängigen Zeit

Hierunter fallen Nebenarbeiten, die vorab nicht spezifiziert werden können, die jedoch auf jeden Fall anstehen und die direkt mit dem Projekt zusammenhängen.

Eine kleine Auswahl: Dokumentation, Individualprogramme, Zusatzprogramme, extensive Tests (insbesondere von Sonderfällen), zusätzliche Anwendungsdokumentation, Designerweiterungen, Release-Wechsel, neue Hardware, Reisetätigkeiten, Datenübernahme von Fremdsystemen, Einbindung in Fremdsysteme, Datenfernverarbeitung, externe Schulungen, etc.

Erfahrungen zeigen, daß diese Tätigkeiten bis zu einer Größenordnung von 5 bis 25 Prozent der Nettoprojektzeit an Zusatzaufwand erforderlich machen können. Je nach Arbeitskonzept und Kenntnisstand des Schätzenden können auch absolute Tageswerte anstatt Prozentfaktoren angesetzt werden.

Die Bestimmung der projektunabhängigen Zeit

Darunter versteht man die Arbeitszeit, die vom Projektpersonal verbracht wird mit Aktivitäten, die in keinem direkten Zusammenhang mit dem Projekt stehen: allgemeine Ausbildungsmaßnahmen, Urlaub, Krankheit, Militärdienst (Reserveübungen), Schwangerschaftsurlaub, Besprechungen, Spezialaufgaben wie Messen, Abschlußarbeiten, Krankheits- und Urlaubsvertretungen, etc.

Erfahrungswerte reichen hier von 30 bis zu 50 Prozent der Nettoprojektlaufzeit und sogar noch mehr bei langlaufenden Projekten. Daher ist zu berücksichtigen: je länger ein Projekt dauert, um so mehr Nebentätigkeiten fallen zwangsläufig zwischenzeitlich an, um so mehr Mehraufwand ist somit in Ansatz zu bringen.

Hier erfolgt die Nagelprobe: wie konsequent wird das Projekt verfolgt, wie wichtig dürfen parallel laufende, konkurrierende Aktivitäten werden?

Ein erster praktikabler Ansatz empfiehlt, den Wert abhängig von der bereits ermittelten Nettoprojektdauer wie folgt festzulegen: bis drei Monate auf dreißig Prozent, bis sechs Monate auf vierzig Prozent und darüber auf fünfzig Prozent. Wird das Projekt die Sommer- oder Winterurlaubsperiode durchlaufen, so ist sicher ein weiterer Zuschlag hierfür angebracht.

Die Bruttoprojektlaufzeit

Die gesamte Bruttoprojektlaufzeit umfaßt somit die Nettoprojektdauer, sowie die Berücksichtigung der Schwierigkeitsgrade, der projektabhängigen und projektunabhängigen Zeit.

Diese Projektlaufzeit ist die Basis für den Fertigstellungstermin. Viele Projekte erreichen oft nur deshalb nicht die geplanten Termine, weil aus optischen Gründen lediglich die Nettobedarfszeit zur Terminplanung in Ansatz gebracht wurde.

Die Erfahrung zeigt immer wieder, daß die Summe der Nebenaktivitäten oft dieselbe Größenordnung, wenn nicht sogar mehr annehmen kann als die Nettoprojektlaufzeit.

Eine Kontrollrechnung

Nachdem die gesamte Projektlaufzeit ermittelt wurde, macht man eine Überschlagsrechnung zur Kontrolle.

Auch die einzelnen Projektphasen stehen in einer Relation zueinander. Eine Gegenkontrolle der ermittelten Werte mit folgendem Raster kann schon erste Fragwürdigkeiten aufdecken.

Phase	möglicher Anteil in Prozent	Vorschlag für den Normalfall
• Vorstudie	5 bis 10	5
• Hauptstudie	10 bis 20	15
• Detailstudie (n)	10 bis 30	20

- Systemdesign Sollkonzept   10 bis 30   20
- Systemdesign Lösung   10 bis 30   20
- Systemeinführung   10 bis 20   15
- Systemnutzung (Schulung)   5 bis 10   5
- Summe   100   100

Da die Projektdauerschätzung in der Regel zum Abschluß der Vorstudie erfolgt, kann man aus der Dauer der Vorstudie „überschlagsmäßig" die Dauer der anderen Phasen abschätzen. Bei gravierenden Abweichungen wird man noch einmal die Gewichtungen in der Kalkulation prüfen, oder sich fragen, ob die Vorstudie korrekt und vollständig ist.

Es sei hier nochmals auf den Einfluß der Qualität der Durchführung der einzelnen Stufen verwiesen: eine gute Hauptstudie reduziert signifikant den Aufwand für die folgenden Phasen, aber auch Fehler in der Hauptstudie vervielfachen den Aufwand bei der Behebung dieser Fehler in den Folgephasen.

In Zahlen ausgedrückt: die Summe der Phasen Hauptstudie, Detailstudie, Sollkonzept, Lösung sollte in der Größenordnung von 75 Prozent des Gesamtprojekts liegen. Wer in einer Phase spart, hat für die Behebung von Fehlern in der folgenden Phase mit überproportionalen, nach unserer Faustregel von Hiemann mit dem doppeltem Aufwand pro Fehler zu rechnen.

> ### *Fehler sind nützlich,*
> ### *aber nur, wenn man sie schnell findet.*

Das Ergebnis einer Projektdauerschätzung darf aber nicht als endgültiges Ergebnis angesehen werden, sondern als Aufforderung, zu prüfen, was verbessert werden kann.

Ein Verifizieren der Kalkulationsannahmen zum Zeitpunkt des Übergangs von einer Projektphase zur nächsten deckt Probleme oder gar konzeptionelle Fehler auf. Ferner erweitert diese Aktion den persönlichen Erfahrungsschatz des Planers für zukünftige Projekte.

Hilfsmittel und weitere Kontrollrechnung

Diese Kalkulation ist am besten und einfachsten mit einer Software für Tabellenkalkulation durchzuführen. Damit ist dann auch die zweite Gegenkontrolle einfach zu bewerkstelligen: von einer vorgegebenen, auch ermittelten Projektlaufzeit kann man den Aufwand für die einzelnen Abschnitte errechnen und als Vorgabe benutzen, z. B. bei der zuvor beschriebenen Vorwärtskalkulation wurden 108 Tage ermittelt, man will jedoch nur 100 Tage zulassen, also zeigt uns die Rückrechnung den maximal zulässigen Bedarf für die einzelnen Abschnitte.

Ein bißchen maßvoller Druck und etwas Spannung schadet nicht und sorgt auf jeden Fall dafür, daß alle Beteiligten ihre Aufgaben / Aktivitäten mit dem notwendigen Ernst und Eifer angehen.

Die internen Ressourcen

Wer vom Projekt profitieren will und natürlich soll, muß auch etwas dazu beitragen. Bereits in diesem frühen Stadium ist es notwendig, Personalanforderungen (zumindest in der Funktion und Dauer) in den Raum zu stellen.

Man kann zum Beispiel nicht ein Werkstattsteuerungssystem einführen ohne die Mitwirkung der, neben anderen Abteilungen, Arbeitsvorbereitung. Wer an den Fachbereichen vorbeiarbeitet, erhält nachher den beliebten Stolperstein in den Weg gelegt: *„Ja, wenn man mich vorher gefragt hätte, bei uns (Branche, Firma, Abteilung) ist das alles ganz anders als im Standardverfahren."*

Es ist immer wieder erstaunlich, mit welcher Phantasie echte, leider aber auch erfundene und an den Haaren herbeigezogene Alleinstellungsansprüche vorgebracht werden.

6.3.2   **Die externen Aktivitäten: Lieferanten und andere Informationsquellen**

Unter dieser Rubrik wollen wir die Aktivitäten zusammenfassen, für die wir Lieferanten, aber auch unsere anderen Geschäftspartner einbeziehen.

In der jetzigen Informationsphase werden mögliche Lieferanten kontaktiert und um Angebote gebeten, die ruhig noch freibleibend sind. Auch werden Kontakte zu Geschäftspartnern oder Verbänden genutzt, um an Informationen über unser Projektthema zu kommen.

Damit wir unsere Prüflisten für Hard- und Softwarelieferanten ausarbeiten können, laden wir die möglichen Aspiranten zur Präsentationen ein und oder besuchen sie. Unsere bestehenden Kontakte zu Beratern und Instituten, von Fachhochschulen bis Universitäten, können gepflegt werden, auch Seminare bei Herstellern, Verbänden (z.B. Kammern, Wirtschaftsverbänden, etc.) werden besucht.

6.3.3 Das Projektberichtswesen: noch formlos

Auch das Berichtswesen ist in dieser Projektphase zunächst noch relativ formlos, aber der Auftraggeber muß regelmäßig über den Stand der Recherchen informiert werden. Ein Termin für das Abschlußgespräch der Projektphase wird frühzeitig fixiert und die Teilnehmer werden vorbereitend mit Informationen versorgt. Dabei achten wir darauf, daß jeder soweit als nötig den gleichen Informationsstand erhält, andererseits werden wir aber niemanden mit Information überschwemmen, die sein Fachgebiet nicht betrifft.

Beispielsweise macht es wenig Sinn, den Leiter der Arbeitsvorbereitung mit den Details der Finanzbuchhaltung zu beglücken, ihm reichen vermutlich die Details seines Fachbereichs mit der Information über seine Schnittstellen zur Buchhaltung / Kostenrechnung. Niemand hat die Zeit, um alle Details zu lesen und jeder wird daher eher bereit zur Lektüre sein, wenn er nicht erst suchen muß, wo er seine Information findet. Dies ist die beste Gelegenheit für den Projektverantwortlichen, ein erstes Vertrauensverhältnis zu den späteren Anwendern aufzubauen durch gezielte, faire Informationspolitik.

Je nach Art des Projekts und dem Einfluß der Projektziele auf das Unternehmensziel, auch unter Berücksichtigung der firmeninternen Informationspolitik im allgemeinen, kann es aber auch sinnvoll sein, diese Vorabinformation nur einem ausgewählten Personenkreis vertraulich mitzuteilen.

6.4 Der Projektphasenabschluß: Sein oder Nichtsein

Zum Abschluß der Vorstudie stellen wir die Weichen für die weitere Arbeit an diesem Projekt.

6.4.1 Die Prüfliste der Projektphase: Vorgaben und Projektbeschreibung

Ein Blick auf unsere Projektphasen Prüfliste zeigt uns zusammenfassend, was alles vorliegen muß:

- Ergebnis   Projektvorschlag, Projektziele, Projektbeschreibung, Projektstammblatt, Budgetantrag
- Freigabe   **Das Gesamtprojekt** und
- Freigabe   Die Phase:

  Konzept, Hauptstudie, Definition, Requirement

6.4.2 — Der Phasenabschlußbericht: Projektvorschlag

Entsprechend der Größenordnung des Projekts wird der Schluß-bericht eine Tischvorlage, die mindestens die oben angeführten Dokumente enthält. Das kann jedoch auch wesentlich umfang-reicher werden.

Denken Sie immer an die notwendige Detaillierung und Zu-sammenfassung je nach Kenntnisstand und Informationsbedarf der Leser. Eine gute Präsentation, auch bezüglich der äußeren Form kann mitentscheidend sein, ob die Dokumentation und damit ihr Inhalt positiv bewertet wird.

Der Projektvorschlag muß offiziell sein und so dargestellt wer-den, daß der oder die Entscheidungsträger erkennen: dies ist ein rentables Projekt und wir entscheiden jetzt dafür.

***Eine akzeptierte Idee verwandelt sich in Arbeit.
Deshalb zögern so viele mit der Annahme.***

Andererseits gebietet die Fairneß und der professionelle An-spruch, auch zu diesem Zeitpunkt ein Projekt förmlich zu been-den, wenn die Umstände diese Notwendigkeit erkennen lassen.

6.4.3 — Das Phasenschlußgespräch: Projektgenehmigung

Mit dem Formular Projekt(Phasen)Besprechung für die nächste Projektphase legen wir die Besprechungspunkte fest. Im Übrigen sollten diese Besprechungspunkte, insbesondere soweit sie die Finanzen betreffen, vorher mit der Geschäftsleitung abgestimmt werden. Es ist nicht immer sinnvoll und auch von der Firmenlei-tung nicht unbedingt gewünscht, alle finanziellen Details, insbe-sondere die der Finanzierung zu publizieren und vor dem erwei-terten Kreis zu diskutieren.

Angestrebt ist folgender Ablauf der Besprechung: zunächst die Geschäftsleitung mit den wenigen wichtigen Punkten (High-lights) zu informieren und damit „das grüne Licht" zu erhalten.

Danach kann etwas ausführlicher über Details diskutiert werden, und zum Abschluß der Besprechung wird der Geschäftsleitung der Konsens der beteiligten Abteilungen vorgetragen mit an-schließender Beschlußfassung.

Hierbei ist außerdem die individuelle betriebliche Bespre-chungskultur noch mit einzuarbeiten, damit das Projekt nicht wegen Äußerlichkeiten schon ein frühes, unrühmliches Ende erleidet.

Denken wir bei allen Besprechungen auch an folgende Aussage eines Verkaufstrainers: Sympathie wird gewonnen durch die Stimmlage zu 38 Prozent, den Gesichtsausdruck zu 55 Prozent und nur zu 7 Prozent durch die Worte.

Konsequenz: Wessen Sympathie und Aufmerksamkeit Sie durch Ihr Auftreten nicht auf sich lenken können, der hört Ihnen nicht einmal zu! Und ob er dann noch später überhaupt Ihre Dokumentation positiv durcharbeitet, wenn Sie ihm nicht sympathisch sind, bleibt offen.

In der Praxis kennen wir die verschiedene Arten der Konferenzform: z.B. Problem-, Ziel-, Informations-, Motivations- und Lehrkonferenz. Zu den Regeln der Konferenztechnik gibt es hier nichts Neues hinzuzufügen, aber die Beachtung dieser Regeln trägt maßgeblich zum Erfolg der Besprechung bei: Vorbereitungen, örtliche Gegebenheiten, Tischordnung, Visualisierungshilfen, Pausenregelung, Raucherregelung, Gesprächsleitung, Getränke, vermeiden der Störmöglichkeiten, eine produktive Streitkultur, etc. seien als beachtenswerte Hinweise gegeben.

Und niemals sollten Sie diese Regel außer Acht lassen:

Wer fragt, führt!

6.4.5	**Die Projektfreigabe als Ganzes**

Am Ende der Vorstudie haben wir den Sonderfall, daß zunächst einmal das Projekt als solches genehmigt werden muß, zusätzlich wird dann über die Phase der Hauptstudie entschieden.

Diese Differenzierung macht sehr wohl Sinn, denn oft genug wird in der Euphorie über die Projektgenehmigung nicht mehr sorgfältig genug über die nächsten konkreten Schritte diskutiert. Dies ist aber notwendig, damit die Ziele und Aktivitäten, Kosten und Termine dieser Phase einvernehmlich fixiert werden.

Jetzt am Ende der Vorstudie wollen wir also ein formelles „grünes Licht" für das Gesamtprojekt und auch die zweite Projektphase. Dafür benutzen wir das Formular: Projektfreigabe, auf dem die Eckdaten bezüglich Budget, Terminen sowie der Hinweis auf die bisher erstellte Projektdokumentation zusammengefaßt wird und die Freigabe der nächsten Phase vorgeschlagen wird.

Je nach Gepflogenheit im Hause kann es sinnvoll sein, die ausgefüllten Formulare: Projektziele, Projektstammblatt und Projektbudget als Anlage beizufügen, auch die Wirtschaftlichkeitsanalysen können hilfreich sein. In diesem Verfahren tritt der Projektverantwortliche nun selbst als „Verkäufer" auf, um das Projekt und das Budget genehmigt zu bekommen.

**Man sage nicht, das Schwerste sei die Tat,
das Schwerste dieser Welt ist der Entschluß.**

6.4.6   Die Freigabe der Phase der Hauptstudie

Parallel zu der Genehmigung für das Gesamtprojekt werden die Modalitäten der nächsten Phase festgelegt, beantragt und genehmigt.

Der Genehmigende legt fest, ab welcher Größenordnung einer Abweichung die sofortige Meldepflicht besteht, ansonsten erwartet er die Fortschrittsberichte in von ihm festgelegten Intervallen.

Die Projektphasengenehmigung erstreckt sich nur auf die Ausgaben und Aktivitäten der nächsten Projektphase, daher müssen die Budgetansätze und Termine für diese Phase explizit in absoluten Beträgen dargestellt werden, nicht als x Prozent vom noch nicht endgültig bestimmten Ganzen.

Vermeiden Sie auch die oft zitierte Salamitaktik: immer noch ein Scheibchen mehr. Ein erfahrener Vorgesetzter erkennt das Spiel schnell und wird Ihnen noch schärfer in die Budgetansätze schauen, unter Umständen diese Aufgabe an eine Person seines Vertrauens delegieren.

Mit der Freigabe werden die Fachbereichsleiter dazu verpflichtet, das Projekt mit allen Kräften zu unterstützen und soweit notwendig Personal abzustellen.

Und dann kann es losgehen!

**Nur aufs Ziel zu sehen,
verdirbt die Lust am Reisen.**

Aus dem *„man sollte"*, mit dem die Vorstudie begonnen wurde, wird jetzt eine konkrete Vorgabe: *„wir erarbeiten nun die folgenden Punkte: 1. , 2. , 3."*.

Mit den Informationen, die bisher zusammengetragen, ausgewertet und gewichtet wurden, haben wir einen besseren Kenntnisstand, der uns aber auch zwingt, nochmals die Vorgaben zu prüfen und bei Bedarf zu revidieren.

> **Wer zur Quelle will,**
> **muß gegen den Strom schwimmen.**

Diese Forderung zur Überarbeitung gilt für alle drei Parameter unseres magischen Dreiecks: Inhalte, Termine, Kosten.

7.1   Die Projektphaseneröffnung: Vorgaben prüfen

Das Projekt als Ganzes ist freigegeben und die Arbeit kann nun beginnen. Wir gewöhnen uns an unsere Methodik und gehen anhand der Prüfliste die Punkte durch, um sicher zu sein, daß die Arbeit dieser Phase wirklich begonnen werden kann.

7.1.1   Die Prüfliste der Projektphase: Ergebnisse der Vorstudie

Die Prüfliste für diese Phase

Konzept, Hauptstudie, Definition, Requirement

lautet wie folgt:

- Eingabe   Ergebnis Phase 1:

  Information, Vorstudie, Analyse, Planung, Projektvorschlag, Projektziele, Projektbe schreibung, Projektstammblatt, Budgetantrag

- Erarbeiten   Projektbeschreibungen, Teilprojekte, Liefe ranten, Projektplanung, Datenstrukturen

  IST-Aufnahme: Formularwesen, Berichtswesen, Mengengerüste, Schnittstellen, Lösungsansatz,

> Alternativen, Angebote für Planung, Experti-
> sen

- Ergebnis   Projektteam, Projektplan, Budget pro Phase
- Freigabe   Phase 3:

> Definition, Detailstudie, Entwurf, System-
> entwurf

7.1.2   Das Projektphaseneröffnungsgespräch als Startschuß

Nachdem wir nun wissen und überzeugt sind, daß das Projekt wichtige Verbesserungen für unser Unternehmen bringt, daß es auch Einsparungen, zumindest keine Mehrkosten bedeutet, daß die Kosten- / Nutzenanalyse betriebliche Vorteile aufzeigt und daß dieses Projekt in einem vernünftigen Zeitrahmen umsetzbar ist, legen wir los.

Wir laden die Entscheidungsträger zu einem Gespräch, bei dem das Projekt mit den überarbeiteten Zielen und Inhalten vorgestellt wird. Da wir eine hochkarätige Runde einberufen, muß diese Sitzung zügig ablaufen und zielstrebig zum Beschluß kommen. Es geht um die Darstellung des im Abschlußgespräch der Vorstudie vereinbarten Leistungsumfangs des zukünftigen Systems.

> *Lüge nie,*
> *denn du kannst ja doch nicht behalten,*
> *was du alles gesagt hast.*

Das Projekt ist jetzt in einem Stadium, in dem es dem inzwischen etablierten Projektsteuerungsteam einerseits und allen beteiligten Mitarbeitern andererseits vorgestellt werden sollte. Wir berufen diese Gruppen mit ausführlicher Agenda ein und bedenken, daß eine straffe Gesprächsleitung hilft, die Konferenzform: Informationsvermittlung zu gestalten. Nach diesem Gespräch steht fest: das Projekt wird so wie hier und jetzt vorgestellt ohne Abstriche durchgezogen.

Sollte das Projekt Belange des Betriebsrats tangieren, so ist er natürlich ebenso zu informieren. Dies gilt auch für andere Stellen, wie Datenschutzbeauftragte, Steuerberater und andere Zustimmungspflichtige. Ob diese Funktionsträger zur Besprechung eingeladen werden, oder vom Projektleiter informiert werden, hängt auch davon ab, ob sie zu dem Projekt ein gewisses Mit-

spracherecht haben, z.B. der Betriebsrat bei einer Personalzeiter-
fassung und Auswertung. In solchen Fällen ist es angebracht,
vorab schon den Konsens zumindest vorzubereiten und in der
Besprechung dann die Zustimmung aktenkundig zu machen.

7.2 Die Projektdokumentation: Projekthandbuch

Spätestens in dieser Phase wird das Projekthandbuch als ausführliche Dokumentation begonnen. Als Anleitung benutzen wir
das Register zum Projekthandbuch aus der Formularsammlung
und ergänzen es um die speziellen betrieblichen Belange.

7.2.1 Die Projektziele nach der Vorstudie

Bevor nun blindlings Aktionismus ausbricht, überprüfen wir
sorgfältig alle Dokumentationen zum Projekt.

> **Nachdem wir die Ziele
> aus den Augen verloren hatten,
> verdoppelten wir unsere Anstrengungen.**

Dieser böse Witz wird leider nur allzuoft bittere Realität. Deshalb
wird unser Formular Projektziele neu geschrieben und alle ursprünglichen Ziele, deren Realisierung aus welchen Gründen
auch immer entfallen muß, werden ausgesondert. Dafür werden
die neu herausgearbeiteten Ziele hinzugefügt. Wir alle haben bei
der Vorstudie einiges hinzugelernt und dieses Wissen muß nun
eingearbeitet werden.

7.2.2 Die Projektinhalte nach der Vorstudie

Mit dem erweiterten Kenntnisstand wird eine sorgfältige Überarbeitung der Dokumentation zwangsläufig notwendig, unsere
bisher visionären, vagen Vorstellungen werden nun zu konkreten Vorgaben.

Projektbeschreibung / Projektstammblatt

Das zuvor bei den Zielen Gesagte gilt natürlich auch für das
Projektstammblatt und die nun ausführlichere Projektbeschreibung. Wir sind nicht genötigt, alles neu zu schreiben, auf Texte
aus der angesammelten Literatur darf verwiesen werden, um die
funktionalen Inhalte darzustellen.

Aber auch der unbedarfte Leser, und das sind z.B. die später
zum Projektteam hinzustoßenden Mitarbeiter, müssen erkennen

können, welches die ab jetzt gültigen Inhalte des Projekts sind. Und vergessen wir nicht: so wie das Projekt sich in seiner Dokumentation darstellt, so wird es gesehen und akzeptiert und so ordentlich oder nachlässig wird gearbeitet.

Die Machbarkeitsstudie

MachbarkeitInzwischen ist das Team größer geworden, die beteiligten Fachbereiche sind informiert und haben natürlich ihre skeptischen Fragen. Es ist an der Zeit, allen zu beweisen, daß das Konzept stimmt, die Lösung dem Unternehmen angemessen ist und das zukünftige System betriebliche Verbesserungen bringt. Wie die Verbesserungen formuliert werden, hängt vom Projekt ab, die Ergebnisse der Wirtschaftlichkeitsanalysen geben Ihnen sicher Hinweise, welche Punkte verstärkt herausgestellt werden müssen.

In diesem Zusammenhang ist die globale Verbesserung für den Betrieb herauszustellen, die sehr wohl veränderte oder neue Arbeitsabläufe und Methoden oder gar Mehrarbeit für den einzelnen Betriebsteil bedeuten kann, während andere Abteilungen stärker profitieren werden. Unter dem Strich gewinnt das Unternehmen Geld, Zeit, Image, bessere Aufträge, etc.

Gewonnen wird im Kopf.

Ein Erfahrungsbericht eines Anwenders, oder ein Referenzbesuch können die Grundlage bilden, um die Machbarkeit darzustellen und die letzten Zweifler zu überzeugen. Wir können damit leben, daß unser Projekt vielleicht doch ein Pionierprojekt für den einen oder anderen Fachbereich sein mag, aber wir vermitteln die Gewißheit, daß vieles eben doch schon bei anderen Anwendern Routine ist.

7.2.3　Die Planung: Struktur- / Ablaufplan, Ressourcen

Der Planer muß darauf achten, daß er nicht so detailliert wie möglich, sondern nur so detailliert wie nötig plant. Er darf nicht durch eine zu perfektionistische Planung den falschen Eindruck erwecken, daß mit dem Plan auch alle anderen Fragen bereits zu diesem Zeitpunkt umfassend gelöst sind. Eine Klassifizierung der geplanten Aktivitäten nach unserer Einteilung: Routine-, Pilot- oder Pionieraktivität macht jedem Leser klar, wo sogenannte offene Punkte sind.

***Wer seine Zeit nicht managen kann,
kann nichts managen.***

Jetzt ist der Zeitpunkt gekommen, nach den Zielen nun auch die möglichen Wege zum Erreichen dieser Ziele zu beschreiben und diese Wege in konkreten Abläufen zu strukturieren.

Die manuelle Planung

Ein kleineres Projekt mit nur wenigen Aktivitäten kann man mit Papier und Bleistift steuern, aber denken wir immer daran: jeder Mitarbeiter kann sich nur eine bestimmte Anzahl von Vorgängen merken und ein Projekt ist schnellebig, da muß fortlaufend aktualisiert werden.

Zumindest eine Software für Tabellenkalkulations sollte man zu Hilfe nehmen, das erleichtert doch merklich die Arbeit. Und ob Sie es glauben oder nicht: ein mit dem Computerdrucker erstelltes Arbeitspapier wird eher akzeptiert und umgesetzt als eine verbale Mund zu Mund Kommunikation oder ein Arbeitsauftrag auf dem berühmten Freßzettel.

Die computergestützte Planung

Bei mittleren und größeren Projekten kommt man nicht umhin, sich des Computers und einer Software für Projektmanagement und Controlling zu bedienen. Ein PC steht heutzutage wohl in jedem Unternehmen zur Verfügung, die Software Pakete für Projektmanagement sind zahlreich auf dem Markt verfügbar, mit unterschiedlichem Preis- / Leistungsumfang.

Eine Empfehlung kann hier nicht abgegeben werden, eine Marktstudie Anfang der neunziger Jahre prüfte weit mehr als zwanzig Pakete, zwischenzeitlich dürften es sicher noch mehr sein. Hier ist jeder gefordert, seine betrieblich bedingte Auswahl zu treffen, nach Bedarf, Budget und Nutzwert, sowie verfügbarer Rechnerleistung.

Der Projektstrukturplan

Zunächst wird das Projekt zerlegt in logische Abschnitte, die danach in weitere Unterabschnitte unterteilt werden.

Lehre mich die Kunst der kleinen Schritte!

Unser erklärtes Ziel ist es, Abschnitte zu gestalten, die im Bereich von einer Mannwoche Arbeitsaufwand liegen. Wobei wir unterstellen, die Arbeit wird weder vom Senior noch vom Trainee aus unserer Projektdauerschätzung erbracht. Bei der Unterteilung der Aktivitäten beachten Sie auch den anderen Teilungsfaktor: Personal. Sie bekommen mehrere Personen leichter für einen Tag als für eine Woche an einen Tisch. Lassen Sie daher mehrere Personen unabhängig, aber gezielt auf den einen Tag hinarbeiten. Denken Sie auch an die projektabhängigen und projektunabhängigen Aktivitäten, diese fallen zwangsläufig an, sollen aber immer nur eine Person und nicht ein ganzes Team von der Projektarbeit abhalten.

Wir legen jetzt die schon bekannten Abhängigkeiten fest, Abschnitte, die in einer bestimmten Reihenfolge erledigt werden müssen, werden logisch verknüpft.

Der Projektablaufplan

Im Projektablaufplan werden die vorher schon festgelegten Verknüpfungen nun ergänzt um die firmen- und projektorientierten Meilensteine und äußere, schon absehbare Einflüsse, wie Werksferien, etc.

> **Man kann im Leben nicht alles tun,**
> **zumindest nicht gleichzeitig.**

Dieser Plan zeigt dann auf, welche Schritte in welcher logischen oder durch die Umstände bedingten Reihenfolge parallel oder nacheinander durchgeführt werden.

Abhängig vom verfügbaren Personal (Zeit wie auch Qualifikation) werden wir eher termintreu oder aber eher kapazitätstreu planen (müssen).

Inhaltliche Konflikte, Frühwarnsystem

Die Projektplanung erfordert meist ein mehrfaches Durcharbeiten von Struktur- und Ablaufplan, damit beim Ausarbeiten des jeweiligen Plans die anfallenden Erkenntnisse zur Verbesserung des anderen Plans auch sofort dort einfließen. Bei einem Projektmanagementsystem arbeiten Sie natürlich nur mit einem Datenbestand, aber betrachten ihn trotzdem aus den beiden Blickwinkeln: Inhalte, Termine.

Ein erstes Aufsummieren unserer Zeitplanung werden wir sofort mit unserer Projektdauerschätzung aus der Vorstudie vergleichen und eventuelle Abweichungen werden wir sofort klären wollen. Was wurde damals, was wurde diesmal anders gewichtet? Die Antwort darauf wird uns entweder auf einen konzeptionellen Fehler hinweisen, oder aber wir werden herausarbeiten und sicherstellen müssen, daß der jetzige Ansatz der bessere ist.

Das Projektteam

Nachdem wir nun wissen, was alles an Aktivitäten auf unser Unternehmen zukommt und mit welchem Personalaufwand zu rechnen ist, werden wir das Personal entsprechend seiner Qualifikation namentlich zuordnen. Nach der alten, bekannten Managementregel geht es eben nur darum, die richtige Person zum richtigen Zeitpunkt am richtigen Platz zu haben.

Wenn wir die richtigen Personen ausgewählt haben, so werden die beiden Formulare Projekt Organigramm und Personenverzeichnis ausgefüllt in das Projekthandbuch eingelegt und nötigenfalls an den interessierten und beteiligten Personenkreis verteilt. Dies ist auch eine personaltaktische Maßnahme, um formell das Team zu etablieren: jeder ist ab sofort als Mitglied des Teams ausgewiesen.

Teamarbeit setzt Teamgeist voraus,
was sich nicht anordnen,
aber wirksam vorleben läßt.

Denken Sie daran: bei dem Thema Teambildung haben wir als Punkt 6: die Gruppenidentifikation genannt. Wer nicht zum Teammitglied ernannt worden ist, fühlt sich auch nicht als solches und agiert daher schon gar nicht im Sinne des Projekts. Das Gegenteil soll schon der Fall gewesen sein.

Die Personalauswahl

Die bekannten Personalauswahlkriterien können nur voll zum Tragen kommen, wenn neue Mitarbeiter für das Projekt eingestellt werden. Im Normalfall wird man im mittelständischen Betrieb kein Personal einstellen, sondern mit dem vorhandenen Personal arbeiten. Trotzdem sollte man sich als Projektleiter keine unqualifizierten Projektmitarbeiter aufschwatzen lassen.

__Fünfzig Prozent Talent genügen,__
__wenn man sie durch__
__fünfzig Prozent Arbeit ergänzt.__

Man wird auf dem jeweiligen Leistungsträger bestehen, zumindest während der Designphasen wollen wir all sein Wissen und auch seine Kompetenz für unser Projekt einsetzen. Bei der späteren Inbetriebnahme muß er sich und seine Ideen in dem Projekt und den Lösungsansätzen wiedererkennen, denn nur dann wird er die treibende Kraft in seiner Gruppe sein.

Wissen, Kompetenz, Verfügbarkeit

Im allgemeinen ist man bestrebt, mit den geringstmöglichen Kosten zu einem geplanten Ergebnis zu kommen, das erfordert jedoch auch, die etwas leichteren Arbeiten zu delegieren an Arbeitskräfte, die noch nicht alles können und beherrschen. Diese Mitarbeiter sind oft eher auch längerfristig verfügbar und können, bei entsprechender Anleitung (die sieben Ws der Delegation beachten und bitte keines auslassen!) zum für das Projekt gleichen Resultat kommen. Ein Sachbearbeiter, der zehn Stunden ungestört an einer Aktivität arbeitet, bringt hierbei meist ein besseres Detailergebnis als ein leitender Angestellter, der während zehn Tagen jeden zweiten Tag sich eine Stunde abringen muß.

__Wissen genügt nicht,__
__man muß es auch anwenden.__

Für konzeptionelle Fragen gibt es jedoch kein Wenn und kein Aber: der Leistungsträger muß es sein.

Kenntnisse, Schulungsmaßnahmen

Die häufigsten Fehler werden bei der Projektarbeit, aber auch im normalen Betriebsgeschehen durch Unwissenheit und durch Unkenntnis der Zusammenhänge gemacht. Es gehört ohne Zweifel zum wichtigsten Teil des Aufgabenbereichs einer Führungskraft, dafür zu sorgen, daß keine Fehler den betrieblichen Ablauf stören. Somit ist die Führungskraft gezwungen, die neuen Kenntnisse in angemessenen Schulungsmaßnahmen zu vermitteln.

> ### *Wenn Sie Bildung für teuer halten,*
> ### *versuchen Sie es einmal mit Unbildung.*

Ein neues EDV-System ist ähnlich zu betrachten wie eine neue Produktionsanlage. Auch bei der Inbetriebnahme einer solchen Anlage wird das Bedienungspersonal geschult, zum Teil mit Einfahrschichten unter Aufsicht oder gar mit aktivem Eingreifen des Herstellers, um einen störungsfreien späteren Betrieb herbeizuführen und zu gewährleisten.

Wir müssen also Schulungsmaßnahmen vorsehen, zum einen für die Projektfortentwicklung, zum anderen für den späteren praktischen Einsatz des zu entwickelnden Systems.

Die Mitarbeiterverfügbarkeit

Nachdem wir die Namen der Mitarbeiter festgelegt haben, müssen wir sicherstellen, daß diese zum Zeitpunkt, an dem sie für das Projekt aktiv werden müssen, im Hause sind und auch nicht durch andere Arbeiten von den Projektaktivitäten abgehalten werden.

Als Projektleiter darf man sich niemals darauf verlassen, daß dieses Engagement ja selbstverständlich ist. Eine ganz normale Tatsache ist: ein Mitarbeiter, der nur gelegentlich am Projekt arbeitet, sieht diese Abstellung mit ganz anderen Augen und beurteilt dies mit ganz anderer Dringlichkeit als der Projektleiter.

Vergessen Sie daher niemals: dieser Mitarbeiter hat seine eigenen Prioritäten: sein Tagesgeschäft, sein Fachvorgesetzter sind ihm wichtiger als das Projekt eines Anderen. Denn meist wird nach diesen abteilungsbezogenen Kriterien bei der nächsten Leistungsbeurteilung sein Einkommen fixiert. Der erfahrene Projektleiter achtet daher auf die Verfügbarkeit der Mitarbeiter, damit die Störfaktoren wie zeitliche Konflikte, Krankheit, Urlaub, etc. keine Verzögerungen im Projektverlauf verursachen können. Zum anderen hilft eine ehrliche, positive Rückmeldung an den Vorgesetzten eines zum Projekt abgestellten Mitarbeiters viel und kostet nichts. Bei dieser Gelegenheit werden Sie gleich zwei Personen loben: den abgestellten Mitarbeiter und den Vorgesetzten, der so gutes Personal eingestellt, ausgebildet und abgestellt hat.

7.2.4   Die Projektkosten: interner Tagessatz

Die ersten Ausgaben fallen an: Seminare, Referenzbesuche, Unterlagen, Expertisen und nicht zu vergessen die innerbetrieblichen Aktivitäten, die zwar nicht durch Rechnungen und sichtbaren Geldabfluß Kosten verursachen, aber trotzdem Kosten darstellen.

Um diese zu gewichten, legen wir mit Hilfe des Formulars Tagessatz einen Kostenfaktor für einen Manntag fest. Nicht ohne Grund ist dieses Blatt mit dem Hinweis „VERTRAULICH" überschrieben, dies sollte das einzige Formular sein, das nicht in das Projekthandbuch gehört, sondern es bleibt unter Verschluß wie eine Personalakte.

Praktikablerweise geht man wie folgt vor (sehr einfach mit einem Kalkulationsschema): man staffelt in DM 500 Schritten vom niedrigsten bis zum höchsten Monatseinkommen und errechnet den jeweiligen Tagessatz, das Ergebnis wird auf DM 10 gerundet. Damit hat man eine Palette von Tagessätzen, die man dann bei der weiteren Kostenauswertung verwenden kann. In den seltensten Fällen wird man Personen mit einem individuellen Tagessatz versehen, sondern man wird die Mitarbeiter in Leistungsgruppen einordnen und dann den jeweiligen Tagessatz verwenden.

7.3   Projektfortschritte: IST-Aufnahme / SOLL-Konzept

Entsprechend unserem Projektplan werden nun die Aktivitäten in die Wege geleitet und zum Abschluß gebracht. Die Größe des Projekts, der Arbeitsstil im Hause, wie auch die Arbeitsweise der Beteiligten bestimmen es, ob regelmäßige Besprechungen im großen Plenum oder eher spontane Dialoge der Mitarbeiter zur Abstimmung der Aktivitäten stattfinden. Aber die Fortschrittsmeldungen sind pünktlich am Ende der jeweiligen Berichtsperiode abzuliefern.

7.3.1   Die internen Aktivitäten: Systembeschreibung

Die Beschreibungen der Teilprojekte

Zur vollständigen Beschreibung eines jeden EDV-Systems benötigen wir folgende Parameter:

- Daten- und Informationsstruktur

- Aufgaben- und Funktionenbeschreibungen

- Transformationsregeln und Bedingungen

- Element Relationen

- Aufgabensequenz und -ablauf

- Vorgangsabhängige Sequenz
- Datenverwendung und Informationsbedarf
- Periodizität der Aufgabenerfüllung

Dieser Informationsumfang gilt für alle nun folgenden Abschnitte, wobei zu unterscheiden ist zwischen derzeitiger IST-Situation und dem angestrebten SOLL-Zustand. Ein Vernachlässigen eines dieser Parameter macht sich dann oft erst bei der Inbetriebnahme bemerkbar, wenn z.B. Informationen nicht rechtzeitig oder nicht vollständig für den zu bearbeitenden Vorgang zur Verfügung stehen. Die Erfahrung zeigt, daß insbesondere die letzten Punkte der Liste nicht sorgfältig genug analysiert und einer Lösung zugeführt werden.

Fange mit dem an,
was die Menschen schon wissen.
Baue auf dem, was sie schon haben.

Im Projektstrukturplan wurden Abschnitte und Aktivitäten festgelegt. Für jeden Abschnitt schreiben wir das Formular Teilprojektstammblatt, wobei wir Inhalte und Ziele, sowie aus dem Projektablaufplan die Termine fixieren.

Dies ist eine Arbeitsunterlage für die Projektmitarbeiter, sie enthält Aussagen und nicht nur Stichworte; denken Sie an unsere Zugspitze mit den drei möglichen korrekten Definitionen! Geben Sie niemandem je die Chance, Sie zu mißverstehen, unterstellen Sie auch nicht, daß Ihr Wissen Allgemeingut ist. Allein durch Ihre Stellung, Ausbildung und Einkommen müssen Sie wohl mehr wissen als andere, denen Sie Anleitungen geben sollen und wollen.

Zum situationsgerechten Führen von Mitarbeitern gehört es, diesen alle Anweisungen so zu geben, daß sie dem individuellen Kenntnisstand der Mitarbeiter entsprechen.

Datenstrukturen

Ein exaktes Festlegen des Informationsumfangs aller Vorgänge ist unabdingbar. Man kann nicht Preise berechnen, wenn nicht alle benötigten Faktoren, wie z.B. ausreichend große Tabellen für Rabattstaffeln, im System gespeichert werden können. Unerläßlich ist auch eine Überprüfung der Weitergabe von Informationen an nachgeschaltete Systeme, ob es dabei erforderlich ist, daß Werte saldiert (nach welchen Kriterien?) oder detailliert weitergemeldet werden müssen.

Ein typisches Beispiel wäre eine Eingangsrechnung, die nach der Materialbewertung normalerweise verdichtet werden könnte auf die Gliederung der Finanzbuchhaltungskonten. Dieser Vorgehensweise steht jedoch meist ein Detaillierungsbedarf entgegen aus der angeschlossenen Kostenrechnung, in der diese verschiedenen, auf einer Rechnung aufgeführten Kaufteile auf unterschiedlichen Aufträgen / Kostenstellen / Projekten ausgewiesen werden müssen. Oft müssen auch noch Frachtkosten, Rabatte, etc. sogar anteilmäßig diesen Kostenträgern zugeordnet werden.

Jetzt ist der Zeitpunkt, um solche Anforderungen zu fixieren und die Verfahrensweisen zu beschreiben, bzw. auch Sonderwünsche auszuschließen.

Das Formularwesen IST und SOLL

Falls dies nicht schon früher geschehen ist, ist es nun angebracht, ein vollständige Sammlung aller im Betrieb kursierenden Belege zu erstellen. Das wird zweckmäßigerweise in die Fachbereiche delegiert, die bis zum festgelegten Termin alle Belege, möglichst mit ausgefüllten typischen Musterbelegen vorlegen müssen.

Nicht fehlen dürfen die Belege mit Vorgängen, welche die Sonderfälle und die speziellen Ausnahmen enthalten, denn:

> ### *Ausnahmen sind nicht immer die Bestätigung einer alten Regel;*
> ### *sie können auch Vorboten einer neuen Regel sein.*

Diese Vorgehensweise bringt zwar manche Belege doppelt und dreifach, dies ist aber gewünscht; denn nur so erhält man die Hintergrundinformation, wer was mit welchem Beleg macht, und warum er ihn überhaupt benötigt. Bei solchen Gelegenheiten wurde schon öfter festgestellt, daß ganze Aktenschränke schon seit Jahren unnötigerweise gefüllt wurden, nur um das zugeleitete Papier ungelesen wieder los zu werden!

Damit die gewünschten Verbesserungen auch zum Tragen kommen, muß der Fachbereich zu jedem Beleg aussagen, ob dieses Formular für die tägliche Arbeit praktikabel ist, oder ob die Information in einer anderen Anordnung dargestellt sein sollte, oder aber weitere Informationen zum Vorgang gehören, die bisher mühsam aus anderen Belegen zusammengetragen werden müssen.

Auch Überflüssiges, das aus Sicht des jeweiligen Fachbereichs entfallen kann, muß angezeigt werden. Als Anleitung ist in der Formularsammlung eine Prüfliste, um die Formulare zu analysieren und einen Hinweis zu bekommen, ob das jeweilige Formular so bleiben kann oder ob eine Überarbeitung notwendig wird. Auf der Seite 1 der Prüfliste werden die technischen Angaben, wie Papierqualität, Format, etc. sowie der Verwendungszweck festgehalten. Auf den Seiten 2 und 3 könne Sie anhand eines Fragebogens prüfen, ob das Formular noch den Anforderungen entspricht. Mit Seite 4 dokumentieren Sie den Ablauf des Belegs im Betrieb, in dem Sie die einfache Frage beantworten: *„Wer macht was wann, wie oft und warum?"*, dies wird für das Original und alle Kopien des Belegs beantwortet. Geht der Beleg durch viele Hände, so fragen wir dort gezielt nach, ob das ein echter oder ein nur historisch begründeter Bedarf ist.

Je höher der Punktindikator des Fragebogens wird, um so dringlicher ist eine Neugestaltung unter Berücksichtigung des betrieblichen Ablaufs und der Möglichkeiten des einzuführenden Systems.

Betriebliches Berichtswesen IST - SOLL

Unter dem betrieblichen Berichtswesen verstehen wir alle Formen von Berichten, bei denen aus mindestens zwei Vorgängen irgendwelche Daten sortiert und im weitesten Sinne berechnet und zusammengeführt werden. Wir wollen auch die kleinen informellen Berichte erfassen, um später zu vermeiden, daß noch immer Datenverarbeitung von Hand betrieben wird.

Das können regelmäßige Berichte (täglich, wöchentlich, monatlich, quartalsmäßig, jährlich) sein oder spontane Anfragen mit wechselnden Abfrage- und Sortierparametern.

Bei solchen Situationen, wie es eine EDV-Einführung darstellt, ist es sinnvoll, alle bisherigen Berichte zu hinterfragen: Wer macht was damit? Oft können die Informationen inzwischen (in Zukunft mit dem neuen System) besser, meist sogar spontan am Bildschirm dargestellt werden und die alte Form des papierenen Berichts kann entfallen.

Ab mit den alten Zöpfen!

Manchmal macht es auch Sinn, lange Listen nur noch verdichtet als Summenblätter darzustellen. Vielleicht ergänzt um betriebliche Kennzahlen, die Abweichungen verstärkt herausstellen. Diesen auffälligen Abweichungen kann dann gezielt nachgegangen werden. So bringen wir die Idee des Management by Exception in den Betriebsalltag.

Schnittstellen zu EDV-Anwendungen

Der Datenaustausch mit anderen, bereits im Einsatz befindlichen EDV-Systemen ist immer wieder problematisch, da oft die Datenstrukturen nicht deckungsgleich übertragbar sind. Denken Sie an unser früheres Beispiel der Eingangsrechnung mit unterschiedlichem Detaillierungsbedarf der Fachbereiche Einkauf, Materialwirtschaft, Finanzbuchhaltung und Kostenrechnung.

Ähnlich verhält es sich mit Software, je nachdem welches ursprüngliche Ziel die Software hatte, ist meistens ihre Datenstruktur diesen Zielen entsprechend ausgelegt.

Ein weiteres Thema ist die Frage, welches ist das führende System, (z. B. wer legt Konten, Artikel, Aufträge, etc. an, wie werden Änderungen an diesen Daten nachgetragen, wie werden die Systeme synchronisiert?) und wie werden solche Fehler bearbeitet, wenn dann der Kontenplan, Artikelstamm, Auftragsstamm, etc. doch nicht synchron in beiden Systemen ist?

Die eigentliche, DV-technische Datenübertragung ist heutzutage selbst zwischen offenen und proprietären Betriebssystemen kein großes Problem mehr.

In diesen Aufgabenkomplex gehören auch CAD- / CAM-, CAQ-, sowie sonstige Anbindungen zu Geschäftspartnern, wie Kunden, Lieferanten, Banken, DATEV, etc.

Schnittstellen zu innerbetrieblichen Meßgeräten

Es ist heute technisch möglich, Waagen, Zählwerke aller Art an EDV-Systeme anzubinden und die gemessenen, übermittelten Werte sofort in Lieferscheine, Arbeitsfortschrittsmeldungen, etc. einfließen zu lassen. Damit lassen sich ohne Frage immense Rationalisierungsgewinne erzielen, wenn man diese Systeme beherrscht. Man muß sich aber darüber im Klaren sein, eine solche Integration stellt hohe Anforderungen an die Verfügbarkeit der Systeme und die Beherrschung von Störfällen.

Schwieriger ist es daher schon, diese Vorgänge im Betriebsablauf durchgängig zu gestalten. Allein die Beantwortung der Frage:„*Wer löst den Meßvorgang zu welchem Zeitpunkt auf Grund welcher Situation aus?"* erfordert detaillierte Kenntnisse des betrieblichen Ablaufs und der technischen Möglichkeiten.

Durch ein Konzept für den Notfall ist ferner auch bei diesen delikaten Anwendungen sicherzustellen, was getan werden muß, wenn die EDV-Systeme, z.B. wegen Wartung ausfallen. Es wird ja weiter produziert und verladen, wie auch bei Ausfall der Meßgeräte weiter geliefert und fakturiert werden wird.

Bei manchen Anwendungen sind Eichvorschriften und Verfahren zu beachten, jetzt ist der Zeitpunkt zur Prüfung, ob und wie das berücksichtigt werden muß.

Wird geplant, Warenetiketten mit maschinenlesbarem Barcode zu versehen, so muß das geeignete Material (z.B. hitzefest, säurefest, etc.) ausgewählt werden.

Wollen wir die Codes unserer Lieferanten lesen oder sollen unsere Kunden unsere Etiketten lesen können, muß mit den Geschäftspartnern der geeignete Code vereinbart werden, wie auch das Anbringen der Etikettenaufkleber abgestimmt werden muß. Es nützt uns nicht viel, wenn wir zum lesen eines Barcodes beim Wareneingang erst die gesamte Verpackung öffnen müssen. Genauso verprellen wir unsere Kunden, wenn der Barcode nicht leicht zugänglich oder nicht in der Qualität angebracht ist, wie er es für seinen störungsfreien Betrieb erwartet. In manchen Fällen würde ein Öffnen der Verpackung für diese Zwecke vom späteren Endkunden gar nicht akzeptiert.

Für den Betrieb handhabbare Lesegeräte werden ausgewählt, die auch unter den firmenspezifischen Betriebsbedingungen (Umfeld, Temperatur, Lichtverhältnisse (Tag, Nacht), Luftfeuchte, Verschmutzungsgrad, etc.) noch völlig störungsfrei funktionieren.

Die Mengengerüste der Vorgänge

Zu allen oben angeführten Vorgängen benötigen wir das Mengengerüst, das heißt, wie oft ein Vorgang per Zeiteinheit Stunde, Tag, Woche, Monat anfällt. Wichtig ist auch zu wissen, ob irgendwelche Bearbeitungsspitzen, wie sie etwa zum Tagesschluß oder Monatsschluß anfallen. Daraus ergeben sich die besonderen Anforderungen an die Hardware wie auch an Abläufe in der Software, um in allen Situationen ein stabiles Antwortzeitverhalten des EDV-Systems zu gewährleisten.

In diesem Zusammenhang ist es auch von Bedeutung, auf Trends zu verweisen, z.B. durch geplante neue Produkte oder neue Vertriebswege muß eine größere Anzahl von Lieferscheinen und Rechnungen oder Arbeitspapieren pro Zeiteinheit bearbeitet werden. Eine Schilderung der Rahmenbedingungen kann hilfreich sein, so ist beispielsweise der Hinweis auf die Situation der Versandabwicklung mit einem Frachtführer eine konkrete Forderung, wie schnell Versandpapiere und in welcher Form sie erstellt werden müssen oder gar an seine EDV-Anlage übertragen werden müssen.

Auf der Grundlage der Mengengerüste kann Ihr EDV-Fachpersonal schon eine erste Speicherbedarfsrechnung erstellen, die dann mit den Softwareanbietern konkret auf deren Datenbankstrukturen verfeinert werden muß.

7.3.2 Die externen Aktivitäten: EDV-Lieferanten und Geschäftspartner

Angebote, Verhandlungen, Expertisen

Wir haben uns noch nicht endgültig für den einen oder anderen Lieferanten entschieden, haben aber schon eine Vorauswahl getroffen, zumindest was die Kriterien betrifft, die für unser Unternehmen wichtig sind. Natürlich kann man mit Rundbrief unzählige Angebote einholen und in der Papierflut ertrinken, ganz schnell muß man daher die Zahl der Anbieter reduzieren auf eine handhabbare Größenordnung: maximal drei Anbieter, mit denen man in die Endrunde geht.

Bei den Verhandlungen verlangt es die Fairneß gegenüber dem Anbieter, ihm klar zu machen, daß wir uns in der Konzeptphase befinden und wir Beiträge von ihm zu unserem Konzept erwarten. Wir stellen die Aufgaben und er muß die Lösungen in seiner Systemumgebung aufzeigen.

Das kann gelegentlich zu kostenpflichtigen Expertisen führen, die aber wertvoller sein werden als pauschale Aussagen, wie etwa: Das wird schon gehen! Und ein Partner, der nichts verschenkt, sondern für gute Leistung bezahlt werden will, ist allemal besser als ein Anbieter, dessen Rat im weitesten Sinne nichts wert ist.

Manch ein Anbieter, der nur auf die schnelle Mark aus ist, wird sich auch von selbst verabschieden, wenn er zunächst bezahlte oder unbezahlte Vorleistungen vor dem eigentlichen Auftrag bringen muß.

Mit den Mengengerüsten muß der Softwarelieferant den Plattenspeicherbedarf für unsere Daten und seine Programmbibliothek inklusive Betriebssystem sowie den Rechnerbedarf für seine Programme bestimmen / berechnen. Mit diesem Bedarf kann der Hardwarelieferant sein Angebot kalkulieren. Beide Lieferanten benötigen ferner die Angaben über zeitkritische Abläufe, deren Erfüllung ggf. ebenfalls die Hardwareauswahl beeinflußt. Vermerken sie Sicherheitsmargen, z.B.: *„jährlicher Zuwachs von ca. xyz Rechnungen geplant"*, ebenso welche Erstausbaustufe Sie vorsehen, z.B.: *„Speichervolumen für die Geschäftsvorfälle von zwei Jahren."*

Die Angebote sind noch freibleibend, wir benötigen zum einen den funktionalen Lieferumfang, zum anderen den Kostenumfang für unseren Budgetantrag.

Sonderkonditionen werden meist erst ausgehandelt, wenn wir das exakte Liefervolumen festgelegt haben. Überlassen Sie Ihrem Einkäufer dieses Erfolgserlebnis, indem Sie ihn entsprechend auf diese Möglichkeit mit den notwendigen Informationen vorbereiten.

Referenzbesuche

Die Referenzbesuche sind ein sehr probates Mittel, um an Informationen zu kommen, die formal nur schwer zu erhalten sind, aber von entscheidender Bedeutung sein können. Je nach der Größenordnung des Projekts sollten Referenzbesuche ins Auge gefaßt werden.

Zumindest sollten Anbieter die Möglichkeit aufzeigen müssen; ob man diese Referenzen mittels einer Dienstreise oder nur mit einem Telefongespräch in Anspruch nimmt, hängt von der Situation ab. Die Aufwendungen für solche Referenzbesuche müssen in normaler Relation bleiben zum Budget dieser Projektphase.

Warum aus falscher Scham lieber irren als lernen?

Auf die Erfahrungen eines anderen Anwenders zu verzichten, ist möglicherweise teurer Luxus. Gut vorbereitet mit einem Fragenkatalog und striktem Tagesplan kann dies ein sehr wichtiger Punkt in der Evaluationsphase sein. Aber auch ein Telefongespräch kann schon Hinweise bringen, wobei man sich darüber im klaren sein muß, das viele Leute am Telefon nur vage Auskünfte erteilen. Oft muß man auf Zwischentöne und Halbsätze achten, die „eigentlich", „ja, aber" oder „hätten, wollten, sollten, geplant" und ähnliche Verlegenheitsfloskeln enthalten.

Schnittstellen zu Geschäftspartnern

Viele Firmen sind in Branchen tätig, in denen es bereits üblich ist, Bestellungen, Lieferscheine, Rechnungen, etc. per Datenträger oder Datenfernübertragung auszutauschen. Dazu gehört auch der Zahlungs- und Einzugsverkehr bei den Bankinstituten.

Es gibt zwar weltweit Normungsbestrebungen, viele beginnen mit EDI (electronic data interchange, Beispiel: EDIFACT für Faktura), aber die Erfahrung zeigt, daß es auch Branchenlösungen gibt, und innerhalb der Branchen Vorschriften von beherrschenden Branchenführern, sozusagen deren Dialekte. Es sind also die Geschäftspartner, Branchen und Normen, sowie die Ausführungsbestimmungen festzuhalten.

In diesen Bereich gehört auch der Datenaustausch mit Steuerberatern oder DATEV sowie den Versicherungsträgern.

Im allgemeinen kann man mit den genormten Strukturen ganz gut auskommen, Vorsicht ist jedoch geboten bei internationalen Geschäftsvorfällen, dort gelten insbesondere auch im elektronischen Zahlungsverkehr länderspezifische Regelungen, die nicht bei allen Software Anbietern umfänglich bekannt sind. Wer beherrscht schon alle Vorschriften der EG mit den nationalen Ausführungsbestimmungen?

7.3.3   Das Projektberichtswesen: nun mit Formularen

Die Aktivitätenlisten

Aus dem Projektablaufplan ergibt sich pro Mitarbeiter eine nach Terminen geordnete Aktivitätenliste. Diese Liste, zusammen mit den Projektteilbeschreibungen bilden den Arbeitsauftrag pro Berichtsperiode. Die Mitarbeiter werden also die obigen Aufgabenstellungen zum Design des neuen Systems in der vorgesehenen Reihenfolge ausführen.

Der Arbeitsfortschritt

Der Arbeitsfortschritt dokumentiert sich durch das Anwachsen des Projekthandbuchs, in dem alle Ergebnisse gesammelt werden. Es ist in der Verantwortung der Mitarbeiter, daß keine Dokumente mit offenen Fragen dort abgelegt werden, sondern daß alle Fragen mit den Fachbereichen und möglichen Lieferanten einvernehmlich und endgültig geklärt werden.

> **Man muß nie mehr wollen, als man kann,**
> **aber was man kann, muß man ganz wollen.**

Auch die vielleicht konfliktträchtigeren fachbereichsübergreifenden Themen sind abschließend zu bearbeiten.

Fortschrittsmeldungen

Mit dem Formular Projektfortschrittsmeldung meldet der Mitarbeiter dem Projektleiter die im abgelaufenen Berichtszeitraum erledigten Aktivitäten.

Die erste Aussage ist seine Ansicht zum Status des Projekts. Wir benutzen eine Skala von „1: die Bombe platzt gleich" bis „9: alles OK". Nur wer sich Gedanken um das Projekt als Ganzes macht, stellt sicher, daß sein Beitrag nicht der Zündsatz ist, der „die Bombe zum Platzen bringt". Durch das Ankreuzen an einer Skala tut sich der Mitarbeiter leichter, seine persönliche Einschätzung auszudrücken.

Der Projektleiter tut also gut daran, zu hinterfragen, wenn die Markierungen zu sehr im optimistischen oder pessimistischen Bereich der Skala sind oder gar von Bericht zu Bericht springen.

Jede Aktivität, geplant oder ungeplant wird mit Aufwand und Status gemeldet. Beim Projektgeschäft empfiehlt es sich, die Meßlatte der Arbeitszeit nicht zu fein zu skalieren, eine Stunde sollte die kleinste Meldeeinheit sein.

Mißbrauchen Sie auch nicht diese Meldungen, um sie regelmäßig mit der vorgeschriebenen Wochenarbeitszeit abzugleichen. Dafür müssen andere organisatorische oder disziplinarische Werkzeuge herhalten.

Gleichzeitig mit der wöchentlichen Meldung gibt der Mitarbeiter auch alle mit Datum und Unterschrift fertiggemeldeten Aktivitätsblätter zurück. Diese werden im Projekthandbuch abgelegt. Somit können andere Mitarbeiter erkennen, daß Aktivitäten, von denen sie abhängig sind, betriebs- und testbereit sind.

7.4   Projektphasenabschluß: Hauptkonzept und Alternativen

7.4.1   Die Prüfliste der Projektphase: Projektpläne

Unsere Prüfliste verlangt folgende Unterlagen von uns, um diese Phase beenden zu können:

- Ergebnis   Projektteam, Projektplan, Budget pro Phase
- Freigabe   Phase 3:

    Definition, Detailstudie, Entwurf, Systementwurf

Diese Informationen bereiten wir für den Abschluß dieser Phase auf.

7.4.2   Der Phasenabschlußbericht: Entwurf des Pflichtenhefts

Der Lösungsansatz

Aus den Ausarbeitungen, insbesondere den Bedarfsmeldungen erarbeiten wir also den optimalen Lösungsansatz für unseren Betrieb. Er wird mit den in der Endauswahl verbliebenen Lieferanten diskutiert und verifiziert.

Dies dürfte ein mehrmaliges Hin und Her ergeben, mit Klärung von Verständnisfragen, Erläuterung von neuen Denk- und Verfahrensmodellen. Für die Ausarbeitung benutzen wir den Gliederungsvorschlag für das Pflichtenheft in der Formularsammlung, das Pflichtenheft ist dann fast fertig, wenn der Lösungsansatz genehmigt wird.

Die Alternativen

Aus den Diskussionen über die Lösungsansätze kann es sich auch ergeben, daß bei unterschiedlichen Lieferanten völlig unterschiedliche Lösungen notwendig werden. Eine Überprüfung, welche Lösung der eigenen, der angestrebten am nächsten kommt, ist die erste Aufgabe.

Aber noch sind wir offen, vielleicht ist die andere, uns noch fremde Lösung insgesamt gesehen vielleicht sogar die bessere?

Sind mehrere gleichrangige Lösungen möglich, so muß es erlaubt sein, diese dem Projektleitungsteam vorab zu präsentieren und eine Entscheidung herbeizuführen. Vermeiden wir zu lange andauernde Schwebezustände, das ist vertane Arbeitszeit, die dann an anderer Stelle fehlt. Eine Gewichtung mit dem Formular Evaluationsmatrix ist hilfreich bei der Entscheidungsfindung.

Das Projektbudget

Das bisher vorläufige Budget wird revidiert, da nun mehr und konkretere Information vorliegt. Wir können besser überblicken, was an Funktionsumfang mit Standard Software gelöst werden kann, in welchen Bereichen vorhandene Software angepaßt werden muß, und für welche Funktionen komplett neue Software erstellt werden muß.

Die Bedarfsrechnung für Hardware liegt ebenfalls vor. Bei mehreren alternativen Lösungsansätzen kann es sinnvoll sein, auch mehrere alternative Budgets auszuarbeiten, insbesondere sind die Vor- und Nachteile der Alternativen auch finanziell oder zumindest gegenüber den ergebnisorientierten Projektzielen zu gewichten.

7.4.3

Das Phasenschlußgespräch: Entscheidung für Konzept

Das Leitungsteam wird wie gehabt eingeladen, es empfiehlt sich, den Lösungsansatz zu skizzieren, die detaillierte Ausarbeitung sollte dann beim Gespräch ausgehändigt und erläutert werden. Inwieweit die Teilnehmer vorab vor dem Gespräch detailliert informiert werden müssen, hängt davon ab, ob dies notwendig ist für den Ablauf des Gesprächs und die Entscheidungslage.

> ## *Aufgetischte Lügen sind weniger gefährlich als vorenthaltene Informationen.*

Damit sollen Sie um Gottes willen nicht zum Lügen ermuntert werden, sondern Sie sollen auf die Tatsache aufmerksam gemacht werden, daß eine Lüge als solche oft erkennbar ist und irgendwann auf ihren Urheber zurückführt oder zurückverfolgt werden kann. Während vorenthaltene Informationen aus Unwissenheit, mit Absicht, wegen unterstellter Kenntnis weggelassen werden, und auf jeden Fall nicht handfest einklagbar sind.

Ein nicht ausreichend informierter Gesprächsteilnehmer wird daher nur unter Vorbehalt einer anstehenden Entscheidung zustimmen wollen. Und genau dieser Schwebezustand des Projekts ist zu vermeiden. Bitte bedenken Sie: wann bekommen Sie diese erlauchte Runde wieder zusammen zur Entscheidungsfindung?

7.4.4	**Die Freigabe der nächsten Phase Detailstudie**

Diese Projektphase: Konzept, Hauptstudie wird mit dem Abschlußbericht an das Projektleitungsteam abgeschlossen und die Freigabe für die nächste Phase wird mit dem Formular Projektfreigabe beantragt. Von nun an haben wir nicht nur die Planung der Kosten für den nächsten Abschnitt darzustellen, sondern müssen ab dieser Phase auch über die bisher aufgelaufenen Kosten und Manntage berichten.

Auch die innerbetriebliche Arbeitszeit, die für das Projekt aufgewendet wurde, wird daher nun gemeldet, gegebenenfalls bewertet zu den vorher ermittelten Tagessätzen.

Der finanzielle und der arbeitsmäßige Fertigstellungsgrad des Projekts werden, hoffentlich in identischer Größenordnung, dargestellt. Wenn diese Angaben stimmen und überzeugen, so wird dem Fortgang des Projekts nichts mehr im Wege stehen.

Definition, Detailstudie

Bisher haben wir uns hauptsächlich mit der Konkretisierung des Projekts, sowie den möglichen Lösungsansätzen mit unterschiedlichen Lieferanten beschäftigt. In dieser jetzt anstehenden Phase ist es das Hauptziel, für ein formales Pflichtenheft die Stoffsammlung zu aufzuarbeiten. Wir werden die möglichen Lieferanten pro Produktgruppe (Software, Hardware, Installation) festlegen. Ein weiteres wesentliches Ergebnis dieser Phase werden die detaillierten Ausarbeitungen des Projektstrukturplans, des Projektablaufplans und des Netzplans sein.

8.1 Die Projektphaseneröffnung: Konzept veröffentlichen

Wieder gehen wir nach unserem Konzept vor, um sicherzustellen, daß alle Unterlagen auch allen Beteiligten gleichermaßen bekannt und geläufig sind.

8.1.1 Die Prüfliste der Projektphase: Konzept und Pläne

Diese Phase:

Definition, Detailstudie, Entwurf, Systementwurf

hat folgende Schwerpunkte:

- Eingabe   Ergebnis Phase 2:

  Konzept, Hauptstudie, Definition, Requirement, Projektteam, Projektplan, Budget pro Phase

- Erarbeiten   Checkliste Lieferanten beurteilen, die Stoffsammlung wird zum Pflichtenheft, SOLL Konzept Formularwesen, Berichtswesen, Mengengerüste, Schnittstellen intern / extern, Projektstrukturplan, Projektablaufplan, Netzplan

- Ergebnis   Lieferanten für SW, Hardware, Orgware, Installation festlegen, beschlußfähiges Konzept für das Pflichtenheft, Angebotseinholung

- Freigabe   Phase 4:

  Design Sollkonzept, Komponentenentwurf

8.1.2 Das Projektphaseneröffnungsgespräch mit Anwendern

Die Ergebnisse der Hauptstudie werden nun umfassend präsentiert. Die Prüflisten für Software Qualität, für die Lieferanten der Hard- und Software werden mit den Erkenntnissen vorgestellt und eine Entscheidung für einen Lieferanten und damit für eine Lösungsalternative wird endgültig gefällt.

Hier ist es empfehlenswert, die Dokumentation als Tischvorlage vorzubereiten, die jeder Teilnehmer mitnehmen kann. Seien Sie darauf vorbereitet, daß man die Beurteilungs- und Gewichtungsfaktoren noch einmal in Frage stellt, haben Sie daher Ihre Argumente parat, warum der eine oder andere Faktor so wichtig ist für Ihr Unternehmen.

Das Volumen des vermittelten Wissens ist ab diesem Zeitpunkt in den meisten Fällen zu groß, als daß man es der Aufnahme- und Merkfähigkeit des einzelnen Mitglieds des Projektleitungsteams überlassen kann, ob er alle Details behält. Die Konferenzform ist wieder die schon erwähnte Informationsveranstaltung.

8.2 Die Projektdokumentation im Projekthandbuch

Die zuvor beschriebenen Unterlagen basieren natürlich auf der detaillierten Dokumentation im Projekthandbuch und werden ebenfalls dort gesammelt.

8.2.1 Die Projektziele sind nun eindeutig

Sollten sich bei der Hauptstudie neue Erkenntnisse ergeben haben, so sind die Ziele zu überarbeiten. Auch mag es angebracht sein, die Projektziele nochmals mit den Unternehmenszielen abzugleichen. Noch ist es kein zu großes Problem, bei veränderten Unternehmenszielen das Projekt neu daraufhin auszurichten. Nicht erreichbare ursprüngliche Ziele werden einvernehmlich fallengelassen.

8.2.2 Die Projektinhalte werden fixiert

Projektbeschreibung / Projektstammblatt

Die Projektdokumentation wird überprüft, ob alle Rahmenbedingungen vollständig enthalten sind und sie wird entsprechend ergänzt um die Funktionen, welche die ausgewählte Software zusätzlich hat, aber auch gekürzt um die Funktionen, auf die wir verzichtet haben.

Besonders detailliert, am besten mit dem Formularsatz Programmiervorgaben, werden die noch zu erstellenden Erweiterungen festgelegt (Individualprogramme).

Die Beschreibungen der Teilprojekte

Gemäß unserem Projektstrukturplan werden nun die Teilprojekte gegliedert und der Aufgabenumfang wird festgehalten. Wobei nicht vergessen werden darf, unsere sieben mal W:

WAS, WER, WIE, WOMIT, WO, WANN, WARUM

aus der Delegationsregel sind auch hier der Rahmen, in dem Aufträge erteilt werden.

Daraus abgeleitet werden dann die Aktivitätenblätter für die Ressourcen erstellt.

Das Datensicherungskonzept

Spätestens in dieser Designphase muß auch über das Datensicherungskonzept umfassend gesprochen werden.

Es ist heutzutage keine Seltenheit, daß selbst mittelständische Datenbestände weit über den Speicherbedarf von 200 bis 300 MB hinausgehen, daher ist der Arbeitsaufwand für die tägliche Datensicherung zu bestimmen.

Dafür ist, neben den organisatorischen Maßnahmen die Übertragungsrate der vorgesehenen Datensicherungsgeräte festzustellen. Vorsicht ist geboten, denn das Datenblatt nennt zwar eine technische Übertragungskapazität von je nach Preislage zwischen nominell ca. 2 MB und ca. 20 MB pro Minute (Stand 1993), doch die tatsächliche Nettoübertragungskapazität hängt zu einem bedeutenden Maße auch von dem Betriebssystem, der Datenbanksoftware und der Datenbankstruktur, sowie dem Datensicherungskonzept ab.

Ein Test mit einem beispielhaften Datenbestand (mindestens ein Jahresvolumen) und mit der Stoppuhr in der Hand gibt uns mehr Gewißheit als alle Berechnungen und Beteuerungen.

Hinzukommen weitere Nebentätigkeiten, die bei der Datensicherung anfallen:

- Sicherstellen, daß und warten bis keine Anwender mehr im System arbeiten, sonst ist die Datensicherung nicht vollständig bis wertlos (je nach Verfahren).

- Datensicherungslogbuch führen und Ablage des Datenträgers im Archivraum.

- Datenträgermedium wechseln bei großem Platzbedarf.

- Je nach Tageszeit Systeme herunterfahren und ausschalten, bzw. die Systeme in Betrieb nehmen.

Daher kann es ohne Weiteres zu einem Zeitaufwand von 30 und mehr Minuten pro Datensicherungsvorgang kommen. In Relation zu einem achtstündigen Arbeitstag ist das doch viel und zwingt viele Unternehmen, die Datensicherung vor Dienstbeginn, nach Dienstschluß, oder gar in der Mittagspause oder bei großer Nachlässigkeit auch mal gar nicht durchzuführen.

> ***Es gibt drei Wege, klug zu handeln:***
> ***durch Nachdenken, das ist der edelste***
> ***durch Nachahmen, das ist der leichteste***
> ***durch Erfahrung, das ist der bitterste***

Die bei der Datensicherung am häufigsten verwendeten Konzepte sind die folgenden Verfahren:

Vollsicherung

Der Vorteil im Falle des Falles ist, daß man den Datenträger einspielt (kopiert) und man hat den Programm- und Datenbestand wie am Tage x, zur Stunde y gesichert. Foolproof wie die Amerikaner sagen. Der Nachteil ist offensichtlich der, daß bei jeder Sicherung alle unveränderten Programmbibliotheken und auch die seit der letzten Sicherung unveränderten Daten, und das ist in der Regel der überwiegende Teil, unnötigerweise wieder mitgesichert werden und daher die Laufzeiten verlängern.

Die Synchronisation mit angeschlossenen Systemen, wie zum Beispiel einem Betriebsdaten Erfassungssystem (BDE) ist gelinde gesagt nicht einfach.

Teilsicherung

Programmbibliothek und Datenbereiche werden separat gesichert. Die Bibliothek nur, wenn Programme verändert oder hinzugekommen sind, Datenbereiche werden im üblichen Rhythmus wie zuvor gesichert, das spart schon täglich Laufzeiten, aber erfordert die Sorgfalt, bei jeder Änderung der Bibliothek eine gesonderte Sicherung zu fahren.

Im Fall von Standardsoftware ist dieses Verfahren auf jeden Fall als Minimalverfahren anzuraten, denn Programmänderungen kommen nicht so häufig vor, wie etwa bei selbstgewarteter Software.

Inkrementalsicherung

Moderne Datenbanken lassen ein Sicherungskonzept zu, daß neben der z.B. wöchentlichen Vollsicherung von Daten und Programmen bei der täglichen Sicherung nur die Datenbestände gesichert werden, die seit der letzten Sicherung verändert wurden. Damit reduziert sich die Laufzeit der täglichen Datensicherung auf oft wenige Bruchteile des Zeitaufwands der Vollsicherung mit entsprechend weniger Bedarf an Datenträgern.

Der Nachteil ist die notwendige Sorgfalt und die Logbuchführung, damit im Falle einer Rückspeicherung die Daten in der richtigen Reihenfolge eingespielt werden. Not foolproof würden unsere Amerikaner sagen. Aber es gibt auch schon Datensicherungssysteme, die diese Logbuchfunktion automatisch durchführen und die Datenträger in der Reihenfolge kennzeichnen (z.B. mit Datum, Uhrzeit und fortlaufender Nummer markieren) und beim Zurückspielen die richtige Reihenfolge prüfen und sicherstellen.

Solche Systeme erhalten ein großes Plus in unserer Qualitätsevaluation. Der Aufpreis hierfür muß mit dem täglich eingesparten Datensicherungsaufwand relativiert werden und auf die Laufzeit des Anwendungssystems hochgerechnet gewichtet werden.

Das Nonplusultra sind Systeme, die auch im laufenden Betrieb zu sichern vermögen, dabei werden Datenblöcke, die bereits auf dem Sicherungsdatenträger gespeichert sind und durch laufenden Anwendungen nachträglich verändert werden, nochmals gesichert, so daß beim Abschluß der Sicherung der Datenbestand in sich inhaltlich integer ist.

Der große Vorteil ist die ununterbrochene Verfügbarkeit des Anwendungssystems für den Benutzer am Bildschirm, während die Datensicherung quasi im Hintergrund abläuft.

Spiegelung

Nicht verschweigen wollen wir die Möglichkeit, durch Betriebssystemfunktionen und zusätzliche Hardware die Datenbestände permanent zu spiegeln, daß heißt bei Ausfall eines Plattenspeichers greift das System auf den gespiegelten Datenbestand zu, nachdem es sich fortlaufend kontrolliert und eine Störung festgestellt hat.

Je nach Bedeutung der Anwendung ist dieser einmalige Investitionsaufwand schon gerechtfertigt, eine Echtzeitverarbeitung rund um die Uhr kann man sich ohne diese Möglichkeit kaum vorstellen.

Aber auch die technisch simple Lösung der Vollsicherung ist nicht gerade billig. Der tägliche Nutzungsausfall von bis zu zehn Prozent und mehr der Betriebszeit multipliziert mit rund 200 und mehr Arbeitstagen pro Jahr stellt auch einen Wert dar. Selbst wenn man außerhalb der Geschäftszeiten sichert, hat man zusätzliche Personalkosten für die Mehrarbeit.

Das Datensicherungskonzept ist integraler Bestandteil eines Systems und muß unter Berücksichtigung des betrieblichen Bedarfs spätestens in der folgenden Designphase des Sollkonzepts endgültig festgelegt werden. Hierbei gelten nicht nur die Bedarfe der EDV-Abteilung als Kriterien, sondern die Verfügbarkeit des Systems für die Fachbereiche, der Sicherheitsbedarf des Unternehmens, vielleicht auch des Wirtschaftsprüfers und gegebenenfalls einer (Betriebsausfalls-) Versicherungsgesellschaft haben mindestens gleichrangige Bedeutung.

**Wer am Morgen
das richtige Prinzip erkannt hat,
der kann am Abend ruhig schlafen.**

Arbeiten Sie die beiden Prüflisten zur Datensicherheit und zum Datenschutz in der Formularsammlung sorgfältig durch. Wenn Sie alle diese Punkte geregelt haben, sind Sie sicherer, daß Sie einige unangenehmen Überraschungen abgeblockt haben.

8.2.3   Die Planung koordiniert die Aktivtäten

Die Entwicklung planen

Wir unterscheiden zwischen den internen und den externen Aktivitäten. Beide Arten von Aktivitäten werden in die Projektpläne (Struktur- / Ablaufplan) eingearbeitet, um sicherzustellen, daß alle Beteiligten gleichermaßen ausgelastet sind und die angestrebten Termine erreichbar sind. Es ist immer wieder eine Fleißaufgabe, die Termine zu fixieren, ohne unnötigen Zeitdruck auf den einzelnen Mitarbeiter auszuüben. Die Koordination der einzelnen Aktivitäten ist die wichtigste Aufgabe des Projektverantwortlichen, denn zeitliche Verschiebungen einer einzelnen Aktivität auch nur um wenige Tage können abhängige Aktivitäten schnell um Wochen verzögern.

8.2.3   Die Projektkosten: Budget und Kostenrechnung

Das Projektbudget

Da im Laufe dieser Projektphase die Lieferanten ausgesucht werden und die Leistungsanforderungen an das System festgeschrieben werden, wird das Budget für die noch folgenden Phasen überarbeitet und nun endgültig fixiert und genehmigt. Auch beim Budget werden die einzelnen Ausgabepositionen mit Fälligkeitsterminen dargestellt.

Die Kosten der laufenden Phase

Die Ausgaben, wie auch die verbrauchten Arbeitstage werden dokumentiert und mit den Budgetansätzen verglichen. Daraus läßt sich der finanzielle Realisierungsgrad errechnen und mit dem arbeitsmäßigen Fertigstellungsgrad abgleichen.

8.3   Projektfortschritte: das Sollkonzept im Detail

8.3.1   Die internen Aktivitäten: viele Detailfragen

Die Datenstrukturen

Die Datenstrukturen werden jetzt endgültig festgeschrieben. In Anbetracht der europäischen Vereinigung und der damit immer häufiger anfallenden internationalen Aktivitäten, die in jedem Betrieb vorkommen werden, favorisieren wir wohl Standard Software. Wir prüfen die Mehrsprachigkeit auf jeden Fall bei der Warenwirtschaft und bei allem, was den Schriftverkehr mit Kunden im weitesten Sinne betrifft, bis hin zur Rechnungsschreibung und zum Mahnwesen. Sind umfangreiche Angebotstexte üblich, so ist insbesondere die Textverarbeitung der Auftragsmodule zu prüfen auf leichte Handhabung der fremdsprachlichen Schriftzeichen und Akzente.

Auch die Konzepte zur Bearbeitung von Fremdwährungen sind zu prüfen und die Durchgängigkeit der benutzten Faktoren durch alle Stadien eines Auftrags bis hin zum Zahlungseingang ist sicherzustellen. Denken wir auch an ausreichende Feldlängen für fremdsprachliche Texte und Währungsangaben, insbesondere wiederum beim Waren- und damit auch Schriftverkehr mit dem Ausland.

Manche Softwarepakete sind hier vom Design her sehr starr, andere variabel, oft aber mit Maximallängen, die vielleicht in

Deutschland branchenüblich sein mögen, aber nicht notwendigerweise unseren französischen Kunden zufriedenstellen.

In diesem Zusammenhang überprüfen wir auch die Möglichkeiten, wie die internationalen Zeichensätze am Bildschirm, in der Datenbank, von den Programmen, dem Betriebssystem und auf dem Drucker durchgängig unterstützt werden. Das ist leider noch nicht immer selbstverständlich, und Überraschungen treten dann bei der ersten Auslandslieferung auf, wenn nichts mehr angepaßt werden kann und der Spediteur bereits auf dem Hof steht.

> ### Der Mann, der den Berg abtrug,
> ### war derselbe, der anfing,
> ### kleine Steine wegzutragen.

Neben diesen eher allgemeinen Aspekten prüfen wir nun Vorgang für Vorgang, ob er mit der ausgewählten Software abgewickelt werden kann.

Jetzt sind wir dankbar für die Mustersammlung der Formulare und Vorgänge aus der vorherigen Phase der Hauptstudie. Wir bereiten die dort gesammelten Vorgänge vor als Beispiele, die dann bei der späteren Abnahme des Systems durchgeführt werden sollen.

Es ist unser primäres Interesse, daß alle Informationen erfaßt, gespeichert und wieder angezeigt werden können, die wir für die Bearbeitung eines Vorgangs benötigen. Ein sekundäres Interesse besteht insoweit, wie die Information in der Datenbank strukturiert ist, daraus schließen wir auf Bedienerfreundlichkeit und Performancewerte im Dialog wie auch in der Stapelverarbeitung.

Im Zeitalter von relationalen Datenbanken und Objektverarbeitung tut sich der Fachlaie bei der Beurteilung hierbei jedoch schwer.

Bessere, das heißt für den konkreten Fall aussagefähigere Werte erhalten wir mit den guten alten Methoden der Arbeitsvorbereiter, bei denen wir einen Vorgang mit der Stoppuhr begleiten, denn das interessiert uns als Anwender. Wie schnell ist die Antwort auf dem Bildschirm oder Drucker, nachdem der Arbeitsvorgang eingeleitet wurde.

Und dieses Antwortzeitverhalten testen wir auch unter der Voraussetzung, daß das Datenvolumen einer längeren Periode bearbeitet werden muß und mehrere Anwender gleichzeitig aktiv sind. Starten Sie ruhig mehrere langlaufende Auswertungen gleichzeitig und machen Sie dann den Test mit dem Antwortzeitverhalten am Bildschirm mehrmals.

Manche Systeme tun sich sehr schwer, ein Gleichgewicht im Antwortverhalten im Dialog und in der Stapelverarbeitung zu erzielen.

Auch die Archivierung ist zu überprüfen, ob Vorjahreswerte eventuell verdichtet werden und nach wessen und welchen Regeln. Vergessen Sich nicht die entscheidende Frage: wie groß ist der Zeitraum, der im Zugriff (detailliert und verdichtet) bleibt? Dies ist nicht nur eine Funktion des gekauften Plattenspeichers, wie so oft vereinfachend gesagt wird, sondern auch des Bearbeitungskonzepts der Software.

Das Formularwesen SOLL-Konzept

Auf Grund unserer Vorgangs-Mustersammlung stellen wir die Verbesserungsvorschläge (aus der Prüfliste Formulardesign) zu jedem Beleg zusammen und klären diese auf Integrität der Daten und Verfahrensabläufe.

Es ist zu beachten, daß die bei den Datenstrukturen festgelegten Feldlängen auch auf dem Papier Platz finden, bei Berechnungen (z.B. Menge mal Preis) sind entsprechend größere Felder für die Ergebnisse inklusive den notwendigen Vorzeichen und gegebenenfalls Währungskennzeichen vorzusehen.

Vergessen wir auch nicht unsere fremdsprachlichen Ausfertigungen, insbesondere prüfen wir die Preis- / Wertspalten, in denen Beträge in Fremdwährungen saldiert werden. Da gibt es öfters Überraschungen, da die Fremdwährungen bis auf wenige Ausnahmen mehr Ziffernpositionen als bei der harten DM benötigen. Daher immer ein Beispiel mit Testwerten in maximal möglicher Größenordnung aller Zahlenwerte mit aufführen.

Ein weiteres häufig vernachlässigtes Problem ist die Preisbildung bei der Umrechnung von Verpackungs- / Handelseinheiten und die Gestaltung und Bearbeitung von Umrechnungsfaktoren.

Ganz allgemein gilt es, die Integrität von Rechenvorgängen zu prüfen. Beachten Sie die Tatsache, daß einmal gerundete Rechenwerte in den meisten Fällen nicht mehr in ihre Ausgangswerte zurückgeführt werden können.

Ein Beispiel soll das erläutern: Sie kaufen sechs Stück einer Ware zum Gesamtpreis von DM 100,--. Das Computerprogramm errechnet einen Stückpreis von DM 16,666666.... Dieser Wert wird kaufmännisch gerundet auf volle Pfennige: DM 16,67, soweit so gut. Am Ende des Monats erstellen Sie eine Warenzugangsliste und dort wird gerechnet: sechs Teile á DM 16,67 ergibt einen Warenzugangswert von DM 100,02.

Man muß Zukunft im Sinn haben und Vergangenheit in den Akten.

Entscheidend ist also, welche Werte gespeichert werden, bzw. mit wieviel Dezimalstellen intern gerechnet wird. Hätte das Computerprogramm beispielsweise den Preis mit vier Dezimalstellen (DM 16,6667) gespeichert, so wäre als Zugangswert DM 100,0002, gerundet also DM 100,00 errechnet worden.

Konstruieren Sie ruhig einige solcher Testbeispiele, das macht zum jetzigen Zeitpunkt mehr Spaß, als nach einem Jahr mit dem Buchhalter vergeblich nach den zwei Pfennigen Differenz zu suchen.

Sonderfälle, wie Berechnung der Umlage auf einzelne Rechnungspositionen von Frachtkosten, Metallzuschlägen, Transportversicherung, Rabattstaffeln, Boni, Provisionen, Mehrarbeitsregelungen, etc. dürfen nicht vergessen werden. Auch die Rückrechnung der Mehrwertsteuer kann zu solchen im Ergebnis fehlerhaften Werten führen.

Grundsätzlich prüfen wir zuerst die Notwendigkeit, ob die bisherige oder auch die geforderte Anzahl Kopien der Belege erforderlich ist und suchen dann das entsprechende Medium aus.

Trennsätze oder Mehrfachdruck, dies ist eine Entscheidung, für die mehr als nur die EDV-Technik die Grundlage sein muß. Die zu den Geschäftspartnern gehenden Belege sind eine Visitenkarte des Betriebs. Layout und Papierqualität(en), Farbgestaltung innerhalb eines Corporate Idendity Konzepts, wie auch eines Organisationskonzepts spielen ebenso eine Rolle, wie die vorhandene / vorgesehene Drucker Hardware.

Aber auch die Handhabung / Nachbearbeitung der Druckausgabe, insbesondere bei umfangreichen Vorgängen pro Tag oder in Spitzenzeiten spielen eine Rolle.

Wenn beispielsweise ein ganzer Arbeitstag der Auftragserfassung in 200 Rechnungen resultiert, die zum Dienstschluß erst gedruckt werden können und aber aus Zahlungstermingründen am selben Tag versandt werden müssen, so ist Nachbearbeitung für das Trennen / das Kuvertieren / die Frankatur notwendig. Das schönste EDV-Projekt kann zur jämmerlichen Ruine werden, wenn dieser betriebliche Bedarf nicht erkannt und nicht ausreichend erfüllt wird.

Viele interne Belege wurden bisher nur deshalb in Mehrfachkopien erstellt und verteilt, weil man keinen direkten Zugriff zur Information hatte. Mit einem integrierten EDV-System kann mancher Beleg, bzw. die X-te Kopie davon entfallen.

Die Notwendigkeit ist der beste Ratgeber.

Es empfiehlt sich in allen Fällen, mit der gewählten Papierqualität einen Probedruck in der vorgesehenen Hardware durchzuführen, ob auch der fünfte Durchschlag noch als Dokument angesehen werden kann. Diese Prüfung gilt es auch für Nachbearbeitungsmaschinen, wie Sortier- / Trenn- / Kuvertier- und Frankiergeräte und andere Maschinen und gegebenenfalls für die Ablagesysteme durchzuführen.

Dokumente, die durch die Werkstatt laufen, müssen meist etwas fester und widerstandsfähiger sein, damit ist wiederum schnell ein einfacher Drucker an seiner Leistungsgrenze, sei es bei der Durchschrift, aber auch an der Vorrichtung zum Papiertransport können Störungen auftreten.

Bei Endlospapier kann auch die Abreißqualität eine Rolle spielen. Wenn der betriebliche Ablauf es erfordert, jeden Beleg sofort aus dem Drucker zu entnehmen, muß dieses Gerät und das Papier ebenfalls diese Funktion unterstützen, ohne daß jedesmal zwei Leerbelege als Vorschub vergeudet werden. Bedingt durch konstruktive Merkmale, kann nicht jeder Druckertyp diese Aufgabe erfüllen.

Bei Standard Software empfiehlt es sich, zunächst jeden Standardbeleg so zu drucken wie er vom Hersteller vorgesehen ist und mit dem eigenen Sollkonzept zu vergleichen. Denken wir daran, jede Änderung kostet Geld und verzögert das Projekt. Aber oft kommt man nicht umhin, Felder aus dem Standard herauszustreichen und eigene Datendefinitionen oder Informationsblöcke einzufügen. Andererseits, die Standardlösung mag manchmal sogar besser sein, als unser erarbeitetes Konzept, nur waren wir zu sehr auf unseren Kenntnisstand fixiert.

Steht die Software zur Verfügung, so werden alle Musterbeispiele von der vorherigen IST-Aufnahme erfaßt, gedruckt und dem zuständigen Sachbearbeiter zu Begutachtung vorgelegt.

Werden Formulardruckaufträge notwendig, so empfiehlt es sich schon, eine Unterschrift zu verlangen, denn gedruckte Formulare sind teuer, bei fehlerhaftem Drucklayout wird sogar manchmal eine wenn auch teure Softwareanpassung in Erwägung gezogen, um nicht Formulare einstampfen zu müssen. Und nur beim Zwang zur Unterschrift werden die Druckbeispiele sorgfältiger geprüft, wie die Erfahrung immer wieder zeigt.

> ### *Die schlimmsten Fehler macht man in der Absicht, einen Fehler gutzumachen.*

Haben wir einmal einen Druckauftrag fixiert, so müssen wir dafür sorgen, daß auch der ausgewählte Software Hersteller nicht mehr seine Druckprogramme ändert.

Das Berichtswesen SOLL-Konzept

Die Berichte, die inhaltlich unserer kritischen Prüfung Stand gehalten haben, werden nun auch als Drucklayout festgelegt. Legen wir doch etwas Wert auf saubere Präsentation, dazu gehören Listbilder, die auch in unsere vorhandenen Ablagesysteme, und das ohne zusätzliche Schneid- und Falzvorgänge, passen.

Grundsätzlich kann der Benutzer Berichte mit Abfrageparametern, wie z.B. „von - bis" Kunde, Artikel, Datum, etc. abrufen und zwar ohne, daß er Programmierer sein muß. Wenn er dann noch die Sortierfolge und die Gruppenwechsel zur Summenbildung selbst bestimmen kann, dann haben wir ihm ein prächtiges Werkzeug in die Hand gegeben.

Aus Gründen der Integrität müssen diese Auswahl- und Sortierparameter im gedruckten Bericht natürlich protokolliert werden, um Mißverständnissen seitens eines Lesers vorzubeugen.

Generell sollten gute Berichtsprogramme folgende Struktur des Berichts erbringen: Deck- oder Titelblatt mit den Parametern, dann auf jeder Seite die Firmen(kurz)bezeichnung, den aussagefähigen Titel der Liste, Seitenzahl, Druckdatum, Berichtszeitraum und weitere signifikante Parameter, die zum Aussagewert des Berichts gehören. Die Spaltentitel sollen bei Text links, bei Zahlenangaben rechts in der Spalte ausgerichtet sein.

Die Zwischensummenzeilen sollen möglichst so gedruckt werden, daß sie auch einen erläuternden Text zu der jeweiligen Wertangabe enthalten: „Summe pro Artikel Nr. xyz" sagt viel, „ZwiSu" sagt nichts aus!

Bei manchen Berichten kann es sinnvoll sein, die Zwischensummen nicht nur im Berichtsverlauf zu drucken, sondern nochmals am Ende des Berichts als Tabelle, die dann als Kontrollinstrument für Führungskräfte weit aussagefähiger ist. Denken Sie an das Führungskonzept: Management by Exceptions.

> ***Wer sich zuviel mit kleinen Dingen beschäftigt,***
> ***ist schließlich nicht mehr in der Lage,***
> ***größere zu tun.***

Auch bei Berichten prüfen wir, ob die Spalten ausreichend breit sind, um die saldierten Werte aufnehmen zu können. Ein kleiner Tip aus der Trickkiste: wenn die Spalten nur wegen der Summenzeilen zu breit werden, kann es hilfreich sein, die Spalten trotzdem nur für den normalen Bedarf auszulegen und die breiteren Summenfelder in einer Doppelzeile versetzt zu drucken. In der Summenzeile 1 also die ungeraden Spalten (1,3,5,7,..), in der Zeile 2 die geraden Spalten (2,4,6,8,...). Natürlich ausgerichtet nach den Spaltenüberschriften.

Schnittstellen zu EDV-Anwendungen

Wir haben bei allen Datenaustauschvorgängen festgelegt, welches System das *„führende"* System ist, das heißt, wo die Stammdaten gepflegt werden. Die Verfahrensweisen für den Stammdatenaustausch für die späteren Plausibilitätsprüfungen sind fixiert, ebenso die Art und Weise inklusive Zeitpunkt (spontan, stündlich, täglich, manuell oder automatisch angestoßen) des Stammdatenabgleichs und vor allem die Verantwortlichkeiten bei trotz aller Sorgfalt nicht synchronisierten Datenbeständen. Mehrere alternative Beispieldateien werden erstellt und getestet. Auch das jeweilige Notfallverfahren wird auf seine praktische Anwendung überprüft.

Schnittstellen zu innerbetrieblichen Meßgeräten

Die Hersteller unserer Meßgeräte haben uns schriftlich mitgeteilt, wie die zu übertragenden Daten strukturiert sind (die vorgangsbezogenen Informationsblöcke werden oft als Datentelegramme bezeichnet). Ebenso wichtig ist jedoch die Aussage, wer die Datenübermittlung veranlaßt, das Meßgerät (bzw. sein Bediener) oder die DV-Anlage. Darüber hinaus sind sogenannte Handshake-Verfahren festzulegen, um sicherzustellen, daß die Datentelegramme vollständig übermittelt werden, bei Störung der Übertragung nochmals abgerufen werden können und nach erfolgreicher Übertragung als übernommen markiert werden.

Nicht vergessen werden darf die Notfallsituation, wenn eine der beiden Komponenten: Meßgerät oder Computer außer Betrieb geht und die andere Anlage weiterarbeiten muß. Dabei ist auch das Wiederanlaufverfahren mit Datenpufferung festzulegen, wobei dies aus folgenden Gründen besonders gut zu dokumentieren ist:

- Diese Situation tritt hoffentlich nicht sehr häufig auf, daher ist das seltene Wiederanlaufverfahren nicht allen Mitarbeitern geläufig

- In so einer Situation ist sowieso alles in Hektik wegen der meistens auch betrieblich bedeutenden Störung.

Das Pflichtenheft erstellen

Das Pflichtenheft, im Sprachgebrauch bei der Auftragsvergabe oft auch Leistungsbeschreibung genannt, faßt die ursprüngliche Vision des Projekts in konkrete Aufgabenstellungen. Es ist die Angebotsgrundlage für die Lieferanten, welche aufzeigen müssen, wie und in welchem Perfektionsgrad ihr Produkt, inklusive ihrer Dienstleistung diese Aufgaben lösen wird. Und last not least, es ist die Kalkulationsgrundlage für das Angebot.

Oft wird das Pflichtenheft als Fragebogen gestaltet, mit der Möglichkeit zu den einzelnen Funktionen eine Antwort in Form eines Kreuzchens zu geben: vorhanden, individuell programmieren, nicht möglich. Diese Form ist gefährlich, viel Anbieter werden „vorhanden" ankreuzen, selbst wenn diese Funktion nur andeutungsweise, z.B. als Minimalauswertung im System integriert ist, und die eigentliche, für unseren Betrieb notwendige Form individuell programmiert werden muß.

Das ist nicht einmal böse Absicht, sondern die Konsequenz unseres schon mehrmals angeführten Beispiels mit der „Zugspitze".

Alle Menschen verstehen unter einem Begriff immer nur das, was ihnen gerade geläufig ist und daher auf das Stichwort hin in den Sinn kommt.

Wer klare Begriffe hat, kann befehlen.

Damit ein Anbieter ein Pflichtenheft sorgfältig und korrekt bearbeiten kann, muß dieses Dokument auch sorgfältig und korrekt ausgearbeitet sein. Denken wir daran, der Anbieter kennt meist weder unseren Betrieb, noch die betrieblichen Abläufe, noch die Personen oder die Zielsetzungen des Unternehmens.

Das Pflichtenheft wird daher neben der Projektbeschreibung auch zusätzliche Informationen zum Unternehmen und zum Projekt liefern, damit der Anbieter besser beurteilen kann, ob er mit seinem Produkt den geforderten Leistungsumfang liefern kann. Schlußendlich wird das Pflichtenheft Vertragsbestandteil (Anlage zum Auftrag) und ein Vertrag muß nun einmal vollständig, klar verständlich, eben juristisch einwandfrei sein.

Ein typischer Gliederungsvorschlag für ein Pflichtenheft ist in der Formularsammlung aufgezeigt.

Letzte Änderungen

Dies ist der letzte Zeitpunkt, um Änderungen am System einfließen zu lassen, dies halten wir fest auf unserem Projektstammblatt, und nach dem „Freezing Point" akzeptieren wir nur noch Änderungen, die unabdingbar sind, z.B. gesetzliche Auflagen. Alles andere wird zurückgestellt bis zum Ende dieser Phase der Definition, dann werden diese weiteren Wünsche überprüft und deren Kosten / Nutzen festgestellt. Abhängig davon werden diese Ergänzungen noch zugelassen oder auch nicht.

Teilprojektänderungsblatt

Auch Änderungen an Teilprojekten werden entsprechend behandelt und zusammengefaßt betrachtet und bewertet. Im Übrigen gilt dasselbe wie zuvor für die Änderungen ausgeführt wurde.

Standard Software

Die Vorteile von Standard Software liegen auf der Hand, speziell im klassischen betriebswirtschaftlichen Bereich kann kaum ein

Anbieter mehr mit Individualprogrammpaketen das Preis- / Leistungsverhältnis eines bewährten Standardpakets bieten.

Entscheidend ist, daß die gesamte interne Funktion vollständig vorhanden ist, z. B. die korrekte Ausführung einer Buchung auf allen beteiligten Konten.

Andererseits muß die Oberfläche des Systems anpassungsfähig sein, man muß die Möglichkeit haben, Bildschirm- und Druckbildlayouts dem individuellen Bedarf anzupassen. Oft sind die normalen Layouts von Standard Software überladen mit Information. Das ist normal, denn diese Software muß alles für alle denkbaren Kunden können. Wir wollen aber nur diejenigen Daten sehen und eingeben, mit denen wir arbeiten.

Ein entscheidender Punkt ist also, neben dem Funktionsumfang eines Pakets, die Möglichkeit, Anpassungen an der Oberfläche zu machen, ohne die Software in ihrem eigentlichen Programmcode zu verändern.

Dafür gibt es Lösungsansätze mit unterschiedlichen Namen: Maskengenerator, Reportgenerator, Customizer, Werkzeuge, Tools, etc. Uns interessiert jetzt hauptsächlich die Mächtigkeit dieser Werkzeuge und ihre Handhabung, denn damit treffen wir eine Entscheidung, ob und zu welchen Kosten wir diese Standard Software an unseren Bedarf anpassen und damit optimal einsetzen können. Und ebenso wichtig ist, mit welchem Aufwand diese Software zukünftigen betrieblichen Belangen folgen kann, oder ob sie ganz schnell dem Betrieb verwaltungsmäßige Grenzen auferlegt.

Ein weiteres Kriterium für die Werkzeuge ist die Frage, wieweit sie im Befehlssyntax einer gängigen Normsprache folgen oder ob sie eine völlig freie, eigene Sprache darstellen. Daraus folgern wir nämlich, daß die Programmpflege nicht von jedem EDV-Kundigen, sondern oft nur mit hohem Aufwand durch den ursprünglichen Autor bearbeitet werden kann.

Individuelle Software

Hierunter wollen wir nur Systeme verstehen, die komplett nach Vorgaben programmiert werden. Das ist heutzutage meist ein sehr individueller Bedarf, oder aber ein Unternehmen hat eine so starke EDV-Mannschaft, deren Verdienst es ist, schon seit Jahren ein firmenspezifisches Know-how aufgebaut zu haben, daß nur Eigenprogrammierung oder auch Auftragsprogrammierung machbar ist.

Betrachten wir diesen individuellen Bedarf, so sind dies meist solche Anwendungen, die dem Alleinstellungsanspruch des Unternehmens entsprechen. Es kann sehr wohl begründet sein, hierfür Software individuell zu programmieren, weil es wirklich noch keine Standardlösung gibt oder der betriebliche Ablauf so innovativ ist, daß man das Wissen vorzugsweise für sich behält.

Individualsoftware beschreiben wir Programmteil für Programmteil auf dem Formular Programmiervorgabe, Blatt 1 und Blatt 2. Dieses Formular ist nach dem EVA-Prinzip gegliedert:

* Eingabe

* Verarbeitung

* Ausgabe.

Eine Beschreibung eines Programms in dieser Form ist eindeutig und kann daher auch als Kalkulationsbasis für den Hersteller dienen. Es erlaubt ferner ein Abnahmeverfahren des Programms, das keine Mißdeutungen oder Interpretationen zuläßt. Fehler werden reduziert auf ein Minimum, da die Herkunft der Daten, die Plausibilitätsprüfungen, die Verarbeitung, die Formeln und die Ausgabe der Daten schriftlich fixiert sind. Einige beispielhafte Vorgänge aus unserer Mustersammlung aller Vorgänge erleichtern dem Programmierer das Verständnis und die Organisation seiner Tests.

Durch die Beigabe der Bildschirm- und Drucklayouts werden dem schöpferischen Wirken des Programmierers unsere engen Grenzen gesetzt.

Der Vollständigkeit halber sei erwähnt, daß es nach DIN 66233, 66234 und 66290 Vorschriften zu Gestaltung von Bildschirmarbeitsplätzen, Bildschirmmasken und Dialogen gibt. Für den noch ungeübten Laien können diese Vorschriften eine wertvolle Hilfe bei seiner Entwurfsarbeit darstellen.

Unabhängig von diesen eher formalen Vorschriften sollten Sie bei der Gestaltung aller Bildschirmlayouts neben der klaren und durchgängigen Strukturierung des Informationsinhalts die folgenden ganz simplen Fragen des zukünftigen Anwenders schon jetzt zufriedenstellend beantworten:

* Wo bin ich?

* Was kann ich hier tun?

* Wie kam ich hierher?

* Wohin kann ich weiter?

* Und wie komme ich dorthin?

Diese Fragen dürfen Sie ruhig auch im Zusammenhang mit der Prüfung der Bedienerfreundlichkeit der Standardsoftware stellen.

Die Entscheidung Make or buy

Sind beide Lösungen denkbar, so hilft uns unser Formular Evaluationsmatrix wieder, mit dem wir die Muß- und Kannkriterien auflisten und gewichten. Oft genug wird das Ergebnis eine Standard Software verlangen, mit „einigen" individuellen Erweiterungen. Achten wir hierbei auf die Werkzeuge, mit denen programmiert und erweitert wird, und daß diese Programme in unseren Besitz kommen (Lizenz- und Kostenfragen klären) und von uns gehandhabt, das heißt auch weiterentwickelt werden können.

Bei dieser Betrachtung sollte der globale finanzielle Aspekt nicht außer acht gelassen werden, insbesondere wenn man die Software leasen will.

Entscheiden heißt, verzichten können

8.3.2   **Die externen Aktivitäten: Angebote**

Die Machbarkeitsstudie

Die bisher vorliegende Machbarkeitsstudie wird ergänzt um die Informationen, die besonders im Zusammenhang mit den ausgewählten Lieferanten von Bedeutung sind. Daraus kann auch nochmals ein Referenzbesuch notwendig werden. Diesmal wählen wir möglichst einen Anwender, dessen Aufgabenstellung sehr nahe an unseren Vorstellungen liegt.

Schnittstellen zu Geschäftspartnern

Mit den Geschäftspartnern wird schriftlich fixiert, wie der Datenaustausch erfolgen soll, bei Angabe einer Norm bitte auch die Versionsnummer und das Gültigkeitsdatum der Norm festhalten. Da auch Normen sich ändern, ist es sinnvoll, festzulegen, mit welcher Vorlaufzeit Änderungen an der Norm gemeldet werden müssen, damit man rechtzeitig die Software anpassen kann. Den Zeitraum sollte man so festlegen, daß Programmänderungen (unter Umständen durch den Softwarelieferanten!) sorgfältig erstellt und getestet werden können.

Die Praxis zeigt, daß es sinnvoll ist, schon jetzt in dieser Phase um Beispieldaten zu bitten, am besten auf Datenträger oder zumindest als gedruckte Liste.

Auch die Sicherheitsvorschriften werden jetzt festgelegt, bei Postversand wie auch bei Datenübertragung über Modemstrekken. Wir wollen sicherstellen, daß keine Unberechtigten Zugang zu den Daten erhalten können, in vielen Fällen verlangen die Auflagen des Datenschutzes sorgfältig ausgeklügelte Verfahren.

Dies gilt für die außer Haus gehenden Daten, wie auch der Schutz der eigenen Datenbestände vor Hackern. Das können unter Umständen auch Mitarbeiter unseres Geschäftspartners sein, denen wir zwar Zugriff auf einige, für diesen Partner vorgesehene Daten, aber bestimmt nicht auf alle unsere Datenbestände gestatten wollen. Andererseits sollen auch unsere Mitarbeiter nicht beim Geschäftspartner als Hacker agieren können. Ein leichtfertiger Mitarbeiter kann so sehr schnell eine gute Geschäftsbeziehung stören.

Die Angebotseinholung

Da die bisherigen Angebote mehr den Charakter einer Preisinformation mit Optionen und Alternativen hatten, werden nun mit dem Pflichtenheft und allen Programmiervorgaben die verbindlichen, endgültigen Angebote eingeholt, die dann Vertragsgegenstand werden.

Je nach Firmenstruktur kann es sinnvoll sein, hierzu schon den Einkäufer zumindest zu einzelnen Punkten hinzuzuziehen, um sicher zu sein, daß die juristischen Aspekte ebenso wie die sonstigen Bedingungen, Zahlungsziele, etc. rechtzeitig angesprochen werden und in die Kalkulation der Anbieter einfließen.

Unsere Prüfliste Auftragsvergabe gibt die wichtigsten Hinweise auf Punkte, zu denen der Lieferant Stellung nehmen muß, und die dann Vertragsbestandteil werden.

Diese Angebote sind die Grundlage für unser nun endgültiges Budget, mit dem wir die weitere Projektfreigabe betreiben, deshalb bestehen wir auf einer angemessenen Frist für die Preisbindung, damit wir in Ruhe die Entscheidung im Hause vorbereiten können.

Beachten Sie bei der Festlegung dieser Preisbindungsfrist die gegenläufigen Aspekte beider Seiten:

- Wieviel Vorlaufzeit brauchen die eigenen Entscheidungsgremien? Was sind die eigenen Ecktermine für das Projekt?

- Insbesondere bei Individualsoftware(anpassungen) kann der Lieferant nicht unbegrenzt Personal für dieses Projekt reservieren, sondern muß es mit anderen Aufträgen auslasten. Auch wenn in den Sommermonaten Urlaubszeiten anstehen, kann es zu terminlichen Verschiebungen kommen.

Der Projektleiter setzt den Lieferanten entsprechende Abgabefristen und mahnt diese auch an. Auch in diesem Aufgabenbereich des Projektleiters ist andauernde Kommunikation notwendig. Es ist nicht gesagt, daß ein Anbieter an unserem Projekt arbeitet und auch keine Verständnisfragen hat, wenn er sich nicht meldet. Vielleicht hat er inzwischen eine für ihn interessantere Angebotsanforderung?

<table>
<tr><td>8.3.3</td><td>Das Projektberichtswesen: Wochen- und Monatsberichte</td></tr>
</table>

Die Wochenberichte

Jeder Mitarbeiter meldet mit dem Formular Projektfortschrittsmeldung die im Berichtszeitraum bearbeiteten Aktivitäten, die geplanten wie auch die ungeplanten. Die fertiggestellten Aktivitäten werden mit dem zugehörigen Aktivitätsblatt besonders gemeldet.

Der Mitarbeiter beurteilt den Stand des Projekts aus seiner Sicht. Sorgen Sie an diesem Punkt für offene und ehrliche Zusammenarbeit, damit keine schönfärberischen Gefälligkeitsmeldungen unser Frühwarnsystem unterlaufen.

Der Monatsbericht

Der Projektleiter faßt die Fertigmeldungen und seine Beurteilung des Projekts auf dem Formular Projektmonatsbericht zusammen. Hier kommen wieder unsere Kriterien: Inhalte, Termine, Kosten zum Vorschein, ebenso wird ein Vergleich der Budgetwerte mit den Ausgaben dargestellt.

Ein weiterer Kontrollpunkt ist der Vergleich des finanziellen Realisierungsgrads mit dem arbeitsmäßigen Projektstatus. Leiten Sie niemals den einen Realisierungsgrad vom anderen ab, sondern ermitteln Sie jeden für sich nach seinen jeweiligen Kriterien.

8.4   Der Projektphasenabschluß: unser Konzept

8.4.1   Die Prüfliste der Projektphase: die Lieferanten

Ein Blick auf die Prüfliste zeigt uns, wir können das Leitungsteam einberufen für die Freigabe der Mittel.

- Ergebnis   Lieferanten für Software, Hardware, Orgware und Installation festlegen
  beschlußfähiges Konzept für das Pflichtenheft, Angebotseinholung

- Freigabe   Phase 4:

  Design Sollkonzept, Komponentenentwurf

8.4.2   Der Phasenabschlußbericht: die Lösung

Der Bericht zeigt die vorgeschlagene Lösung auf, und falls erforderlich werden auch mögliche Alternativen dargestellt.

Der Lösungsansatz

Der optimale Lösungsansatz wird dargestellt, indem er mit den Projektzielen verglichen wird. Der Erfüllungsgrad dieser Ziele, und die Verfügbarkeit der in der Verfahrensanalyse höher bewerteten Funktionen, sind der Maßstab, mit dem wir den ausgewählten Lösungsansatz messen und dem Projektleitungsteam entsprechend vorschlagen.

> ***Viele Betriebe sind gescheitert bei dem Versuch,***
> ***ein EDV-System über ihre Abläufe zu stülpen.***

Nicht verschwiegen werden darf, falls Abstriche vom ursprünglichen Leistungsumfang gemacht werden mußten. Sei es, weil diese Leistungen nicht kostengünstig realisiert werden können oder weil andere gewichtige und aufzuführende Argumente dagegen sprechen. Der Abgleich mit der ursprünglichen Nutzwertanalyse auf unserem Formular Evaluationsmatrix ist notwendig. Die dort aufgeführten Mußkriterien sollten entsprechend ihrer damaligen Gewichtung und der Bewertung schon vorhanden sein. Dinge, die ursprünglich als wichtig beurteilt wurden, dürfen nicht einfach unter den Tisch fallen.

Alternativen

Ist der Erfüllungsgrad unseres optimalen Lösungsansatzes zu weit weg von 100 Prozent, dann sollten schon Alternativen aufgezeigt werden, um zu besseren Ergebnissen zu kommen. Meist ist dann mehr Geld und / oder auch Zeit notwendig.

Es könnte z.B. sein, daß der Lieferant ein neues Release seiner Software in naher Zukunft plant, das für uns einen besseren Erfüllungsgrad unserer Mußkriterien bedeutet. Oder ein Produkt eines anderen Anbieters ist besser, aber teurer, schlußendlich aber doch vorzuziehen, um unseren betrieblichen Bedarf zu erfüllen. Eine Standardlösung zum Festpreis ist allemal einer minimalen Standardlösung mit zusätzlichen variablen Kosten für den Anpassungsaufwand vorzuziehen.

8.4.3   Das Phasenschlußgespräch: die Entscheidung

Das Ziel dieses Gesprächs ist es, allen Beteiligten, Management wie Sachbearbeitern, zu vermitteln, was das konzipierte Anwendungssystem leisten wird, welche Geschäftspartner es liefern sollen und wann es in Betrieb gehen wird. Auch hierzu wird mit genügend Vorlaufzeit eingeladen, und in der Einladung darauf hingewiesen, daß die Entscheidungsträger entscheiden müssen. Bisher wurden die Phasen relativ leicht bewilligt, aber jetzt stehen die großen Ausgaben an, wie die beiliegenden Angebote zeigen.

Der erfahrene Projektleiter führt daher Vorgespräche mit den wichtigen Personen. Es mag zwar spektakulär sein, einen Geschäftsführer vor dem Plenum mit überraschenden Größenordnungen des Budgets *„vom Hocker zu hauen"*, aber das ist weder der Sache noch der Person dienlich.

Wer nein sagt, muß zu etwas anderem ja sagen.

Dieses Sondierungsgespräch ist oft sogar der entscheidende Punkt im Projektgeschäft. Notfalls kann man mit einem zunächst negativen Gesprächsergebnis leben und die eben abgeschlossene Phase revidieren, um zu einem Ergebnis zu kommen, das dann eben doch genehmigungsfähig ist. So wurde schon manches Projekt zu diesem Zeitpunkt in zwei oder mehrere unabhängige Projekte zerlegt.

8.4.4   Die Freigabe der nächsten Phase: Entwicklung

Am Abschluß dieser Phase ist es Pflicht des Projektteams, aus den dargestellten Alternativen die optimale Lösung zu empfehlen. Das bedeutet, der Antrag zur Freigabe der nächsten Phase muß gut dokumentiert sein mit der Auswahl der Lieferanten, den Vorteilen der ausgewählten Lösung und einem nun sehr präzisen Budget.

Das Offenlegen der neuen Konzepte und das Herausstellen von Neuerungen und Verbesserungen, aber auch der Weglassungen ist wichtig und erspart spätere Überraschungen.

Der Freigabeantrag enthält die exakten Ausgabepositionen entsprechend der vorliegenden Angebote. Eine Sicherheitsmarge für Unvorhergesehenes sollte immer dabei sein, denn es ist furchtbar peinlich, wenn am Schluß wegen eines vergleichsweise lächerlichen Betrags das Projekt ins Schlingern kommt.

Optimismus erzeugt Tatkraft,
Pessimismus lähmt sie.

9 Entwicklung, Design des Sollkonzepts

In dieser Phase beschäftigen wir uns mit der Konkretisierung des Losungskonzepts. Aus der Vision wurde in der vorigen Phase nach einer Bedarfsermittlung eine exakte Vorgabe erstellt, was das System konkret leisten können wird. Nun geht es darum, diese Vorgaben in ein Pflichtenheft zum Kauf und / oder zur Erstellung der neuen oder zusätzlichen Software umzusetzen. Mit der Genehmigung des Auftragsvolumens treten wir mit den Lieferanten in die weiteren Verhandlungen, die nun eine andere Qualität haben.

9.1 Die Projektphaseneröffnung: Das Sollkonzept

Vor diesem Meilenstein waren alle Aktivitäten mehr oder weniger analytischer Art, von nun an werden wir die Ergebnisse der Analysen in Sollkonzepte umsetzen.

9.1.1 Die Prüfliste der Projektphase: das Pflichtenheft

Mit unserer Prüfliste stellen wir sicher, daß diese nun deutlich kostenträchtigere Phase ihren geordneten Anfang nimmt:

Entwicklung, Design Sollkonzept, Komponentenentwurf

- Eingabe   Ergebnis Phase 3: Definition, Detailstudie,
  Entwurf, Systementwurf,
  Lieferanten für Software, Hardware, Orgware,
  Installation festlegen,
  beschlußfähiges Pflichtenheftkonzept,
  Angebotseinholung

- Erarbeiten   Angebote,Standard Software gegen Pflichtenheft prüfen, endgültigen Umfang festlegen
  Individualprogramme festlegen, eigene /
  fremde Programmierung festlegen,
  Projektstrukturplan, Projektablaufplan, Netzplan

- Ergebnis   Beschlußfähiges Pflichtenheft, Aufträge an Lieferanten zur Genehmigung reiten

- Freigabe   Phase 5:

  Design der Lösung, Implementierung, Realisierung

9.1.2   Das Projektphaseneröffnungsgespräch: die Lösung

Mit der abschließenden Besprechung der vorigen Definitionsphase wurden alle alternativen Lösungsansätze ausgesondert, wir haben nun nur noch einen einzigen Lösungsansatz und wir wissen, welche Lieferanten uns die dazu notwendigen Waren und Dienstleistungen liefern können.

Diese Situation muß allen Projektbeteiligten offenkundig gemacht werden, um sicherzustellen, daß keine Zeit mehr investiert wird für Dinge, die nicht mehr aktuell sind. Das Pflichtenheft in seiner endgültigen Form wird verabschiedet und wird nun nicht mehr geändert.

> ***Begangene Fehler zu betrauern,***
> ***ist zu nichts nütze.***

Die Anforderungen an das System werden nun für die Verträge eindeutig formuliert und mit den Lieferanten klärend abgesprochen. Denken Sie daran, daß das Pflichtenheft Teil des Vertrags sein wird und als solcher juristisch einwandfrei formuliert sein muß.

9.2   Die Projektdokumentation: Leistungsbeschreibung

Die jetzt vorliegende Form der Dokumentation muß so exakt sein, daß sie als rechtsverbindliches Dokument bei allen Verhandlungen und bei der Auftragserteilung benutzt werden kann. Ab diesem Moment, wenn der Lieferant sein Angebot ausarbeitet, dürfen wir auch nicht mehr an der Dokumentation noch Nachträge anbringen ohne ihn zu verständigen.

Dies gilt für alle bisher angeführten Informationen, die wir in der Hauptstudie bearbeitet haben:

- Daten- und Informationsstruktur

- Aufgaben und Funktionen

- Transformationsregeln und Bedingungen

- Element Relationen

- Aufgabensequenz und -ablauf

- Vorgangsabhängige Sequenz

- Datenverwendung und Informationsbedarf

- Periodizität der Aufgabenerfüllung

Eine abschließende Überprüfung und eine saubere Darstellung vermitteln unseren Lieferanten die Bedeutung dieses Projekts für unser Unternehmen. Wir wollen keinen Rechtsstreit in unserem Projekt, aber sollte er notwendig werden, so wollen wir die besseren, fehlerfreien Dokumente haben.

9.2.1   Die Projektziele: jetzt auch Termine

Eine Überprüfung der Ziele und eine ausführlichere Formulierung, die auch dem Lieferanten keinen Raum zur Mißdeutung gibt, stellt sicher, daß jeder Beteiligte, Mitarbeiter oder Lieferant, auf diese Ziele hinarbeitet. In den Unterlagen, die nach draußen gehen, werden von jetzt an auch die Termine als verbindliche Ziele genannt.

9.2.2   Die Projektinhalte: Standard-, Individuallieferumfang

Die Projektbeschreibung

Die Projektbeschreibung ist aktualisiert auf den nun einzig gültigen Lösungsansatz und die einkommenden Angebote wurden überprüft, ob sie mit unseren Vorgaben übereinstimmen. Vorsicht, hier werden manchmal *„kostensparende Maßnahmen"* eingebracht, die zu Abstrichen am Leistungsumfang führen können. Andererseits kann, speziell im schnell agierenden Hardwarebereich, eine *„neue Generation"* mit einem verbesserten Preis- / Leistungsverhältnis wirklich zu unserem Vorteil sein.

Standard Software

Nun gilt die Dokumentation der Standard Software als ausführliche Beschreibung der Software.

Lediglich die Umgebungsbedingungen sind noch zu beschreiben, dazu gehören die Schnittstellen zu anderen Systemen, zu Meßgeräten und Geschäftspartnern. Die Organisations- und Bedienungsanweisungen sind erstellt und werden in dieser Phase auf ihre Anwendbarkeit überprüft und fertiggestellt.

Individualsoftware

Alle Programme sind mit unserem Formularsatz Programmiervorgabe beschrieben und die Kalkulation der Programmierdauer ist durchgeführt. Das Angebot des Lieferanten stimmt inhaltlich und terminlich mit unseren Vorgaben überein, auch die Kostenvoranschläge entsprechen unseren Vorstellungen. Die zugehörige Dokumentation ist Teil des Lieferumfangs, diese wird leider immer wieder später, d.h. zu spät nachgeliefert..

Individuelle Anpassungen

Bei den individuellen Anpassungen verfahren wir wie bei der Individualsoftware: Programmbeschreibungen und Kalkulation der Programmierung sind Teil des Auftragsvolumens und daher rechtsverbindlich dokumentiert. Das Angebot des Lieferanten, eventuell auch der eigenen EDV Abteilung liegt vor.

9.2.3   **Die Planung: vom Struktur- zum Netzplan**

Der Projektstrukturplan

Alle Aktivitäten werden überprüft auf die fachlichen Inhalte. Je nach Situation (gewählte Lösung und Lieferant) können zusätzliche Aktivitäten auf unser Unternehmen zukommen, oder aber entfallen, weil sie nun im Lieferumfang enthalten sind. Die Aktivitäten der Lieferanten werden nicht detailliert, sondern nur mit Terminen zur Übersicht und Kontrolle aufgeführt.

Der Projektablaufplan

Alle Aktivitäten werden überprüft auf die Termine. Die bisherigen Termine müssen mit den einzelnen Lieferanten abgestimmt werden, leider müssen wir schon etwas Rücksicht nehmen auf die Verfügbarkeit derer Mitarbeiter, und auch der Fertigungskapazitäten. Die daraus sich entwickelnden Termine sind mit in das Vertragswerk einzubinden, insbesondere bei mehreren Lieferanten, die der Projektleiter koordinieren muß.

Ein erfahrener Projektleiter wird im Normalfall ein Fingerspitzengefühl dafür entwickeln, wo er sich Sicherheitsreserven einbaut. Diese Reserven wird er aber nicht den Lieferanten offenlegen, denn in diesem Fall werden diese Lieferanten sofort unsere Reserven ausnutzen.

Die Ressourcenplanung

Alle Aktivitäten werden überprüft auf die Verfügbarkeit der Ressourcen. Eine sorgfältige Überprüfung ist angesagt, ob die eigenen Mitarbeiter nun immer noch zu den vermutlich geänderten Terminen verfügbar sind. Es wäre nicht zum ersten Mal, daß ein ursprünglich korrekt geplanter Urlaub plötzlich dem Projektleiter sehr ungelegen kommt. Dies gilt aber auch genauso für die Ressourcen der Lieferanten.

***Improvisation -
das ist, wenn niemand die Vorbereitung merkt.***

Der Netzplan

Der Netzplan wird überarbeitet und veröffentlicht, es mag auch hilfreich sein, diesen Netzplan den wichtigsten Lieferanten zu geben, damit diese erkennen, welche Konsequenzen es hat, wenn deren Termine nicht eingehalten werden. Insbesondere wenn Konventionalstrafen vereinbart werden sollen, ist die Konsequenz der Folgeschäden anhand eines Netzplans gut darstellbar. In diesem Fall der Planübergabe an Externe deklarieren Sie Ihre Sicherheitsreserven als Einführungs- und Konsolidierungsphase, d.h. das System ist in Betrieb, aber keine zusätzliche Belastung durch äußere Einflüsse ist erlaubt.

9.2.4 Die Projektkostenrechnung

Jede Bestellung ist sofort in der Kostenkontrolle zu registrieren, damit das Bestellobligo jederzeit auf dem neuesten Stand ist. Die Eingangsrechnungen werden vom Projektleiter inhaltlich, vom Einkauf vertraglich und finanziell geprüft und dann gebucht.

Mit den Auswertung der Ausgaben und der internen Arbeiten verfahren wir weiter wie bisher. Unsere Projektkostenrechnung wird jedoch nun im Wochenzyklus ausgewertet.

9.3 Die Projektfortschritte: nun kostenträchtig

9.3.1 Die internen Aktivitäten: die Beschaffung

Die internen Aktivitätenlisten

Mit den überarbeiteten Plänen werden nun für jeden Projektmitarbeiter seine vorgesehenen Aktivitäten zusammengestellt und als Arbeitsauftrag ihm übergeben.

Besprechungen, Einladung und Protokolle

Je nach Situation werden regelmäßige Besprechungen der Berichte vorgesehen oder aber auch spontan einberufen. Aber immer wird mit dem Formular Einladung zur Besprechung der Inhalt und der Teilnehmerkreis vorher bekanntgeben. Dann kann man ebenso leicht mit dem Formular das Besprechungsprotokoll erstellen; man kann sagen: Einladung und Protokoll werden eine Einheit.

Wichtig ist ebenso, den Verteilerkreis für das Protokoll sachlich fundiert festzulegen. Denken Sie insbesondere an die Abwesenden, die dann „wie besprochen" handeln sollen. Für diese Abwesenden ist eine Besprechung ohne Protokoll fast schon wie eine Verschwörung!

Der interne Schriftverkehr

Auch betriebsintern kann es notwendig werden, Vereinbarungen, Sachverhalte festzuhalten. Viele Firmen haben dazu einen eigenen Formularsatz, der sollte immer benutzt werden.

Im allgemeinen empfiehlt es sich, für jeden Vorgang eine eigene Notiz zu schreiben, anstatt mit einem Rundumschlag alle Vorgänge, die zum Teil nichts miteinander zu tun haben, auf einem Schreiben zusammen zu fassen.

Denken Sie an die Arbeitsorganisation der Empfänger und deren Notwendigkeit an verschiedene Personen zu delegieren. Da werden dann Studien betrieben, ob man zu den einzelnen Punkten angesprochen ist oder nicht, und manch einer liest nach dem fünften Punkt auf Seite zwei nicht mehr weiter und übersieht seine ihn betreffenden Punkte auf Seite drei!

Auch die Ablage nach Themenpunkten ist einfacher und vermeidet Ballast. Personenbezogene Notizen (Beurteilungen) niemals mit fachlichen Notizen verquicken, das eine gehört nicht in das Projekthandbuch und das andere nicht in die Personalakte.

Man sollte es ruhig ansprechen, auch im mittelständischen Betrieb kann es zu harten Konfrontationen kommen, dann ist eine gute Aktenlage immer besser, als eine vage Aussage: „*Das wurde damals so vereinbart*". In so einer Situation kommt dann meist ein „*neuer Mehrheitsentscheid*" zustande, der nicht notwendigerweise mit dem damals Vereinbarten in Einklang ist.

Installationsmaßnahmen

Die Installationsmaßnahmen werden in die Wege geleitet, es versteht sich von selbst, daß die Handwerker nach ihrer Qualifikation und ihrem Angebot ausgewählt werden.

Es empfiehlt sich bei größeren Maßnahmen zu überlegen, ob nicht ein Generalunternehmer die Koordinierung übernimmt. Natürlich verlangt er seinen Preis dafür, aber im Zeitalter von Lean Management ist es vielleicht dem Projekt doch zuträglicher, wenn der Projektleiter sich um Projektinhalte kümmern kann, anstatt hinter Handwerkern her zu telefonieren.

> ***Es ist nicht wenig Zeit, die wir haben,***
> ***es viel Zeit, die wir nicht nutzen.***

Die Projektfreigabe

Dieser Freigabetermin ist der Zeitpunkt, an dem alle offenen Fragen zu den Funktionen einvernehmlich geklärt sind, sowohl intern mit den Fachbereichen als auch extern mit allen Lieferanten. Für alle zu vergebenden Arbeiten liegen verbindliche Angebote vor. Es liegt am Unternehmen und der vereinbarten Projektorganisation, ob die Auftragsvergabe nun durch den Projektleiter erfolgen kann.

Bei Abweichungen vom bisher vorgelegten Budget ist jedoch eine Kontrolle durch die übergeordneten Entscheidenden dringend empfohlen. Diese Freigabe ist die entscheidende Aktion, bei der in der Regel der größte Kostenblock für das Projekt freigegeben wird.

Die Beschaffungsmaßnahmen werden mit dieser Projektfreigabe eingeleitet. Nun werden die Aufträge vergeben und die Installationsmaßnahmen können beginnen.

9.3.2   Die externen Aktivitäten: Verträge

Diese Phase bringt einen stärkeren Einsatz der Zulieferanten, die nun zu kostenpflichtigen Arbeiten eingesetzt werden. Das setzt eine sorgfältige Vorbereitung und Auftragserteilung voraus, damit keine Arbeiten von Zulieferern erbracht werden, die nicht in unserem Sinne sind. Wir sind uns bewußt, daß die eingeleiteten Maßnahmen nun auch bei den Lieferanten die kostenträchtigen Aktivitäten beginnen.

Die externen Aktivitätenlisten

Diese Listen sind nicht so detailliert, da jeder Lieferant eigenverantwortlich seine Arbeiten abwickelt. Aber die von uns gewünschten Ecktermine (Meilensteine) halten wir fest und fordern auch regelmäßige Fortschrittsmeldungen, ob diese Meilensteine nach unseren Kriterien: Inhalte, Termine und Kosten erreicht werden.

Je nach Art der Arbeit kann es sinnvoll sein, periodische Status(zwischen)meldungen einzufordern. Über die Form und die Berichtsperiode muß man sich vorab bei der Auftragsvergabe einigen.

Die maximale Länge einer Berichtsperiode ist ein Monat, kürzere Intervalle für zumindest schriftliche Meldungen sollten im Raster wöchentlich oder alle zehn Tage vorgesehen werden. Der vom Projektleiter zu erstellende Monatsbericht muß auch die regelmäßigen Fortschrittsmeldungen der Lieferanten enthalten, daher sind diese rechtzeitig beizubringen.

Vertragsunterlagen

Das Projekthandbuch wächst und erhält nun eine ausführliche Gliederung nach entweder Teilprojekten oder Lieferanten, was immer praktikabler für das Projekt ist. Die Verträge werden immer im Einvernehmen mit der Einkaufsabteilung ausgehandelt und ebenfalls abgelegt, zumindest was die inhaltlichen und terminlichen Vereinbarungen betrifft. Je nach Firmenpolitik werden die finanziellen Vereinbarungen auch nur bei der Einkaufsabteilung vertraulich behandelt.

Der externe Schriftverkehr

Auch im Schriftverkehr nach draußen sollten eher kurze, inhaltlich zusammengefaßte Schriftstücke erstellt werden. Jede Vereinbarung bedarf der Schriftform, so steht es in unserem Auftrag und den Allgemeinen Geschäftsbedingungen und so hat der Lieferant den Auftrag bestätigt. Konsequenterweise müssen alle Besprechungen und Vereinbarungen, die eine Veränderung unserer drei Kriterien: Inhalte, Termine und Kosten betreffen, schriftlich fixiert werden.

Auch der einkommende Schriftverkehr muß umgehend auf solche Veränderungen überprüft werden. Sind Sie nicht einverstanden mit einem Schreiben eines Geschäftspartners, so sollten Sie sofort widersprechen, insbesondere, wenn Kosten im Raum stehen. Selbst wenn eine alternative Lösung noch nicht zur Hand ist, so ist doch zumindest die *„falsche"* Arbeit sofort stoppen.

Auftragsvergabe

Nun werden die Aufträge erteilt, je nach Organisationsgrad werden die Formalitäten vom Projektteam oder von der Einkaufsabteilung vorbereitet. Hierzu benutzen wir das Formular Bestellanforderung. Auf keinen Fall sollte jedoch die Vergabe vom Projektleiter direkt an den Lieferanten gehen.

Gegen diese Vorgehensweise sprechen drei wichtige Gründe:

- Die Abwicklung eines Einkaufsvorgangs ist Tagesgeschäft für die Abteilung Einkauf und daher dort besser aufgehoben. Dies gilt für die gesamte kaufmännische Abwicklung, Terminverfolgung und alle juristischen Aspekte. Als Projektleiter arbeiten Sie dem Einkäufer zu. Wenn Sie inhaltlich und terminlich immer gut vorbereitet sind, wird er Ihnen den ganzen Formalismus termingerecht abwickeln.

- Der zweite Grund hat hängt mit unserem Kommunikationskonzept zusammen: sollten mit einem Lieferanten Probleme auftauchen, so ist es besser, die Einkaufsabteilung tritt dort mit den Forderungen entsprechend energisch auf, während das Projektteam zunächst ohne Reibungsverluste mit dem Lieferanten zusammen an den Inhalten weiterarbeiten kann.

- Ferner erkennt der Auftragnehmer, daß in unserem Unternehmen nach guter Kaufleute Sitte das vier Augen Prinzip angewendet wird.

Diese Verhaltensweisen haben sich immer wieder bewährt, denn wenn die fachliche Kommunikation wegen z.B. finanziellen oder terminlichen Auseinandersetzungen gestört ist, leidet das Projekt auch sofort inhaltlich. Kommt keine Einigung zwischen Einkäufer und Lieferant zustande, kann der Projektleiter immer noch auf der fachlichen Ebene zur rechten Zeit auch auf Konfliktkurs gehen.

Mit der Auftragsvergabe an Geschäftspartner verlassen wir nun die Ebene der bisherigen teilweise noch unverbindlichen Gespräche und kommen zur Ebene der Entscheidungsfindung.

Nehm ich keine Geschenke,
so behalt ich freie Gelenke.

Die Entscheidung ist gefallen und alle weiteren Aktivitäten sind Rechtsgeschäfte, bei denen die Juristen verstärkt mit über die Schulter schauen. Dieser folgende Abschnitt kann und darf nicht der Ersatz für eine Rechtsberatung sein, soll aber den Projektverantwortlichen etwas feinfühlig dafür machen, daß im Projektgeschäft die Abschlüsse per Handschlag früher oder später in Streit, im Extremfall vor dem Kadi enden.

Benutzen wir also das Formular Prüfliste Auftragsvergabe, um die wichtigsten Fragen der Vertragssituation geklärt zu haben. Hat Ihr Unternehmen eine eigene Einkaufscheckliste, so befolgen Sie diese sorgfältig.

Im Projektgeschäft kennen wir die verschiedensten Vertragsformen, von denen die wichtigsten kurz vorgestellt werden sollen.

Dienstleistungsvertrag

Der Dienstleistungsvertrag birgt einige Stolperfallen, da er oft fast per Handschlag vereinbart wird. Hier sind die wichtigsten Punkte, die spezifiziert werden müssen:

- Leistungsbeschreibung, denken Sie an eindeutige Aufgabenbeschreibungen

- Rahmenvereinbarungen, wie z.B. Mindest-, Maximaldauer, Fahrtkosten, etc.

- Abnahmekriterien, Meßlatte für die Leistungserbringung und Abnahme

- Rechte, was immer geliefert wird, geht über in den Besitz des Auftraggebers

- Preise, Fälligkeiten, Nebenleistungen, Spesen

- Termine, Lieferung, Abnahme, Nachfristen

- Dokumentation, Umfang und Qualität, Form (Papier oder Online)

- Schulung, Umfang, Kenntnisstand der Zielgruppen

- Gewährleistung, soweit Software und Dokumentation geliefert wird

- Haftung, Maßstab ist die Leistungsbeschreibung

- Rechte Dritter, bei Werkzeugen im weitesten Sinne ein Muß

- Allgemeines, Arbeitszeitregelungen, Geheimhaltung, etc.

Der Dienstleister bevorzugt diese Vertragsform, da er in der Regel *„nach Aufwand"* abrechnen kann. Das finanzielle Risiko liegt daher beim Auftraggeber. Je besser das Pflichtenheft ist, um so geringer ist unser Risiko einer Fehlinvestition, beziehungsweise von ausufernden Kosten oder nicht eingehaltenen Terminen.

Aber nehmen Sie auch den Dienstleister in Anspruch, nach der Rechtsprechung hat er eine Beratungspflicht. Dort, wo er einen Wissensvorsprung hat, ist er verpflichtet, Sie auf eventuelle Fehler in Ihrem Leistungsbeschrieb hinzuweisen. Das kann u.U. Kostenfragen aufwerfen, aber offensichtliche Fehlkonzeptionen muß er aufzeigen.

Kaufvertrag

Durch den Kaufvertrag wird der Verkäufer einer Sache verpflichtet, dem Käufer die Sache zu übergeben und das Eigentum an der Sache zu verschaffen. Der Verkäufer eines Rechtes ist verpflichtet, dem Käufer das Recht zu verschaffen und, wenn das Recht zum Besitz einer Sache berechtigt, die Sache zu übergeben. Der Käufer ist verpflichtet, dem Verkäufer den vereinbarten Kaufpreis zu zahlen und die gekaufte Sache abzunehmen. (§ 433 BGB)

Das ist die bevorzugte Vertragsform für ein fertiges Produkt, dessen Leistung man vor der Unterschrift unter den Vertrag geprüft haben muß, nachverhandeln über funktionale Erweiterungen gibt es nicht. Die Annahme, daß Standard Software alles können muß, was man als Auftraggeber unterstellt hat, weil das so in der eigenen Branche üblich ist, bringt uns weder zu dem gewünschten Funktionsumfang, noch in eine Rechtsposition, diesen Umfang zu erhalten.

Wir sind Optimisten und der erklärte Sinn des Vertrags ist die erfolgreiche Umsetzung. Aber es kann auch Probleme geben, dann ist derjenige Käufer in der besseren Situation, der nur einen Vertragspartner hat, z.B. Hard- und Software werden als „rechtliche Einheit" gekauft. Das ist bei Gewährleistungsfragen von Vorteil, bis hin zum Rücktrittsrecht.

Es nützt weder vertragsrechtlich, noch im Sinne des Projektfortschritts absolut nichts, wenn man die Software wegen erklärten Mängeln zurückgeben kann. Und dann sitzt man auf einem Rechnersystem, das nicht zu 100 Prozent für eine alternative Software geeignet ist.

Ganz besonders gilt das bei individuell programmtechnisch angepaßter Hardwareperipherie, wie etwa Datenerfassungsgeräte im weitesten Sinne. Auch der Ärger mit den gegenseitigen Schuldzuweisungen zwischen Hard- und Softwarelieferant (z.B. bei unbefriedigendem Antwortzeitverhalten) kann mit einer solchen Vertragsgestaltung von vornherein vermieden werden.

Werkvertrag

Durch den Werkvertrag wird der Unternehmer zur Herstellung des versprochenen Werkes, der Besteller zur Entrichtung der vereinbarten Vergütung verpflichtet. (§ 631 BGB).

Ganz offensichtlich ist die Definition des versprochenen Werkes und der vereinbarten Vergütung der entscheidende Punkt, ob Kunde und Lieferant miteinander ins Reine kommen.

Das finanzielle Risiko liegt zunächst beim Lieferanten, denn er muß zum Festpreis eine definierte Leistung erbringen. Bei größeren Projekten kann auch eine Konventionalstrafe festgelegt werden, legen Sie bei befürchtetem Nutzungsausfall Schadenspauschalen für Verzögerungsschäden fest, lassen Sie sich aber hierbei rechtlich beraten über Kriterien und angemessene Höhe der Strafe.

Allgemeine Geschäftsbedingungen laut AGB-Gesetz

§ 1 Begriffsbestimmung. (1) Allgemeine Geschäftsbedingungen sind .... vorformulierte Vertragsbedingungen, die eine Vertragspartei der anderen Vertragspartei bei Abschluß eines Vertrages stellt. Gleichgültig ist, ob die Bestimmungen einen äußerlich gesonderten Bestandteil des Vertrages bilden oder in die Vertragsurkunde selbst aufgenommen werden, welchen Umfang sie haben, in welcher Schriftart sie verfaßt sind und welche Form der Vertrag hat.

(2) AGB liegen nicht vor, soweit die Vertragsbedingungen zwischen den Vertragsparteien im einzelnen ausgehandelt sind.

Praktikabel ist immer ein Zusatz mit folgendem, sinngemäßem Wortlaut: „Für diesen Vertrag gelten ausschließlich unsere AGB; andere Bedingungen werden nicht Vertragsinhalt, auch wenn wir ihnen nicht ausdrücklich widersprechen". Damit ist sichergestellt, daß von den eigenen, hoffentlich gut formulierten, AGB, bzw. mindestens von den gesetzlichen Vorschriften ausgegangen werden kann. Hat der Vertragspartner eine ähnliche Formulierung, so hebt sich das in der Regel auf und es gelten normalerweise wieder die AGB des BGB als kleinster gemeinsamer Nenner.

Allgemein gilt: Klauseln dürfen (insbesondere im Kleingedruckten oder auf der Formularrückseite) keine Überraschungen für den Geschäftspartner enthalten, ansonsten kann im Streitfall manches oder alles zur Diskussion stehen. Die sogenannte salvatorische Klausel ist immer angebracht: Sollte ein Abschnitt des

Vertrages ungültig werden, so sind beide Vertragspartner gehalten, hierfür eine einvernehmliche Lösung anzustreben, die dem ursprünglichen Sinn des Vertrags entspricht. Der übrige Teil des Vertrags behält Gültigkeit.

> *Es ist ein Trugschluß, des einen Vorteil*
> *müsse notwendigerweise*
> *des anderen Nachteil sein.*

Bestätigungsschreiben

Gute Praxis ist es, alle kostenrelevanten Vereinbarungen (das sind auch inhaltliche und terminliche Veränderungen!) mit einem kurzen *„kaufmännischen Bestätigungsschreiben"* abzusichern. Es hat rechtserzeugende Wirkung, wenn es zuvor Besprochenes konkretisiert, mündlich Vereinbartes ergänzt und vom Empfänger widerspruchslos hingenommen wird.

Übrigens ist die Widerspruchsfrist sehr kurz, deshalb sollte in der Regel einem Schreiben, mit dessen Inhalt man nicht einverstanden ist, sofort, das heißt innerhalb weniger Stunden und nicht erst nach Tagen widersprochen werden. Insbesondere, wenn abzusehen ist, daß der Geschäftspartner auf Grund des Nichtwidersprechens umgehend mit kostenträchtigen Arbeiten beginnt. In manchen Situationen ist es sicher besser, einen Widerspruch mit aufschiebender Wirkung zu schicken (je nach Bedeutung auch per Einschreiben), als später Geld für Fehlleistungen auszugeben.

Leasingverträge

Ob Leasing sinnvoller als Kauf oder Miete ist, muß von der Abteilung Finanz- und Rechnungswesen (bzw. dem Steuerberater) unter dem Gesamtaspekt der steuerlichen, bilanziellen Situation des Unternehmens entschieden werden.

Generell sollte beachtet werden, daß Computer Hardware schnell veraltet und in der Regel nach drei Jahren zu langsam, zu klein, eben nicht mehr passend ist. Das ist meist der Zeitpunkt, zu dem es dann auch keine Hardware Erweiterungen für das „alte" System mehr gibt und man mehr oder weniger direkt gezwungen ist, umzusteigen auf die dann aktuelle Technologie.

Der Restwert (Marktpreis) von drei Jahre alten Rechnern der Mittelklasse ist gering; hinzu kommen noch Entsorgungskosten, wenn Sie keinen Käufer finden. Daher keine, bzw. nach Rücksprache mit dem Steuerberater, nur geringe Restwerte in einen Leasingvertrag aufnehmen.

Software kann ebenfalls geleast werden, je mehr es sich um Standard Software handelt, desto eher übernimmt das im allgemeinen die Leasingfirma. Das kann soweit gehen, daß der Preis für die Standard Software geleast wird und die individuellen Anpassungen direkt als Investition bezahlt werden. Dieses Verfahren setzt voraus, daß die individuellen Anpassungen in gewisser Weise softwaretechnisch neutralisiert werden können, wenn die Leasingfirma bei einer Vertragsauflösung in die Rechte eintreten will.

Achtung: Keine anderen Verträge rechtskräftig werden lassen, bevor nicht die unwiderrufliche Finanzierungszusage schriftlich vorliegt. Leasingfirmen haben eigene Vorstellungen, was sie in den Leasingvertrag aufnehmen und was nicht. Und das ist nicht notwendigerweise deckungsgleich mit den Vorstellungen oder gar Unterstellungen des Verkäufers der Hard- oder Software, der natürlich von seinem Produkt überzeugt ist.

Ein weiterer Aspekt ist zu berücksichtigen: die Verantwortung über die korrekte Funktion des Systems bleibt in aller Regel beim Anwender. Er ist im Obligo gegenüber der Leasingfirma, daß keine Fehler im System enthalten sind, das kann bei einem Rechtsstreit, der in einer Vertragsauflösung endet, sehr wichtig werden. Der Leasinggeber wird die Herstellung der Fehlerfreiheit zunächst vom Leasingnehmer (und nicht vom Lieferanten) verlangen.

Nutzungsrechte / Lizenzvertrag

Beim Werkvertrag empfiehlt es sich, vertraglich zu fixieren, daß alle Rechte an der im Rahmen des Vertrags erstellten Software auf den Auftraggeber übergehen und daß der Auftragnehmer weder die in Auftrag gegebene Software noch das Know-how vermarkten darf. Andernfalls sind Lizenzgebühren, ggf. in Form von zusätzlichen, preislich fixierten Leistungen, zu vereinbaren.

Bei heiklen, innovativen Projekten kann es sogar notwendig sein, sicherzustellen, daß unsere Konkurrenzfirmen nichts von diesem Projekt erfahren.

Viele Anbieter haben gerne eine lange und imposante Referenzliste! Dort kann unser Konkurrent nachlesen, daß und wie wir ein Problem gelöst haben. Daher prüfen wir und legen beim

Vertragsabschluß fest, ob unser Projekt als Referenz dienen darf. Falls wir zustimmen, legen wir auch fest, wie oft und mit welchem Aufwand unsererseits wir bereit sind, als Referenz zu dienen. Es ist durchaus branchenüblich, hierfür vom Lieferanten eine Kompensation zu erbitten, z.B. einen Tag Beratung für einen Referenzbesuch unseres Lieferanten mit seinem Interessenten.

Beim Lizenzvertrag ist sicherzustellen, daß die gelieferte Software in keinerlei Rechte Dritter eingreift oder mit Rechten Dritter behaftet ist. Das Nutzungsrecht muß zeitlich und räumlich unbeschränkt sein. Der Lieferant muß glaubhaft versichern, daß er die Verkaufsrechte an der Software hat. Falls in Zukunft eine weitere Installation vorgesehen ist, empfiehlt es sich, gleich den Preis für die Zweitinstallation zu fixieren.

Eine Klausel über den Einsatz der Software auf Rechnern anderer Hersteller oder Rechnern anderer Größenordnung ist sinnvoll. Ein Betrag für die Umsetzung auf diese anderen Rechner sollte als angemessene Größe vereinbart werden, nicht akzeptiert werden kann jedoch hierfür der Preis für eine Neuinstallation, denn wir haben das Nutzungsrecht ja schon einmal gekauft.

Eine interessante Klausel wird oft in Nutzungsverträge eingebaut: Sollte die Lieferfirma ihre Geschäftstätigkeit einstellen, so ist sie verpflichtet, die Quellprogramme dem Kunden zur weiteren Pflege zu überlassen. Oft wird verlangt, daß die jeweils aktuelle Version auf Datenträger bei einem Notar hinterlegt wird, der diese Auflage im Falle des Falles erfüllen muß.

Der Anlaß muß nicht notwendigerweise ein Konkurs- oder Vergleichsverfahren des Lieferanten sein, es werden auch Firmen aufgekauft und bisher strategische Produkte werden eingestellt. Auch in solchen Fällen wollen wir, daß unsere Investition weiterentwickelt, oder zumindest gepflegt werden kann.

Hardware Wartungsverträge

Generell verlangen wir zwölf Monate Gewährleistung, manchmal bietet der Lieferant auch längere Fristen auf Hardware gegen Aufpreis. Daher ist zu überlegen, welchen Umfang der Wartungsvertrag im Hinblick auf den betrieblichen Ablauf haben muß.

Die Gewährleistung wird normalerweise während der Öffnungszeiten des Lieferanten innerhalb *„angemessener Frist"* erbracht. Bei kleineren Komponenten, wie Terminals und Drucker, etc. verlangt der Lieferant meist das Einschicken der Anlage zur Reparatur. Und diese Reparatur kann inklusive Versandweg schon länger dauern, als das für uns akzeptabel ist.

Daher ist hier bei Bedarf die Gestellung von Ersatzgeräten vertraglich (mit Termin, Preis und Dauer) abzusichern. Was nützt das beste EDV-System, wenn man zwei Wochen lang keine Rechnungen oder Arbeitspapiere drucken kann, weil der einzige dafür geeignete Drucker zur Reparatur eingeschickt ist?

Arbeitet der eigene Betrieb mehrschichtig, oder am Wochenende, so muß man gegebenenfalls den Wartungsvertrag entsprechend ausdehnen, um auch während dieser Zeit Hilfe zu bekommen. Achtung: nicht jeder Hardwarelieferant ist hierzu bereit, und oft auch personell gar in der Lage, solch einen Service anzubieten. Das kann aber aus unserer Sicht ein K.O. Kriterium werden, ob dies der richtige Lieferant ist.

Es ist außerdem zu klären, was sogenannte Verschleißteile sind, die nicht im Wartungsvertrag enthalten sind; in aller Regel gilt das z.B. für die Druckköpfe der Matrixdrucker, Farbbänder, Toner und Datenträger. Diese Komponenten muß man sich dann auf Lager legen und den Austausch kostengünstig selbst durchführen.

Ein weiterer Aspekt ist die Aussage über die Dauer des Wartungsvertrags. Man kann davon ausgehen, das heute gekaufte Gerät steht in zwei, drei Jahren nicht mehr auf der dann aktuellen Preisliste. Der Kunde braucht eine Zusicherung, daß es über die Dauer der geplanten Einsatzzeit noch Ersatzteile gibt und auch Techniker, welche die dann *„alten Geräte"* noch warten können.

Eine Ankündigungsfrist durch den Lieferanten von mehreren Monaten (je nach Bedeutung der Anlage) bei einer Ausmusterung ist wichtig und auch angemessen, damit man in Ruhe Entscheidungen vorbereiten und umsetzen kann. Ein Rechnerkauf, weil ein defektes System nicht mehr repariert werden kann, ist mit Problemen zuhauf belastet.

Nicht unerwähnt bleiben soll die Möglichkeit, die Wartung durch Händler oder spezialisierte Wartungsfirmen anstatt durch den Wartungsdienst des Herstellers durchführen zu lassen. Das hat Vor- und Nachteile im Bereich Kosten und Verfügbarkeit, dies sollte man mit der Evaluationsmatrix überprüfen und dann entscheiden.

Software Wartungsverträge

Bei den Software WartungsverträgSoftwareen unterscheiden wir zwischen der regelmäßigen Erweiterung des Betriebssystems durch den Hardware Lieferanten und im Falle von Standard Software um funktionale Erweiterungen und Fehlerbeseitigungen seitens des Software Anbieters.

Es besteht hier und da die Möglichkeit, daß der Anbieter der Anwendungssoftware auch den Service für das Betriebssystem anbietet, trotzdem empfiehlt es sich, hierfür zwei separate Verträge abzuschließen.

Es soll schon vorgekommen sein, daß solche Anbieter, aus welchen Gründen auch immer, nicht mehr Zugang zu den Betriebssystem-Updates haben oder eine neue Preispolitik des Herstellers nicht nachvollziehen können oder wollen.

In dieser kritischen Situation muß man den Vertrag für das Betriebssystem aus wichtigem Grund kündigen können, ohne daß diese Kündigung die Wartung der Anwendungssoftware abträglich beeinflußt wird. Damit vermeiden wir vor allem den Zwang zu einem neuen Wartungsvertrag zu neuen Konditionen und Fristen.

Betriebssystem

Mit dem Rechner wird die zum Installationstermin aktuelle Version des Betriebssystems ausgeliefert und installiert. Bei z.B. UNIX-Rechnern kann man davon ausgehen, daß in regelmäßigen Abständen (ca. einmal pro Jahr) ein Release-Wechsel stattfindet.

Man ist nicht gezwungen, diesen sofort einzuspielen, aber wenn man zu weit hinter dem aktuellen Stand zurückhängt, kann es sein, daß man keine Unterstützung im Notfall mehr bekommt. Selbst die Anwendungssoftware kann es erforderlich machen, daß die neueste Version des Betriebssystems zum einwandfreien Funktionieren Voraussetzung ist. Hier können sogar Gewährleistungsansprüche von der aktuellen Version des Betriebssystems abhängen oder abhängig gemacht werden.

Es gibt die Möglichkeit, nur die Updates auf Datenträger sowie die Literatur zum Vertragsumfang zu machen. Dann muß man das Betriebssystem selbst auf den neuesten Stand bringen, diese Option kann man nur mit gutem Gewissen empfehlen, wenn ein *„DV-Fachmann für das Betriebssystem"* im Hause ist, der normale Anwender oder Systemverwalter ist damit in aller Regel überfordert. Das gilt insbesondere, wenn ein Netzwerk mit im Gesamtsystem ist.

In dieser Situation ist es besser, die nächste, teurere Stufe des Wartungsvertrags zu nehmen, in der ein Fachmann für das Betriebssystem kommt und das Betriebssystem auf den neuesten Stand bringt und dafür sorgt, daß nicht nur das Betriebssystem, sondern auch das Netzwerk und die Anwendungssoftware weiterhin betriebsbereit sind.

Auch hierbei muß man bei Vertragsabschluß über die Arbeitszeiten reden, ein Update des Betriebssystems (inklusive aller Kontrollen) kann schon mal einen ganzen Arbeitstag in Anspruch nehmen. In diesem Fall möchte man so einen geplanten Rechnerstillstand natürlich in eine ruhige Zeit legen, z.B. Freitagmittag mit dem Samstag als Reserve. Wenn das nicht vorher, z.B. beim Abschluß des gesamten Lieferumfangs, vertraglich fixiert ist, machen das nur wenige Anbieter, und wenn, dann nur für teures Geld.

Das für das Betriebssystem gesagte gilt sinngemäß auch für systemnahe Software wie Datenbank und Netzwerk und sonstige EDV-Werkzeuge.

Etwas anderes ist es beim PC mit dem DOS - Betriebssystem, da wird bei Bedarf die neueste Version gekauft und eingespielt. Jedoch bei Netzwerken muß wiederum der Zusammenhang mit anderen Komponenten hergestellt werden, nicht alle Versionen der einzelnen Komponenten harmonieren mit allen Versionen der anderen Hersteller oder selbst die verschiedenen Komponenten eines Herstellers erfordern einen gewissen einheitlichen Releasestand.

Das kann ein richtiges Dominospiel werden: die Anwendungssoftware erfordert das neueste UNIX, dies das neueste Netzwerk, und dieses setzt das neueste DOS voraus, das wiederum die aktuelle Terminalsteuerung verlangt!

Anwendungssoftware

Ähnlich wie beim Betriebssystem gibt es in der Regel einen großen Update pro Jahr, und im Laufe des Jahres die notwendigen jeweiligen „kleinen" Reparaturen nach Bedarf. Viele Softwareanbieter versenden diese Reparaturen nur an die Kunden, bei denen der Fehler zutage trat. Damit werden die anderen Kunden nicht zu Updates gezwungen, die sie nicht betreffen.

Vertraglich ist jedoch sicherzustellen, daß für den Fall eines notwendigen Updates nicht alle bisher übersprungenen Updates (manchmal auch Patches genannt) einzeln und schrittweise nachvollzogen werden müssen. Das könnte sehr zeitaufwendig werden, daher muß ein gegebenes Update den aktuellen Stand der Software in einem Durchgang herstellen. Das ist gar nicht so einfach, wenn während eines Updates an der Datenstruktur Veränderungen vorgenommen wurden, es kommen ggf. immense Laufzeiten zum eigentlichen Update hinzu.

Es werden am Markt verschiedene Versionen als Wartungsvertrag angeboten, je nach Anbieter als einzelne Optionen oder als Pakete mit unterschiedlichem Leistungsumfang:

- Die Minimalversion beinhaltet nur die Fehlerbehebungen und wird im allgemeinen gegen eine monatliche Gebühr angeboten. Vorzugsweise werden diese Arbeiten preiswert per Fernwartung gemacht, es kommen also Kosten für Anschluß und Leitungsgebühren hinzu.

- Die nächste Option umfaßt die funktionalen Erweiterungen des Standard Pakets. Das wird entweder gegen monatliche Gebühr oder als einmaliger Update angeboten. Falls man die monatliche Abrechnung wählt (nehmen muß), sollte man die Klausel in den Vertrag einbringen, daß auch einmal im Jahr wirklich ein funktionaler Update geliefert werden muß.

- Eine weitere Option ist ähnlich wie Option 2, jedoch werden hier strukturelle Erweiterungen, wie z.B. eine neue Datenbank oder neue Module getrennt angeboten. Nicht jeder Anwender benötigt jedes dieser neuen Module oder er will seiner Datenbank treu bleiben. Diese Leistung kann ggf. sogar kombiniert sein mit einer Installations- und einer Einführungsunterstützung. Also diese Version nur als Kaufoption vorsehen, man nimmt und bezahlt nur das Modul, das man braucht und in Anspruch nimmt.

Sinnvoll ist auch eine vertragliche Fixierung, daß der Anbieter auf jeden Fall die jetzige Datenbank Software auf die vom Anwender vorgesehene Einsatzdauer unterstützen muß. Eine Umstellung auf eine neue Datenbank kann sehr teuer werden.

Ebenso sollte das Datenträgermedium festgehalten werden, der Anbieter muß dieses Medium mit den aktuellen technischen Daten unterstützen, solange es beim Anwender im Einsatz ist, obwohl es zwischenzeitlich immer wieder neue Medien geben wird. Denken wir an die Entwicklung von Magnetbändern über diverse Disketten- und Kassettentypen bis zum CD-ROM innerhalb weniger Jahre.

Software Hotline Vertrag

Diese Vertragsform wird oft angeboten bei Standard Software, die sehr erklärungsbedürftig ist, der Hotline Service wird häufig frequentiert nach der Neuinstallation oder einem funktional erweiterten Update. Man hat als Anwender die Möglichkeit, während einer bestimmten Uhrzeit am normalen Bürotag anzurufen oder per Fax seine Fragen einzusenden. Manche Anbieter benutzen dafür auch eine Mailbox, die z.B. über DATEX-J erreicht werden kann. Innerhalb *„angemessener Frist"* erhält man den Rückruf eines für dieses Thema zuständigen Fachmanns, der die Frage je nach Situation beantwortet, ein Mißverständnis aufklärt oder einen Termin für eine Behebung ankündigt.

Je nach Komplexität der Software kalkuliert der Anbieter eine durchschnittliche Zeit pro Monat, die der normale Anwender verbrauchen wird. Diese Zeit wird pauschal mit einer monatlichen Gebühr verrechnet, unabhängig von der tatsächlichen Inanspruchnahme. Oder aber es wird nach tatsächlichem Zeitaufwand am Ende eines jeden Monats abgerechnet. Beide Versionen sind konfliktträchtig, aber für das erste Betriebsjahr mag die Pauschalversion für den Anwender die bessere sein, später, wenn man die meisten Details selbst beherrscht, mag es günstiger sein, nach Aufwand abzurechnen.

Die meisten Softwareanbieter werden, zu Recht, sehr restriktiv, wenn sie feststellen, daß ein Anwender die Hotline mißbraucht, um Schulungskosten zu sparen.

Sonstige Verträge

Falls die Bedeutung des Computersystems für die Betriebsbereitschaft des Unternehmens es verlangt, oder die Stromversorgung technisch unzuverlässig ist, oder sich Ihr Unternehmen in einem Wettergebiet mit häufigen, heftigen Gewittern befindet, installiert man meist eine unterbrechungsfreie Stromversorgung (USV). Gerade weil man das Vorhandensein dieser Anlage nie direkt bemerkt, wird sie gerne vergessen. Eine vorbeugende regelmäßige Wartung (z.B. einmal pro Jahr) vom Lieferanten ist schon angebracht, je nach technischer Ausstattung auch vorgeschrieben.

Bei größeren Rechnersystemen, die in geschlossenen Räumen oft rund um die Uhr laufen, ist auch heute noch ein angemessen dimensioniertes Klimagerät angebracht. Sind die Computeranlagen im *„closed shop Betrieb"* nicht beaufsichtigt, sollte man entsprechend den gängigen Vorschriften, Rauch- und Temperaturmelder installieren und warten lassen.

Feuerlöschgeräte in der vorgeschriebenen Ausstattung für elektrische Geräte und mit zeitgemäßer Umweltverträglichkeit müssen griffbereit sein, auch diese benötigen eine regelmäßige Kontrolle gemäß Bedienungsanleitung. Der Wartungsvertrag ist möglicherweise mit einer gesetzlich vorgeschriebenen Aktualisierung der Löschmedien zu koppeln. Sprechen Sie mit dem betrieblichen Sicherheitsbeauftragten, um die richtigen Geräte zu installieren.

Eine Schwachstromversicherung (SSV) ist bei vielen Leasingverträgen Pflicht. Manchmal ist sie auch bei Hardware Wartungsverträgen vorgeschrieben, manche Verträge beinhalten die SSV. Daher werden wir immer rückfragen, um nicht doppelt versichert zu sein. Andererseits wird aber auch häufig vergessen, Hardware Erweiterungen an die Versicherungen zu melden, so daß eine Unterversicherung eintritt. Am besten ist es, von vornherein zu vereinbaren, daß alle installierten Geräte versichert sind und ein- oder zweimal pro Jahr, bzw. bei einer Änderung ab einer vereinbarten DM-Größenordnung eine Inventarliste übermittelt wird. Auch die Versicherungen haben gerne einen minimalen, der Größenordnung der Erweiterung angemessenen Verwaltungsaufwand.

Eine Frage nach der Versicherungsart ist bei Geräten mit schnell fallenden Preisen erlaubt: jetziger Kaufpreis oder im Versicherungsfall aktueller Listenpreis (Wiederbeschaffungswert). Die Differenz, falls beide Versionen möglich sind, kann sich über die Laufzeit gerechnet schon aufsummieren.

Umfaßt das konzipierte System auch Laptop- oder Notebook-Computer, z.B. für Außendienstler, so kann auch eine Transport- und / oder Diebstahlsversicherung überlegenswert sein. Hierbei dürfte bei Verlust oft der ideelle Wert der Daten, der Programme, oder der Nutzungsausfall, ein größerer Schaden sein als der eigentliche Rechnerwert.

Falls das Unternehmen eine Betriebsausfallversicherung hat, ist zu überlegen, ob das EDV-System mit einzuschließen ist. Dies kann ratsam sein, wenn die Integration der EDV in das Betriebsgeschehen so stark ist, daß ein Ausfall der EDV zu betrieblichen Störungen in größerem Maße führt (ein typischer Fall könnte sein: Produktions Planungs System PPS).

Macht die Integration des neuen Systems dies notwendig, so ist rechtzeitig, vor dem Design oder gar Kauf des Systems, mit der Versicherung zu sprechen, da die Versicherungsgesellschaften gerade bei EDV-Anwendungen einige Auflagen machen, um möglichen Schaden von vornherein zu begrenzen. Das kann zu Änderungen im Design, bei der Installation, oft beim Datensicherungskonzept führen; es kann sogar sein, daß ein Software Paket oder bestimmte Hardwarekomponenten wegen anderweitiger Erfahrungen der Versicherungsgesellschaft nicht oder nur teurer versichert werden.

Auch eine Versicherung gegen Computermißbrauch mag überlegenswert sein, aber hier muß man berücksichtigen, daß dies teuer ist und die Versicherungsgesellschaft Auflagen macht, wie Mißbrauch durch Dritte oder illoyale eigene Mitarbeiter mittels geeigneten organisatorischen Maßnahmen abzuwehren ist. Entsprechend der Bedeutung der Datenbestände und Programme kann es sinnvoll sein, dies zu tun. Je nach Vertragsform und Versicherungsprämie können Schäden durch vorsätzliche Manipulationen von Daten und / oder Programmen versichert werden. Der Schutz beschränkt sich meist auf Schäden durch namentlich benanntes Personal, das illoyal handeln könnte.

Wenn diese Versicherungsform in Betracht kommt, dann muß auf jeden Fall das Datensicherungskonzept und die Prüfliste zur Datensicherheit mit der Versicherungsgesellschaft besprochen, ggf. nach deren Vorstellungen ergänzt, vereinbart und dann beim Design und im späteren laufenden Betrieb strikt eingehalten werden.

Alle diese Nebenaktivitäten werden oft nicht berücksichtigt in der Planung, aber um alle diese Punkte zu klären und ggf. einer Lösung zuzuführen, kann ein Projektleiter schnell mal eine Woche und mehr aufwenden. Natürlich muß er nicht alle Verhandlungen diesbezüglich selbst führen, aber als Verantwortlicher muß er dafür sorgen, daß jede dieser Fragen im Sinne des Unternehmens und seines Projekts „abgehakt" ist. In der Projektplanung sind daher diese Arbeiten auf jeden Fall als eigenständige Aktivität für wen auch immer vorzusehen.

9.3.3   Das Projektberichtswesen: sichtbare Fortschritte

Fortschrittsmeldungen

Die eigenen Aktivitäten werden regelmäßig, am Besten wöchentlich gemeldet, wobei unser Formular Projektfortschrittsmeldung benutzt wird. Wichtig ist, die exakte Dokumentation über die geplanten und auch die ungeplanten Aktivitäten festzuhalten, sowie deren Auswirkungen auf den Projektfortschritt. darzustellen Das Verfahren hat sich seit der vorigen Projektphase eingespielt und bewährt.

Die Anerkennung selbst kleiner Fortschritte zieht größere Fortschritte nach sich

Diese Fortschrittsmeldungen müssen vom Projektleiter sofort überprüft und notfalls besprochen werden. Das Nichtbeachten ist für die Mitarbeiter ein Affront und demotivierend und verleitet zur Nachlässigkeit im weitesten Sinn. Auch hier ist es wichtig, zumindest eine Rückmeldung zu geben. Der Mitarbeiter akzeptiert auch eine Entscheidung zu einem späteren, noch realistischen Zeitpunkt, aber er will ein Signal, das er nicht umsonst berichtet hat. Es gibt Menschen, die legen einfach die Hände in den Schoß, und warten bis sie eine Rückmeldung bekommen.

Der Monatsbericht wird durch den Projektleiter erstellt und die Zwischenergebnisse werden dort verdichtet, sowie ergänzt um die Fortschrittsmeldungen der Lieferanten und den finanziellen Stand des Projekts.

9.4   Projektphasenabschluß: endgültiger Leistungsumfang

Diese Phase war entscheidend für das Projekt, alle Festlegungen wurden getroffen, die Aufträge wurden erteilt und nun kann gearbeitet werden. Die Möglichkeit, noch Nachträge einzufügen, wird eingegrenzt, denn jeder Nachtrag würde unverhältnismäßige Kosten verursachen.

9.4.1   Die Prüfliste der Projektphase: Aufträge

Ein Blick zeigt uns, daß alle Aufträge zu erteilen sind und alle internen und externen Beteiligten arbeiten können.

- Ergebnis   Beschlußfähiges Pflichtenheft, Aufträge an Lieferanten zur Genehmigung vorbereitet
- Freigabe   Phase 5:

  Design der Lösung, Implementierung, Realisierung

9.4.2   Der Phasenabschlußbericht: Mittelfreigabe

Der Abschlußbericht enthält eine Aufstellung aller erteilten externen Aufträge, besondere Hinweise auf irgendwelche notwendigen Abweichungen vom zu Beginn des Projekts festgelegten Verfahren.

Selbstverständlich kann nun nichts mehr geändert werden, jeder Nachtrag ist kostenpflichtig und wird unsere Budgetplanung sprengen.

Freigabeantrag und revidiertes Budget liegen vor, ebenso der überarbeitete Netzplan, aus dem der Projektfortschritt ersichtlich wird.

9.4.3   Das Phasenschlußgespräch: das Leitungsteam

Dieses Gespräch kann auch in kleinerem Kreis stattfinden, das Leitungsteam, der Projektleiter und der Einkäufer sind auf jeden Fall gefordert. Die anderen Projektmitarbeiter können im Umlaufverfahren informiert werden, wobei der Vorgang der Information ein Muß ist. Nur informierte Mitarbeiter können ihre Arbeit korrekt in Angriff nehmen und erledigen.

Für seine Arbeit muß man Zustimmung suchen, niemals Beifall.

9.4.4   Die Freigabe der nächsten Phase: Realisierung

Mit dem Freigabeantrag gibt der Projektleiter seine Einschätzung über die realistische Darstellung der anstehenden Termine wie auch der Kosten. Im Prinzip ist das Projekt genehmigungsmäßig „über den Berg", nur gravierende Fehler können es noch zum Stoppen bringen. Dazu können auch höhere Gewalt und angespannte Finanzlage oder andere Prioritäten des Unternehmens gehören.

10 Prototyp, Design der Lösung

10.1 Die Projektphaseneröffnung: Installationsmaßnahmen

In dieser Phase werden die Software, bzw. die individuellen Erweiterungen zur Standard Software hergestellt. Beim Hardware Lieferanten wurde unsere Bestellung in die Fertigungsplanung aufgenommen, und die mit den Installationsmaßnahmen beauftragten Handwerker bestellen ihr Material und planen ihre Termine. Auch vorbereitende Schulungsmaßnahmen der Anwendergruppen werden durchgeführt.

10.1.1 Die Prüfliste der Projektphase: Aufträge

Die in der vorigen Phase betriebsintern genehmigten Aufträge wurden mit der Freigabe der jetzt begonnenen Phase den Lieferanten erteilt. Unsere Prüfliste mit den unterschiedlichen Bezeichnungen für diesen Projektabschnitt zeigt uns die anstehenden Arbeiten während dieser Phase auf:

Prototyp, Design Lösung, Implementierung, Realisierung

In dieser Projektphase werden die Arbeiten durchgeführt, um gemäß den Vorgaben des Pflichtenhefts Hardware und Software zu erstellen. Nun kommen die wirklich großen Ausgaben auf das Unternehmen zu. Die Zeit der Konzeptionen und Blaupausen ist beendet, das Produkt unseres Projektes wird hergestellt.

- Eingabe   Ergebnis Phase 4: Entwicklung, Design Sollkonzept, Komponentenentwurf, Beschlußfähiges Pflichtenheft, Aufträge an Lieferanten
- Erarbeiten   Bestellungen Software, Hardware, Orgware, Installation, Standard SW Funktionsablauf darstellen, Organisationsanweisungen, Individualprogramme erstellen, testen, integrieren, Schulungen beim Hersteller
- Ergebnis   getestete Software, kundiges Personal, An- / Teilzahlungen

- Freigabe   Phase 6:
  Fertigung, Systemeinführung, Integration,
  Installation

Diese Phase ist sicherlich die zeitaufwendigste für alle Beteiligten, seien es die eigenen Mitarbeiter oder die Zulieferanten. Damit ist auch jedem Beteiligten offensichtlich, daß gerade jetzt der Fortschritt des Gesamtprojekts von jeder Aktivität und ihrem termingerechten Abschluß beeinflußt wird.

10.1.2   Das Projekteröffnungsgespräch: Koordination

Die Aufträge nach draußen wurden mit Abschluß der letzten Phase erteilt, nun gilt es, alle internen und externen Aktivitäten so störungsfrei als möglich ablaufen zu lassen. Die Koordination der Aktivitäten ist für den Projektleiter die wichtigste Aufgabe, um Leerlauf, unnötige Arbeiten oder Störungen zu vermeiden.

Diese Situation gilt es nochmals allen Beteiligten zu vermitteln. So muß zum Beispiel sichergestellt sein, daß alle Entwicklungstätigkeiten abgeschlossen und die Dokumentation fertig sein muß zu dem Zeitpunkt, an dem die Hardware geliefert wird. Dies gilt auch für die neuen Formulare und alles, was neuerdings als Orgware zusammengefaßt wird, des weiteren Mobiliar und sonstiges Zubehör, wie auch Verbrauchsmaterial.

Bei dem nun anstehenden Gespräch mag es sinnvoll sein, auch Repräsentanten der Lieferfirmen hinzu zu ziehen, insbesondere wenn diese Geschäftspartner bestimmte Aktivitäten untereinander abstimmen müssen. Der direkte Weg ist immer der beste, und wenn man sich kennt, nimmt man eher den direkten Weg, um offene Fragen zu klären.

Aber auch hier werden wir sofort die Spielregeln festlegen: die Lieferanten dürfen kommunizieren, aber Entscheidungen bezüglich unserer Kriterien: Inhalte, Termine und Kosten treffen ausschließlich wir. Hinweise und Ratschläge werden gerne zur Kenntnis genommen, aber da wir schlußendlich bezahlen und mit der Lösung auf Dauer arbeiten müssen, ist dieser Vorbehalt wohl selbstverständlich.

10.2   Die Projektdokumentation: endgültige Version

Die Dokumentation nimmt endgültige Formen an. Überflüssiges aus den Vorstufen (z.B. Alternativlösungen) wird entfernt und archiviert. Form und Inhalt der Dokumentation sind nun dermassen, daß das Pflichtenheft auch juristisch als Anlage zum Vertrag allen Anforderungen standhält.

10.2.1   **Die Projektziele publizieren**

Die Projektziele sind unverändert geblieben, in der letzten Phase haben wir die Fertigstellungstermine hinzugefügt, jetzt achten wir darauf, daß diese Termine unter Anstrengung aller Kräfte erreicht werden.

> ### *Eine Stunde Ärger kostet soviel Kraft wie acht Stunden Arbeit.*

Eine kurze Zusammenfassung der nun endgültig fixierten Ziele als Information an die Mitarbeiter der beteiligten Fachbereiche weckt deren Interesse und bereitet den Boden für die nächste Phase der Systemeinführung. Dieses Memorandum will gut dosiert sein: es muß plakativ sein, um Neugier zu erregen, es muß so knapp und solide sein, daß keine falschen Erwartungen oder gar Befürchtungen geweckt werden. Schon gar nicht darf es so gestaltet sein, daß der Leser es als utopisch abtut.

Eine Bezugnahme auf die Unternehmensziele stellt sicher, daß der Autor realistisch bleibt und zeigt dem Leser, wie sich das Projekt in das Unternehmensgeschehen einfügt. Besonders günstig ist es, wenn ein bestimmtes, allgemein bekanntes Unternehmensziel wirklich mit der Inbetriebnahme des Anwendungssystems erreicht wird.

10.2.2   **Die Projektinhalte: Kontrolle**

Die Projektinhalte haben sich seit Abschluß der Entwicklungsphase nicht verändert. Wir haben in der jetzigen Phase vor allem darauf zu achten, daß niemand von diesen Inhalten abweicht. Die Tendenz dazu ist unterschwellig immer vorhanden, viele Mitarbeiter (intern oder auch extern) würden gerne hier und da eine Abkürzung nehmen, um dem Termindruck zu entgehen. Diesen Ausflüchten müssen wir durch verstärkte Abnahmekontrollen begegnen. Die in dieser Designphase gesparte Entwicklungszeit kann im schlimmsten Fall zu einem minderen Nutzwert beim Einsatz führen.

Aber es ist auch eine Tatsache, daß bei der Entwicklungsarbeit noch gute Ideen hinzukommen können, deshalb blocken wir solche Vorschläge nicht rigoros ab. Wer Verbesserungsvorschläge bringt, hat auch eine weitere Bringschuld: nämlich zu beweisen, daß sein Vorschlag unsere Projektkriterien: Inhalte, Termine, Kosten nur nachhaltig positiv beeinflußt.

10.2.3   Die Planung: Terminverfolgung

Bei der Planung geht es nun darum, darauf zu achten, alle Aktivitäten terminlich einzuhalten. Bei Verschiebungen einzelner Aktivitäten müssen sofort die Konsequenzen bedacht werden und davon abhängige Aktivitäten neu koordiniert werden. Das ist fast wie beim Schachspiel, man muß alle Eventualitäten mehrere Schritte im Voraus abwägen.

> ### *Besser ist es, ein Licht anzuzünden,*
> ### *als auf die Dunkelheit zu schimpfen.*

Die Berichtsintervalle sind strikt einzuhalten, da die Tendenz vorhanden ist, wegen *„zuviel produktiver Arbeit"* die *„unproduktiven Berichte"* etwas nachlässig zu handhaben. Es gilt das Motto: Hier ist die Ware, warum auch noch ein Bericht dazu? Der Projektleiter ist gefordert, er muß sich ein eigenes Bild und eine eigene Beurteilung der Lage machen können. Sein zusammenfassender Bericht wird vom Leitungsteam erwartet, also sorgt er für pünktliche Berichte, indem er auch in dieser Beziehung auf Termintreue pocht.

10.2.4   Die Projektkosten: extern und intern

Dies ist die Phase mit den höchsten variablen Kostenanteilen, vor allem bei der Software Entwicklung. Der Projektleiter ist gehalten, alle Eingangsrechnungen zu prüfen. Eine Rechnung, deren Gegenwert (=Ware) noch nicht getestet werden konnte, muß umgehend abgelehnt werden und Zahlungsaufschub gefordert werden bis zum Abnahmetest. Das wurde doch hoffentlich bei der Auftragsvergabe vereinbart!

Dies gilt nur eingeschränkt, wenn Abschlagszahlungen vereinbart wurden, dann gelten selbstverständlich die vereinbarten Kriterien und Termine. Trotzdem ist sicherzustellen, daß nicht nur Rechnungen zu den vereinbarten Abschlagszahlungen kommen, sondern auch ein entsprechender Gegenwert entsteht. Mit anderen Worten: der inhaltliche Realisierungsgrad darf dem finanziellen Geldfluß nicht nachhinken.

Dann gibt es da eine interessante Variante bei den Zahlungsbedingungen: „Zahlbar sofort bei Betriebsbereitschaft(smeldung)." Der Lieferant interpretiert dies mit dem ausgelieferten Datenträger, der Kunde mit dem formalen Abnahmetest. Dazwischen liegen manchmal Wochen mit Mahnungen, Streit und unnötigen Reibereien, also lehnen wir diese Bedingung von vornherein ab.

Die Projektkostenrechnung kommt nun so richtig zu Ehren: wir wollen jede Woche wissen, wie die Ausgaben im Vergleich zum Budget stehen, prüfen daher auch regelmäßig den finanziellen und arbeitstechnischen Realisierungsgrad. Es ist erstaunlich, aber es kann immer wieder festgestellt werden: eine angemessene, faire Kostenkontrolle spornt ehrbare Geschäftsleute zu sportlichem Ehrgeiz an, Inhalte und Qualität, Termine und Kosten einzuhalten.

Dies gilt auch in gewissem Umfang für die eigenen Mitarbeiter: kümmert sich kein Kontrolleur um regelmäßige Ergebnisse, kümmert sich auch kein Mitarbeiter darum, sondern es wird so dahingewurstelt.

10.3 Die Projektfortschritte werden sichtbar

Da diese Phase kostenintensiv ist, wollen wir in kurzen Intervallen (Woche) die Fortschritte nicht nur bei den Ausgaben, sondern auch bei den Projektaktivitäten dokumentieren.

Wenn die Hardware schon vorhanden ist, werden die beschriebenen Tests im Hause durchgeführt, andernfalls vorbereitet und je nach Testziel auf einer Anlage des Software- oder Hardwarelieferanten durchgeführt. Insofern vermischen sich unsere internen und externen Aktivitäten. Die hier angeführten Tests sollten nicht die endgültigen Abnahmetests ersetzen, sondern sicherstellen, daß man zur Systemeinführung übergehen kann.

10.3.1 Die internen Aktivitäten: Funktionstests

Hauptsächlich werden die Installationsvorbereitungen betrieben sowie Schulungsmaßnahmen durchgeführt, wird Software in Eigenleistung erstellt, so ist die Programmiertruppe unter Vollast.

Die Aktivitätenlisten intern

Mit den laufenden wöchentlichen Rückmeldungen werden auch die Aktivitätenlisten revidiert und dann neu erstellt. Hier ist der Hintergrund für die ursprüngliche Forderung, alle Aktivitäten in Teilschritte mit einer maximalen Dauer in der Größenordnung von einer Woche zu zerlegen. Jeder Mitarbeiter soll jede Woche eine Erfolgsmeldung bringen können. Dies ist nur ein kleiner taktischer Kniff, aber er wirkt nicht nur wegen der regelmäßigen positiven Verstärkererlebnisse, sondern zwingt auch jeden Mitarbeiter jede Woche eine persönliche Bestandsaufnahme zu machen.

Die Installationsmaßnahmen

Bei den Installationsmaßnahmen liegt die Ausstattung der Räumlichkeiten nach der Gewerbeordnung in der Verantwortung des Unternehmers. Gemäß §120a der Gewerbeordnung hat er für die Betriebssicherheit der Arbeitsräume, der Betriebsvorrichtungen und Gerätschaften zu sorgen. Es dürfen keine Gefahren für das Leben und die Gesundheit der Mitarbeiter bestehen.

Mit der Auftragsvergabe an Handwerksbetriebe wurde ein Teil der Verantwortung abgewälzt, da diese verpflichtet sind, nach den Regeln und dem Stand der Technik zu arbeiten. Aber der einzelne Handwerker (der Elektriker) weiß nicht immer, was der andere (der Klimatechniker) macht; und somit ist wieder die Gesamtverantwortung beim Unternehmer und seinem Beauftragten.

Bei der Beschaffung und Gestaltung der Büroeinrichtung sind auch die Vorschriften der Arbeitsstättenverordnung bezüglich:

- Lüftung,
- Raumtemperaturen,
- Beleuchtung,
- Verkehrswegen und Bewegungsflächen

zu beachten. Ferner gelten die Arbeitsstättenrichtlinien für alle baulichen Maßnahmen an Gebäuden und Arbeitsräumen.

Wenn diese Vorschriften von vornherein beachtet werden, ist der Aufwand sicherlich geringer im Vergleich zu Nacharbeiten, die unter Umständen erst während des laufenden Betriebs nachvollzogen werden müssen.

Die Abnahmetests der Installationen

Die Installationen sind vor Inbetriebnahme der Computersysteme zunächst unabhängig zu testen. Insbesondere Stromversorgung, Klimageräte, unterbrechungsfreie Stromversorgung (USV) sollten einige Betriebsstunden unter Vollast mit extremen Belastungsschwankungen getestet werden. Fragen Sie nach Testkonzepten der Hersteller, nur Einschalten und Blinken der Kontrollampen genügt uns nicht.

Die Installation von Datenkabeln kann abschließend oft erst nach Installation der Computersysteme getestet werden, weil dann erst die Netzwerksoftware zur Verfügung steht. Trotzdem sollten alle Strecken vorab durchgemessen und die Meßwerte protokolliert werden. Dabei können sehr wohl schon Schwachstellen, wie eine zu lange Strecke, eine schlechte Klemmverbindung, ein geknicktes Koaxialkabel und ähnliches aufgedeckt werden.

Wir wollen vermeiden, daß nach der Installation der Rechnersysteme die Inbetriebnahme des Netzwerks zurückgestellt werden muß wegen Problemen an den Leitungswegen. Denn meist haben wir keinen direkten sofortigen Zugriff auf den Handwerker, der die Installationen der Infrastruktur durchgeführt hat. Ab einer gewissen Größenordnung des Projekts ist es angebracht, mit dem Installationspersonal für alle Fälle eine Rufbereitschaft am Tage der technischen Inbetriebnahme der Rechnerhardware und des Netzwerks zu vereinbaren.

Die Funktionstests der Software

Die von der Programmierung freigegebenen Programmteile werden mit den Beispielen aus unserer Mustersammlung getestet. Ferner werden an allen Stellen Tests mit Maximal-, Minimalwerten, mit negativen Vorzeichen, etc. durchgeführt, um sicherzustellen, daß alle Bildschirmmasken, Druckmasken und Datenbankfelder, wie auch interne Rechenfelder genügend groß ausgelegt sind. Denken Sie auch an das zuvor beschriebene Beispiel mit dem Rundungsfehler.

Als Teststrategie hat sich bewährt, daß nicht der Programmierer sein eigenes Programm testet (er weiß ja, was er wie und wo umschiffen muß!) sondern daß eine andere Person mit betrieblichen Fachkenntnissen diesen Test durchführt.

Tip: Konsequent jedes Datenfeld auch mit ungültigen Daten beschicken (z.B. 30. Februar) oder unmöglichem Format (Buchstaben und Sonderzeichen statt Ziffern). Solche Tippfehler kommen in der Praxis immer wieder mal vor, und wir müssen sicher sein, daß das System solche Kleinigkeiten abwehren kann. Sind diese Formalien erledigt, so testen wir den eigentlichen Funktionsumfang und dokumentieren den korrekten Rechenvorgang.

Das ganze Verfahren des Funktionstests ist natürlich einfacher, wenn wir bei der Prüfung der Softwarequalität umfangreiche Testhilfen als Pluspunkt feststellen durften. Das kann uns Stunden und Tage an Arbeitsaufwand sparen und bringt erhöhte Sicherheit bezüglich der Zuverlässigkeit des Systems. Wichtig ist vor allem die Transparenz und Nachvollziehbarkeit der Ergebnisse durch den Fachbereich. Ein ordentliches Testprotokoll ist besser als ein Speicherauszug mit handschriftlich eingetragenen Feldmarken und Längen.

Die Funktionsabläufe

Die neuen Funktionsabläufe werden dokumentiert, bei guter Software kann man auf deren Dokumentation aufsetzen und diese dem eigenen Betriebsgeschehen anpassen.

Oft erscheint diese Arbeit vielen Projektleitern vernachlässigbar, da ja das Wissen über das System zum jetzigen Zeitpunkt in allen Köpfen ist. Und genau dies ist der Trugschluß, es gibt schon jetzt kleine Variationen im Verständnis des Systems zwischen den einzelnen Mitarbeitern, diese Variationen nehmen dann schnell ein Eigenleben an und entwickeln sich weiter auseinander. Kommt eines Tages ein neuer Mitarbeiter hinzu, so fällt es schwer, diesen mit eindeutigen Unterlagen einzuweisen.

Diese Texte müssen einfach, kurz und prägnant sein. Geben Sie keine Chance zur Mißinterpretation, und denken Sie immer daran: oft ist ein Bild oder ein nachvollziehbares Beispiel aussagefähiger als ein langer Text. Denken Sie bei der Darstellung der Beispiele auch an das EVA-Prinzip: Eingabe, Verarbeitung, Ausgabe.

Organisationsanweisungen

Da das neue System sicher in gewissem Umfang die bisherige Ablauforganisation des Betriebs verändert, werden die Organisationsanweisungen der neuen Situation angepaßt und überarbeitet. Es gilt die selbe Aussage, die bereits bei den Abläufen gemacht wurde: praktische Beispiele erleichtern immer das Verständnis und machen mit dem neuen Formularwesen und den Arbeitsabläufen vertraut.

Die Schulungsmaßnahmen

Soweit Rechner und Programme für den Testbetrieb schon verfügbar sind, wird nochmals geschult. Erstellen Sie ein Schulungskonzept, bei dem jeder beteiligte Mitarbeiter aus dem Fachbereich zum einen den notwendigen Gesamtüberblick, zum anderen sein notwendiges Fachbereichswissen vermittelt bekommt. Solange noch Testbetrieb angesagt ist, dürfen die Mitarbeiter ruhig mit abstrakten Beispielen das System fordern. Das gibt die nötige Sicherheit für den späteren laufenden Betrieb.

Überlassen Sie nichts dem Zufall oder dem guten Willen des einzelnen Mitarbeiters. Die Schulung ist formell zu absolvieren und die Teilnahme liegt nicht im Ermessen des einzelnen Mitarbeiters. Wer dann später Wissensdefizite hat und sich damit eine

Schutzfunktion zur Vermeidung von ungewünschten Arbeiten zu Lasten der anderen sachkundigen Mitarbeiter aufbaut, stört damit den Betriebsfrieden. Solche Defizite muß er sich auch in seiner Leistungsbeurteilung negativ anrechnen lassen.

10.3.2   Die externen Aktivitäten: Software- und Hardwareherstellung

Der externe Schriftverkehr

Auch in diesem Bereich ist ein Anwachsen der Papierflut festzustellen, aber seien wir bei allem Zeitdruck konsequent: alle Vereinbarungen bedürfen der Schriftform. So steht es in allen Verträgen, und wir sind vertragstreu und verlangen das auch vom Lieferanten.

Die Vertragsunterlagen unterteilt nach Geschäftspartnern

Die Verträge und der Schriftverkehr werden im Projekthandbuch abgelegt, wobei dies, wie bereits gesagt, auf Inhalte und Termine beschränkt werden kann, während die finanziellen Regelungen in diesem Fall beim Einkauf, bzw. der Rechnungsprüfung verbleiben.

Software

Die vom Lieferanten gelieferte Software sollte eigentlich fehlerfrei sein, aber bei individuellen Anpassungen testen wir mit der selben Akribie, wie wir unsere eigenen Programme testen. Festgestellte Fehler werden gut dokumentiert gemeldet, das ist gleichzeitig ein erster Test der Hotline Dienstleistung und des Antwortzeitverhaltens in diesem Bereich.

Ganz außergewöhnliche Sorgfalt pflegen wir bei Tests von Schnittstellen zu Geschäftspartnern, denn diese haben später nach der Freigabe und der Inbetriebnahme kein Verständnis für dann fehlerhaft übermittelte oder übernommene Datenbestände. Mit fehlerhaften Übertragungen greifen wir störend in den betrieblichen Ablauf unseres Partners ein, das kann bittere Konsequenzen für unsere Geschäftsbeziehung haben. Es gibt in manchen Branchen die Situation, daß dominierende Kunden wegen solcher Fehler ihre Lieferanten niedriger einstufen oder die Geschäftsbeziehung gar ganz beenden.

Speziell in diesen kritischen Anwendungen werden wir die Notfallverfahren sorgfältig durchexerzieren mit allen Maximal-, Minimalwerten, wie auch einer Simulation von Leitungsausfall und allen denkbaren Störfällen. Vor allem die Dokumentation, d.h. die Organisationsanweisung für diesen Notfall prüfen wir sorgfältig und spielen sie Schritt für Schritt durch. Das Ergebnis wird im Projekthandbuch dokumentiert, damit im echten Notfall sofort darauf zugegriffen werden kann und ferner die Wiederholungstests während der jährlichen Revision reibungslos durchgeführt werden können. Diese Tests müssen sorgfältig mit dem Geschäftspartner abgestimmt werden, damit nicht Testdaten in den Echtbetrieb einschleichen. Halten Sie den Testdatenbestand auf Datenträger bereit, damit Sie jederzeit (z.B. bei einer Änderung in der EDV-Anwendung beim Geschäftspartner) spontan einen Test fahren können.

Hardware

Bei Preislistenprodukten kann man heutzutage von funktionstüchtigen Geräten ausgehen, aber trotzdem sollte ein erster Test über das reine Einschalten hinausgehen. Man spricht bei der Hardware, speziell den Elektronikbauteilen, von einer Badewannenkurve der Ausfallchance: beim ersten Einschalten sind die Chancen hoch, fallen in der *„Einbrennphase"* schnell auf ein niederes Niveau, nach langer Betriebszeit auf diesem Niveau steigen die Ausfälle langsam wieder an.

Ist ein aufwendiges Datensicherungskonzept vorgesehen, testen wir das auch mal unter extremer Belastung: z.B. fingierter Stromausfall, im laufenden Betrieb ausgefallener Bildschirm, Drucker, etc. Das Datensicherungskonzept wird in allen Varianten durchgespielt, ebenso wird eine Restaurierung von Daten getestet und geübt. Dokumentieren Sie im Projekthandbuch die Zeitbedarfe dieser Tests, damit Sie später eine bessere Planungsgrundlage haben, wenn der Notfall eintreten sollte.

Eine weitere notwendige Prüfung ist auch der folgende Störfall: Wiederanlauf nach Papierstau mit Zerstörung von normalerweise nur einmal druckfähigen Dokumenten. Beispielsweise bei Ausgangsrechnungen druckt man in der Regel ein Original und dann nur noch Kopien; ist das Original zerfetzt, muß es ausnahmsweise nochmals gedruckt werden können.

Diese Fleißaufgabe der Kontrolle der Notfallsituationen sollte der zukünftige Systemverwalter als der Ansprechpartner in solchen Notfällen übernehmen. Somit lernt er das System am besten kennen und kann später den Betrieb sicherstellen.

Sämtliche vorbereiteten Formularsätze werden auf den vorgesehenen Druckern beschrieben und die Schriftqualität wird nochmals geprüft, ebenso die Handhabung der Formulare, wie Abreißen, Trennen, Kuvertieren. Es ist schon vorgekommen, daß technische Änderungen (so steht es in jedem Kaufvertrag: technische Verbesserungen vorbehalten) an den gelieferten Geräten ein anderes Verhalten zeigen, als wir es an den Vorführgeräten erlebt haben.

10.3.3 Das Projektberichtswesen: intern und extern

Die Fortschrittsmeldungen

Die Mitarbeiter, wie auch die Lieferanten berichten wöchentlich über den Stand der einzelnen Aktivitäten, wie es bereits in den vorigen Projektphasen praktiziert wurde.

Der Projektleiter ist in dieser Phase nun als Koordinator gefordert, er muß verhindern, daß zu viele Aktivitäten begonnen und keine beendet werden.

Erfahrungsgemäß tritt diese Situation in dieser Phase häufig auf: wegen eines fehlgeschlagenen Tests muß noch etwas nachgebessert werden, aber die nächste Aktivität muß auch schon beginnen und im Nu ist ein halbes Dutzend Aktivitäten in der Schwebe bei 95 Prozent. Verbieten Sie rigoros den Beginn einer Aktivität, wenn noch irgendwelche Punkte offen sind. Das gibt zwar meist zunächst beleidigte Gesichter, aber das legt sich und ist weniger schlimm als ein Projekt mit zu vielen offen Punkten im Schwebezustand. Sie erhalten sonst sehr schnell die Situation, daß „Jeder" wegen eines offenen Punktes von „Jemand" nichts tun kann.

> ### *Der Aufschub ist das der*
> ### *Eile entgegengesetzte Laster.*

Es ist dann wirklich so, daß andere Teammitglieder oder auch Geschäftspartner ihre Termine verschieben müssen, weil diese offenen Punkte ihre Arbeit behindern.

Diese Argumentation und Schuldzuweisung wird dann gerne und ausgiebig (aus)genutzt, um Zeit für sich selbst zu gewinnen. Der andere ist ja verantwortlich, für den Geschäftspartner kann sogar unser Unternehmen der Schuldige sein. Eine bessere Entschuldigung für geschobene Termine gibt es kaum.

Der interne Schriftverkehr

Bei notwendigen Verfahrensänderungen halten wir diese schriftlich fest, ebenso Vereinbarungen, die Veränderungen an unseren Kriterien: Inhalte, Termine und Kosten verursachen. Dabei wird sorgfältig darauf geachtet, daß alle betroffenen Fachbereiche von diesen Veränderungen informiert werden. Damit wird sichergestellt, daß nicht folgende Situation eintritt: daß eine Änderung zwar einem Bereich Vorteile bringen kann, aber in einem anderen Werksteil jedoch unverhältnismäßig viele oder große Nachteile verursacht und dieser andere Bereich erst bei der Inbetriebnahme davon überrascht wird.

Besprechungen, Einladung und Protokolle

Besprechungen werden wie bisher entweder regelmäßig als Jour fix oder spontan bei Bedarf einberufen, aber niemals ohne Themenliste und niemals ohne Protokoll, in dem festgehalten ist, wer mit welcher Arbeit bis wann beauftragt wurde.

10.4 Der Projektphasenabschluß: Installation freigeben

An diesem Punkt stehen wichtige Entscheidungen an, die sehr großen Einfluß auf den Erfolg des Projekts und damit auf den Unternehmenserfolg haben werden. Die Bestandsaufnahme des Status muß korrekt, realistisch und für die Entscheidungsträger nachvollziehbar sein.

10.4.1 Die Prüfliste der Projektphase: Funktionstests

Nach einen Blick in unsere Prüfliste fragen wir uns, ob das Ergebnis erreicht ist und die ersten Zahlungen fließen können.

- Ergebnis   getestete Software, kundiges Personal, An- / Teilzahlungen
- Freigabe   Phase 6:

  Fertigung, Systemeinführung, Integration, Installation

Wenn die Antwort mit gutem Gewissen JA lautet, erstellen wir den

10.4.2 Der Phasenabschlußbericht: Systemeinführung

Der Bericht stellt fest, daß alle Infrastrukturmaßnahmen (Strom, Verkabelung, etc.) durchgeführt sind, die Betriebssicherheit gemäß den Bestimmungen der Arbeitsstättenrichtlinen sichergestellt ist und daß die neue oder die zusätzliche Hardware installiert werden kann.

Der Bericht stellt des weiteren fest, daß die Standardsoftware und alle vereinbarten, für die Betriebsaufnahme notwendigen Programme verfügbar und getestet sind.

Es ist wichtig Fehler zuzugeben, bevor sie einem vorgeworfen werden.

Mit dem notwendigen Zeitplan für die Anlieferung und die Inbetriebnahme, sowie dem Abnahmetestverfahren kann ein Termin für die Freigabe der Systemnutzung vorgeschlagen werden. Dieser Termin wird vorab mit den Fachbereichen abgestimmt, denn das Projekt greift damit doch sehr stark in das Betriebsgeschehen ein. Sie können natürlich als Projektleiter einen Überrumpelungsversuch starten, aber seien Sie sicher, daß die Fachbereiche Ihnen zurecht in aller Deutlichkeit Ihre Grenzen aufzeigen.

10.4.3   **Das Phasenabschlußgespräch: das Abnahmeverfahren**

Die Hauptthemen dieses Gesprächs sind neben der Feststellung der Projektsituation die Installationsmaßnahmen und das formelle Abnahmeverfahren. Ist laut Lieferumfang auch Einführungsunterstützung vorgesehen, so sollte der entsprechende Lieferant zu diesem Besprechungspunkt mit anwesend sein.

Die weiteren Punkte sind die noch anstehenden Schulungsmaßnahmen, sowie die Überleitung des aktuellen Datenbestandes in das neue System und die notwendigen Abstimmungsarbeiten.

10.4.4   **Die Freigabe der nächsten Phase: Systemeinführung**

Der Projektleiter gibt seinen Bericht über den aktuellen Stand des Projekts. Neben dem inhaltlichen Status wird auch der finanzielle Realisierungsgrad festgestellt und eine Bilanz in Mark und Pfennig erstellt. Hierbei werden auch die Beträge für diese Phase aufgeführt, bei denen die Eingangsrechnung noch fehlt, die Aufträge aber erteilt und die Kosten eindeutig dieser Phase zuzuordnen sind. Nur so erhalten Sie eine korrekte Darstellung im Vergleich zum Budget.

Mit der Feststellung, daß alle Vorarbeiten erbracht sind, werden die Mittel für die nächste Phase: Fertigung beantragt. Die Auslieferung der noch zu installierenden Hardware wird abgerufen. Diese Entscheidung ist nur zu treffen, wenn absolut sicher ist, daß alle Funktionen betriebsbereit sind. Es ist für den Betrieb nicht zu verantworten, mit einem unausgereiften EDV-System in das Betriebsgeschehen einzugreifen. Der daraus entstehende mögliche Schaden ist finanziell größer und imageschädigender als eine um einen Monat verschobene Systemeinführung.

Wenn schon Streß, dann schaffen Sie ihn selber!

11 Fertigung, Systemeinführung

11.1 Die Projektphaseneröffnung: Termin Systemnutzung

Dies ist die Phase mit den höchst kostenrelevanten Aktivitäten, je reibungsloser diese Phase durchgeführt werden kann, um so früher kann das System in das Betriebsgeschehen integriert werden und es wird zum Betriebsergebnis beitragen.

Das Ziel dieser Phase ist, den Tag zu so schnell als möglich zu erreichen, an dem man feststellen und verkünden kann: *„Ab morgen geht das neue Anwendungssystem in Betrieb."*

11.1.1 Die Prüfliste der Projektphase: Installation

Die Software ist erstellt und getestet, die Formulare sind gedruckt, die vorbereitende Schulung hat stattgefunden, die Verkabelung ist durchgeführt und die Hardware wird angeliefert. Ein Blick auf die Phasenprüfliste zeigt uns die Aktivitäten zum Endspurt auf.

Fertigung, Systemeinführung, Integration, Installation

Eingabe	Ergebnis Phase 5: Prototyp, Design Lösung, Implementierung, Realisierung, getestete Software, kundiges Personal, An- / Teilzahlungen
Erarbeiten	Installation: Hardware, Netzwerk, Software, Modultest, Integrationstest, Schulung vor Ort, Einführungsunterstützung, Abnahmeverfahren, Mängelliste
● Ergebnis	Abnahmeprotokoll, Schlußzahlung
● Freigabe	Phase 7: Systemnutzung, Betrieb, Einsatz

11.1.2 Das Projekteröffnungsgespräch: Fachbereiche

Bei diesem Gespräch müssen auch die Verantwortlichen der Fachbereiche teilnehmen, da nun deren Tagearbeit direkt beeinflußt wird, einmal durch die Installationsmaßnahmen zum anderen durch die Abnahmetests und die Einführungsschulung.

Eine weitere Arbeitsbelastung der Fachbereiche wird im Rahmen der Überleitung vom bisherigen zum neuen System hinzukommen. Das muß gut vorbereitet sein, damit der betriebliche Ablauf und die Dienstleistung für unsere eigenen Kunden nicht zu sehr leidet.

11.2   Die Projektdokumentation: Abnahmeprotokoll

Die Dokumentation wird ergänzt um das Abnahmeprotokoll mit einer hoffentlich kurzen Mängelliste, die dann nach den Nachbesserungen abgearbeitet wird. Diese Liste bleibt in der Dokumentation für den Fall, daß später einmal nachgewiesen werden muß, daß zukünftig auftretende Fehler vielleicht ihren Ursprung hier schon hatten oder durch die Nachbesserungen verursacht werden.

11.2.1   Die Projektziele sind erreicht

In einer Bestandsaufnahme wird überprüft, ob und wieweit die ursprünglichen Ziele erreicht wurden.

Wissen annehmen - Kenntnisse abgeben

Spätestens jetzt werden alle beteiligten Fachbereiche nochmals über die Ziele des Projekts, die im Rahmen der Unternehmensziele dargestellt werden müssen, abschließend informiert. Dies gilt nicht nur für die Leitungsfunktionen der Bereiche, die sind ja schon seit längerem während der Projektabwicklung informiert worden, sondern es gilt für alle Mitarbeiter, die mit dem System arbeiten werden. Da jeder Bereichsleiter seinen eigenen Stil der Informationsweitergabe hat, muß das Projektmanagement hier eine einheitliche, verbindliche Darstellung veröffentlichen, die Gültigkeit für alle Bereiche hat und vor allen Dingen jedem Bereich gleichermaßen zur Verfügung steht. Bedenken Sie, daß auch Bereichsleiter meist nur das weitervermitteln, was ihnen im Moment wichtig erscheint, daher sind sie meistens dankbar, wenn sie Unterlagen erhalten, die ihnen die Summe dieser Detailfragen abnimmt.

Aus Betroffenen Beteiligte machen.

Achten Sie also darauf, daß einzelne Fachbereichsmitarbeiter nicht „betroffen" herumstehen.

11.2.2 **Die Projektinhalte getestet und abgenommen**

Alle geforderten neuen Funktionen haben wir im Abnahmeverfahren geprüft und wir teilen nun stolz mit, was dieses System an meßbaren Ergebnissen für unser Unternehmen wird leisten können. Auch hier kann ein Hinweis auf Unternehmensziele manche bange Frage nach dem Warum im Voraus beantworten.

11.2.3 **Die Planung: enge Koordination**

Der Projektablaufplan wird sorgfältig befolgt, für mögliche kritische Situationen haben wir auch Alternativlösungen vorgesehen, für den Fall, daß solche „unvorhergesehenen" Probleme wirklich auftreten. In dieser Phase darf es keine Verzögerungen geben, den jede Minute ist teuer und auch Wartezeiten einzelner Lieferanten, die durch uns oder andere Lieferanten verursacht werden, sind zu bezahlen. Und das ist wirklich weggeworfenes Geld.

Der Weise ist auf alle Ereignisse vorbereitet.

In solch einem Störfall ist es besser, ein fertiges Konzept in der berühmten Schublade zu haben, das man herauszieht und das sofort ablaufen kann, anstatt mit wartenden Lieferanten eine Krisensitzung einzuberufen. Die unter solchen stressigen Bedingungen herbeigeführte Lösungen sind die berüchtigten Schnellschüsse und sicher niemals optimale Konzepte.

11.2.4 **Die Projektkosten: Rechnungsprüfung**

Die in dieser Phase anfallenden Kosten sollten im Prinzip alles Fixkosten sein, die laut Angebot und Auftrag vereinbart sind. Der Projektleiter wird seine Kostenrechnung fortführen, um sicherzustellen, daß er im Rahmen des Budgets bleibt. Die Rechnungsprüfung erfolgt wie bisher durch den Projektleiter betreffs der Inhalte, den Einkauf bezüglich der Konditionen und Fristen und schlußendlich wird das durch die Abteilung Finanzen bezahlt und kontiert.

11.3 **Die Projektfortschritte werden offensichtlich**

Die Fortschritte zeigen sich nun auch deutlich sichtbar für alle Mitarbeiter durch die Installation der Rechnerhardware in allen Bereichen und den Schulungsmaßnahmen, sowie der Überleitung der Daten aus dem bisherigen System in das neue System.

Nicht so sichtbar ist das Einspielen der Software, doch die Verfügbarkeit der Funktionen dokumentiert dann doch: wir haben ein neues Anwendungssystem.

Bei der Umstellung von Links- auf Rechtsverkehr kann man nicht probeweise mit den Bussen anfangen.

11.3.1   **Die internen Aktivitäten: testen und neue Verantwortungsbereiche**

Nun ist die Stunde der Wahrheit gekommen, alle warten mit Spannung auf die ersten Ergebnisse und Erfolge.

Aktivitätenlisten intern

Die nun anstehenden Aktivitäten laufen ab jetzt sehr schnell ab, es ist daher zu überprüfen, ob nicht das Berichtsintervall von der Woche auf den Tag verkürzt wird. Je nach Umfang des Projekts stellt diese Maßnahme sicher, daß kein mehrtägiger Leerlauf oder gar Fehler entstehen, die viel zu spät aufgedeckt und behoben werden.

Modultest

Wenn die Software entsprechend strukturiert ist, kann und sollte jedes Modul unabhängig getestet werden. Diese Verfahrensweise erleichtert die Testarbeit und bringt die Prüfer schneller zum Ergebnis. Unsere Mustersammlung mit den Fallbeispielen leistet nun wieder gute Dienste. Versuchen Sie, ein Verfahren zu entwickeln, mit dem die Beispiele auf der Anlage gespeichert werden und weitgehend automatisiert ablaufen können. Damit können diese Tests auch späterhin nach einem Releasewechsel wieder und vor allem ohne Zusatzaufwand eingesetzt werden.

Ein Versuch ist nichts, es zählt nur das Ergebnis.

Bei dieser Testreihe haben wir nochmals ein wachsames Auge auf alle Aspekte der Bedienerfreundlichkeit, wir prüfen, ob die Maskenlayouts praxisbezogen und logisch aufgebaut sind. Erlauben die Zugriffspfade zu den Daten in sich schlüssig den direkten Zugang zu den Informationen? Wurden bei der Entwicklung nicht irgendwelche Abkürzungen eingeschleust, welche die Handhabung erschweren?

Integrationstest

Integrationstest Nun kommt die Fleißaufgabe, einen gesamten Vorgang zu testen, z.B. von der Angebotsabgabe über die Auftragsannahme, weiter durch alle Stufen inklusive Fertigung bis zur Rechnungsschreibung und dem Zahlungseingang, das Mahnwesen nicht zu vergessen. Dieser Test setzt sorgfältige Planung und Dokumentation voraus und nimmt allein schon für die Vorbereitung der Testdaten und das Nachprüfen der Testergebnisse viel Arbeitszeit in Anspruch.

Arbeitsstil: Vorbereiten, beenden, nachbereiten

Wir befolgen folgende Strategie, wir beginnen mit einem sehr einfachen Vorgang, fahren dann fort mit einigen durchschnittlichen Vorgängen aus dem Tagesgeschäft und danach prüfen wir den Vorgang mit dem höchsten Schwierigkeitsgrad. Dieser Schwierigkeitsgrad mag eine komplexe Preiskalkulation oder ein Volumenproblem mit vielen Positionen über mehrere Seiten oder die Abwicklung eines Rahmenvertrags darstellen. Denken Sie daran, die Mitarbeiter der Fachbereiche mit einzubeziehen, denn gute Testergebnisse stärken das Vertrauen in das neue System.

Bei diesen Tests achten wir auch auf das Antwortzeitverhalten und geben uns nicht zufrieden, wenn der Bildschirmdialog den Bediener nervt. Denken Sie auch an Stapelverarbeitungen, die zum Tagende „noch schnell" durchlaufen müssen.

Wollen Sie ausländische Geschäftspartner mit Hilfe des neuen Systems bedienen, so darf ein Test für jede vorgesehene Sprache und Währung (mit Maximalwerten!) natürlich nicht fehlen.

Testbetrieb

Die Freigabekriterien für ein Modul sind vorab festzulegen. Dazu gehören die erfolgreiche Durchführung aller Musterbeispiele und der Integrationstest. Aber auch das Antwortzeitverhalten bei den einzelnen Vorgängen ist zu prüfen. Gute Praxis ist es, für einige typische Anwendungsvorgänge die Antwortzeiten zu erfassen und im Projekthandbuch festzuhalten. Sollten diese Zeiten später sich verschlechtern, z.B. nach einem Update oder wegen großer Datenmengen, so hat man es leichter in den Verhandlungen mit den Lieferanten, wenn man objektive Meßwerte hat, anstatt nur die subjektive Aussage: „Früher war das System schneller".

Als Datenvolumen ist für Tagesendauswertungen auch ein hierfür normaler Datenumfang zu erfassen. Damit sind auch Wochen- und Monatsabschlüsse zu erstellen, die Zeit wird dann zunächst hochgerechnet, wobei wir Rechnerzeit und Druckerzeit separat aufnehmen. Aber beide Zeiten müssen sich in unseren Betriebsablauf einfügen können. Vielleicht brauchen wir sofort oder mittelfristig einen schnelleren Drucker?

Die Freigabe entscheiden der Sachbearbeiter aus dem Fachbereich und sein Vorgesetzter bezüglich der Inhalte und der sachlichen Richtigkeit, ansonsten der Projektleiter.

Schulung vor Ort

Da nun die Geräte alle installiert sind, kann mit den Mitarbeitern an jedem Arbeitsplatz noch einmal eine praxisbezogene Schulung durchgeführt werden. Wenn die Mitarbeiter beauftragt wurden, die wichtigsten Fallbeispiele aus dem Tagesgeschäft der letzten Wochen zu sammeln, so können diese nun noch einmal durchgearbeitet werden. Dies ist auch eine wichtige vertrauensbildende Maßnahme: wenn der Mitarbeiter erlebt, daß seine gesammelten Beispiele bearbeitet werden können, so schwindet seine Skepsis und er wird überzeugter Benutzer.

Besonders interessante Beispiele nehmen wir in die Mustersammlung auf für spätere Test von neuen Releases und auch zur Schulung neuer Mitarbeiter.

Taten überzeugen besser als Worte.

Dies ist eine sehr gute Gelegenheit für den inzwischen designierten Systemverantwortlichen, die künftige Benutzergruppe an sich zu binden, damit er immer ein gerne akzeptierter Ansprechpartner sein wird. Das Vertrauen der Benutzer, das er jetzt gewinnt, wird ihn weiterhin begleiten und ihm die zukünftige Arbeit erleichtern. Außerdem lernt er auch die letzten Feinheiten des Systems kennen, ein Wissen, mit dem er später alle Anwender gut betreuen kann.

Einführungsunterstützung

Bei sehr komplexen Systemen ist es angebracht, durch den Hersteller die Inbetriebnahme beratend begleiten zu lassen, damit werden auf alle Fälle die negativen Erlebnisse mit den „Vorführeffekten" vermieden, die ein schlechtes Bild auf das neue System werfen könnten. Solche Negativerlebnisse können einem System nachhaltigen und ungerechtfertigten Imageschaden zufügen.

Datenübernahme

Verschiedene Ausgangssituationen bestehen und daher müssen je nach Situation unterschiedliche Wege beschritten werden:

Ablösung eines alten EDV-Systems

In dieser Situation ist zu prüfen, ob die Datenträger zwischen altem und neuem System kompatibel sind, oder ob die beiden Rechnersysteme in sonst einer Form Daten austauschen können, vielleicht mit Hilfe des Hardwarelieferanten oder auf dem Maschinenpark des Softwarepartners. Ist dies der Fall, müssen wir prüfen, ob die Daten so strukturiert sind, daß sie vom alten System ohne großen Programmieraufwand abgezogen werden können.

Sehr oft kommt eine erste Hürde zum Vorschein: die Schlüsselsysteme (Kontenplan, Artikelnummern, Auftragsnummern, etc.) sind nicht verträglich mit dem neuen System, zusätzlich erfordert das neue System meist mehr Information pro Vorgang, die nur manuell beigestellt werden kann.

Sollte das neue System kein Werkzeug haben, um solche einmaligen Stapeleinspeicherungen durchzuführen, so wird ein teueres, noch zu erstellendes Individualprogramm notwendig. Trotzdem wird unter den zuvor beschriebenen widrigen Umständen eine manuelle Nachbearbeitung der übernommenen Daten nicht zu umgehen sein.

Die Einspeicherung von Vergangenheitsdaten bereitet oft auch Schwierigkeiten, da die Systeme die Daten nach unterschiedlichen Gesichtspunkten verdichten, und manche Detailinformationen nicht mehr aus den derzeitigen Summenwerten rekonstruiert werden können.

Sind alle diese Hürden übersprungen, so ist ohne Zweifel die automatisierte Datenübernahme zum Tag X die beste und sicherste Lösung. Wenn nicht, so wird man sich eine Strategie ausarbeiten müssen, um zumindest Teile wie Kundenstamm, Lieferantenstamm, etc. maschinell fehlerfrei und in einem vertretbaren Kostenrahmen zu übernehmen. Ansonsten verfahren wir wie beim konventionellen System.

Bevor das alte System abgebaut wird, erstellen wir natürlich Abschlußberichte über alle Datenbestände, quasi als Schlußbilanz des alten Systems für spätere, vielleicht notwendig werdende Überprüfungen. Analog erstellen wir mit dem neuen System die Eröffnungsbilanz und gleichen die beiden Auswertungen miteinander ab. Beide „Bilanzen" bleiben im Archiv des Unternehmens, im Falle einer Prüfung wird man zwangsläufig darauf zurückgreifen müssen.

Damit wir uns richtig verstehen: mit Bilanzen sind hier in diesem Zusammenhang nicht nur die Daten der Buchhaltung gemeint, sondern die Datenbestände aller Bereiche, wie Personalstammdaten, Artikel-, Stücklistendaten, Arbeitspläne, etc.!

Ablösung eines konventionellen Systems

Zunächst werden die Stammdaten nach dem neuen System strukturiert, z.B. neue Nummernkreise werden festgelegt, die Kopplung der alten mit der neuen Nummer ist festzuhalten (wir werden noch monatelang Bestellungen mit unserer alten Artikel-Nr erhalten!).

Nun kommt die bittere Pille: alle Daten müssen am neuen System erfaßt werden. Das geht meist in zwei Schritten, zunächst die Grundinformationen wie die Bezeichnungen und andere Grunddaten, in einem zweiten Schritt werden dann die veränderlichen Daten (fortgeschriebene Einstandspreise, Bestände, etc.) in einer Art Inventuraufnahme am Tag X erfaßt, beziehungsweise aktualisiert.

Einen positiven Aspekt dieser Aktion wollen wir aber nicht außer acht lassen: diese Datenerfassungsaktion kann sehr wohl die Schulungsmaßnahmen vertiefen. Vergessen Sie nicht, auch für die Datenerfassung eine klare Delegation vorzunehmen: WER, WAS, WANN, etc. Diese Arbeit wird erfahrungsgemäß als unangenehm empfunden, und unsere Spezialisten: Jemand, Irgendjemand lauern im Hintergrund!

Aber auch so ist das Ganze ein schweres Unterfangen und bei entsprechendem Datenvolumen nicht an einem Tag zu schaffen. Wichtig ist ferner ein sorgfältiges Verifizieren aller erfaßten Daten, bevor der erste Vorgang bearbeitet wird und Unterlagen an einen Geschäftspartner gehen.

Für spätere Prüfungen empfiehlt es sich, jetzt nach dem Verifizieren nochmals eine „Eröffnungsbilanz" über alle Datenbestände mit dem neuen System zu erstellen und zu archivieren. Im Falle des Falles kann man einen fehlerhaft erfaßten Wert dokumentieren und korrigieren, das ist besonders wichtig bei laufend fortgeschriebenen Werten. Der Nachweis einer begründeten Änderung von Daten wird von Prüfern anhand von Unterlagen akzeptiert, nicht jedoch Zahlen, deren Herleitung keiner darstellen oder schon gar nicht nachvollziehen kann.

Benennung des Systemverantwortlichen

Mit der Vorbereitung zur Inbetriebnahme des neuen Systems geht die Verantwortung über auf den Systemverantwortlichen, der als Ansprechpartner aller Anwender für das Tagesgeschäft und die Betriebsbereitschaft in Zukunft zuständig sein wird.

Jeder Zuwachs an Macht muß begleitet sein von einem
Zuwachs an Verständnis.

Abhängig vom Projekt kann das ein EDV-Fachmann oder ein versierter Fachmann im Anwendungsbereich sein, nicht notwendigerweise ist es der Projektleiter. Aber eine Vertrauensperson ist es immer, denn von dieser Person hängt es maßgeblich ab, daß das System ordnungsgemäß genutzt wird. Dazu gehört auch die Einarbeitung von neuen Mitarbeitern, das Sicherstellen der Programmpflege entsprechend der betrieblichen Bedarfsänderungen.

Der Systemverantwortliche ist auch der Ansprechpartner bei den sogenannten Karfreitagsfällen, die nur einmal im Jahr auftreten und bei denen niemand sofort eine Lösung kennt. Auch Verbesserungsvorschläge sollten mit ihm abgestimmt werden und von ihm vorangetrieben werden. So ist es nun mal im Leben:

Jede Beförderung ist zugleich auch
eine Forderung.

Bestellung des Datenschutzbeauftragten

Durch den § 36 des Bundesdatenschutzgesetzes ist geregelt, wann ein Datenschutzbeauftragter (DSB) zu bestellen ist: *wenn mindestens fünf Personen ständig mit personenbezogenen Daten (mittels automatisierten Systemen) arbeiten, ist spätestens ein Monat nach Inbetriebnahme ein Beauftragter zu bestellen.* Dies wird häufig versäumt, zum einen, da dieser Beauftragte einen rechtlichen Sonderstatus hat, zum anderen, weil man einfach nicht daran denkt, oder weiteren Formalismus meint vermeiden zu müssen.

Mittelständische Betriebe haben ein weiteres, sehr gravierendes Problem: zum Datenschutzbeauftragten darf nur bestellt werden, wer die zur Erfüllung der Aufgaben die notwendige Fachkunde und Zuverlässigkeit besitzt. Die Fachkunde hat oft nur der Systemverantwortliche und der würde sich selbst beaufsichtigen, also wird diese Aufgabe auch gerne an externe Fachberater vergeben, ähnlich einem Wirtschaftsprüfer / Steuerberater.

Die Aufgaben des DSB sind in § 37 festgelegt, dazu gehören die Aufsicht über die ordnungsgemäße Anwendung der DV-Programme für personenbezogenen Daten, die Unterweisung der dort tätigen Mitarbeiter und deren Verpflichtung auf den Datenschutz, sowie die Beratung bei der Auswahl von solchen Mitarbeitern.

Die Verpflichtung auf den Datenschutz

Das Bundesdatenschutzgesetz bestimmt in *§ 5: die bei der Datenverarbeitung beschäftigten Personen sind,....., bei Aufnahme ihrer Tätigkeit auf das Datengeheimnis zu verpflichten.* Welcher Personenkreis damit gemeint ist, wird in § 36 erläutert, siehe oben beim DSB.

In der Formularsammlung ist ein Beispiel zur Verpflichtung auf den Datenschutz enthalten. Viele Unternehmen beschränken sich auf die allgemeine Geheimhaltungsklausel im Anstellungsvertrag, deren Formulierung in vielen Fällen jedoch nicht die Belange des Datenschutzes abdeckt. Die Verpflichtung auf den Datenschutz ist nicht an den Datenschutzbeauftragten gekoppelt, sondern hat zu erfolgen. Es ist auch im Sinne des Unternehmers, wenn die Mitarbeiter sich der Vertraulichkeit bewußt sind, die diese Daten genießen müssen.

Die formelle Abnahme

So sieht es das Gesetz: *Der Besteller ist verpflichtet, das vertragsmäßig hergestellte Werk abzunehmen, sofern nicht nach der Beschaffenheit des Werkes die Abnahme ausgeschlossen ist.*

**Die Schwierigkeiten wachsen,
je näher man dem Ziel kommt.**

Nimmt der Besteller ein mangelhaftes Werk ab, obschon er den Mangel kennt, so stehen ihm die in den §§ 633, 634 (BGB) bestimmten Ansprüche nur dann zu, wenn er sich seine Rechte wegen des Mangels bei der Abnahme vorbehält. (§ 640 BGB)

Es besteht also immer eine kaufmännische Rügepflicht, beim Werkvertrag über Individualsoftware, ebenso beim Lizenz- oder Kaufvertrag im Fall von Fertig- / Standardsoftware. Die Rüge muß schriftlich, ausführlich in einer für Laien zumutbaren Form, erstellt werden. Man muß aber nicht ein EDV-Fachmann sein, um einen Fehler zu rügen, es genügt, z.B. einen buchhalterischen Fehler etwa im *„Wortschatz des Buchhalters"* darzustellen. Die lapidare Aussage: *„es geht nicht",* reicht jedoch in keinem Fall zur Einklage von Nachbesserungen.

Daher ist Vorsicht geboten, es gibt also auch eine Defacto-Abnahme: wer mit den Systemen arbeitet, obwohl nicht alle Funktionen nach Wunsch (d.h. nach dem Pflichtenheft / Leistungsbeschreibung) funktionstüchtig sind und sich lange genug nicht rührt, verzichtet durch dieses Verhalten indirekt auf das Recht der Nachbesserung. Dies gilt nicht für sogenannte verdeckte Mängel, aber diese sind immer ein spezielles Thema!

Merken wir uns ferner, die formelle Abnahme ist in der allgemeinen Praxis der Stichtag für den Beginn der Gewährleistungsfrist, wenn nichts anders vereinbart wurde.

Wenn Sie mit einem Generalunternehmer den Liefervertrag abschließen, wird der Lieferant die Termine für den Beginn der Gewährleistungspflicht für Hardware und Software trennen wollen. Da er bei der Hardware vom Hersteller die Gewährleistungsfrist nur ab Installationstermin zugesagt bekommt und das kann Wochen vor dem Abnahmetermin für die Software liegen, gibt es Probleme. Wenn dieser Termin einheitlich sein soll, muß das vorher vereinbart und meistens dann auch in Form eines vorgezogenen Wartungsvertrags bezahlt werden.

Vermeiden wir auf alle Fälle, daß während des Abnahmeverfahrens durch den Vertreter des Lieferanten Programmkorrekturen durchgeführt werden, um entdeckte Fehler sofort zu beheben. Die Qualität dieser Korrekturen ist meist zweifelhaft und das Abnahmeverfahren zieht sich unnötig in die Länge. Auch Nacharbeiten am Abend nach dem Abnahmeverfahren sind oft nicht sehr erfolgreich, meist kann nur noch der Pförtner und nicht der Projektverantwortliche die Arbeit bestätigen.

Ein Nein zur rechten Zeit
erspart viel Widerwärtigkeit.

Es ist ja gut gemeint, der Projektleiter des Lieferanten will seinem Arbeitgeber Zeit und Fahrtkosten ersparen, aber in den meisten Fällen interessiert uns das als Auftraggeber weniger als ein rund-um funktionstüchtiges System.

Der Idealfall wäre, wenn der Projektleiter (der Verantwortliche für die Herstellung) und der zukünftige, vielleicht auch schon ernannte Systemverantwortliche (für den zukünftigen Einsatz verantwortlich) die agierenden Personen unseres Unternehmens bei der Abnahme sein können.

Abnahmeprotokolle

Die Abnahme muß dokumentiert werden, unterschreiben müssen beide Seiten, es empfiehlt sich, daß nur Mitarbeiter solch ein Protokoll unterschreiben, die zumindest Handlungsvollmacht haben.

Ferner muß spezifiziert werden, welche Funktionen abgenommen wurde. Es ist sinnvoll, für die Abnahme einen typischen Satz von Vorgängen durch alle Stufen des Systems durchzuarbeiten. Nach jeder Stufe werden die Ergebnisse geprüft. Hilfreich ist es jetzt, wenn bei der Prüfliste der Software Qualität die Kriterien: Nachvollziehbarkeit der Vorgänge und Einfachheit der Testbarkeit mit „sehr gut gelöst" beantwortet wurde.

Entscheidend ist die Aussage auf unserem Abnahmeformular, ob das System abgenommen wurde oder nicht. Sollte auch nur ein Mangel bestehen, so wird bestenfalls teilabgenommen. Der nächste Abnahmetermin wird fixiert, auch wenn der Lieferant nicht einverstanden sein sollte. Denn dies ist eine Nachbesserungsfrist, deren Festsetzung uns als Auftraggeber rechtlich zusteht.

Die Frist zur Nachbesserung wird mit Augenmaß gesetzt, aber unter der Maßgabe, daß der Lieferant in Verzug ist und der Abnehmer einen Nutzungsausfall hat. Der Abnehmende wird auf jeden Fall darauf hinweisen, daß bei Mängeln ein Geldeinbehalt erfolgt. Wurde eine Konventionalstrafe vereinbart, so laufen ab jetzt die Fristen nicht nur für die Nachbesserung, sondern auch für die Fälligkeit der Strafe.

Mängelliste

In der Mängelliste werden alle Fehler aufgeführt, und zwar in fließendem Deutsch. Eine Begründung, warum DV-technisch ein Fehler vorliegt, ist nicht nötig. Der Mangel muß von der Anwendungsseite her dokumentiert werden, am besten mit Beispielrechnungen in den beigefügten Unterlagen.

Die fortlaufende Numerierung der Mängel (und der Anlagen) ist hilfreich bei weiteren Verhandlungen, um sich zurechtzufinden, welcher Mangel wann und wie behoben wird.

Wenn die Unfähigkeit einen Decknamen braucht, nennt sie sich einfach Pech.

Nachbesserung

Vom Umfang und der Bedeutung der festgestellten Mängel ist es abhängig, ob nach der Nachbesserung eine volle Abnahme oder nur eine Teilabnahme notwendig wird. Auf jeden Fall muß die Mängelliste Punkt für Punkt durchgegangen werden und vom Lieferanten der Nachweis erbracht werden, daß jeder in der ursprünglichen Abnahme monierte Fehler behoben ist.

Das Abnahmeprotokoll wird nochmals unterschrieben und geht als offizielles Dokument ins Projekthandbuch. Ab diesem Termin laufen meist die Zahlungsverpflichtungen und auch die Gewährleistungspflicht. Die Kosten für Nachbesserung und erneute Abnahme geht eindeutig zu Lasten des schuldhaften Verursachers.

Je nach Situation muß auch darüber gesprochen werden, wer die Mehrkosten des nichtschuldigen Geschäftspartners trägt, falls dies nicht im Vertrag oder in den AGB geregelt wurde. Es ist erstaunlich, wie oft an diesem angeblich ungeklärten Punkt, in Unkenntnis des § 476a (BGB), die Wogen hochgehen und die ersten Brüche in einer gerade begonnenen Geschäftsbeziehung auftreten können.

Es liegt im Ermessen des Auftraggebers, die Fristen für Nachbesserungen zu setzen, nach § 634 (BGB) kann der Besteller dem Lieferanten eine angemessene Frist setzen und sogar gleichzeitig bei Nichterfüllung mit weiteren rechtlichen Schritten drohen.

Es ist auf jeden Fall eindeutig eine Ermessensfrage des Auftraggebers, wieviele weitere Nachbesserungsversuche er zuläßt, der Gesetzgeber ist da sehr streng gegenüber säumigen Lieferanten, insbesondere bei Standardlösungen.

Sehr häufig gibt es auch Meinungsverschiedenheiten über das Wesen der Nacharbeit: ist es die Nachbesserung eines Fehlers oder ein nicht vom Auftrag abgedeckter Wunsch des Auftraggebers, dessen Erledigung eigentlich kostenpflichtig wäre? Dieser Punkt sorgt häufig für Magengrimmen auf beiden Seiten, ist aber ein offensichtliches Ergebnis von unpräzisen Pflichtenheften, bzw. der Interpretation von Ungenauigkeiten.

Teilinbetriebnahme

Bei größeren Projekten kann es sinnvoll werden, schrittweise einzelne Module zeitlich gestaffelt in Betrieb zu nehmen: z.B. Materialwirtschaft, dann Verkaufabswicklung, dann Einkaufsabwicklung und so weiter. Bei der Festlegung der Reihenfolge sollte man sich wiederum von der Pareto-Regel (80:20) leiten lassen, um mit vertretbarem Aufwand schon vorzeigbare Ergebnisse zu erzielen.

In diesem Fall wird man praktikablerweise jeweils die Abnahmeverfahren pro Modul vereinbaren und durchführen.

Die juristischen Aspekte einer solchen Regelung sprengen den Rahmen dieser Ausführungen, sollten aber wohl bedacht und vertraglich fixiert werden, damit nicht Teile des Projekts als Ruine enden, andererseits aber Forderungen des Lieferanten im Raum stehen.

Es kann nicht Sinn und Zweck sein, ein zu drei Vierteln beendetes Projekt abzubrechen, weil der Lieferant bei dem letzten Viertel der Leistungen nicht mehr in der Lage ist, die restlichen Leistungen korrekt zu erbringen. Insbesondere in solch einer Situation ist es für den Auftraggeber vorteilhaft, wenn die Modalitäten bezüglich Rücktritt, Wandlung und Minderung vertraglich vorher festgelegt wurden.

Auf jeden Fall werden die Zahlungen nur entsprechend dem Projektfortschritt und den Teilinbetriebnahmen vereinbart und mögliche finanzielle Vorleistungen des Bestellers nur unter Vorbehalt erbracht.

> **Die Zukunft kommt in Raten,**
> **das ist das Erträgliche an ihr.**

Ob diese Form der Abwicklung auch immer möglich ist, hängt mitunter auch vom Wissen um diese Problematik ab und vom Verhandlungsgeschick, mit dem die Aufträge erteilt wurden.

Zumindest die Gewährleistungsfristen (für die Software) sollten erst ab der jeweiligen Teilinbetriebnahme beginnen.

Auf jeden Fall vereinbarten wir, daß die Gewährleistungsfrist die Vorfälle eines gesamten Geschäftsjahres abdecken muß, d.h. auch Inventuren, Jahreswechsel, Jahresbilanzen und die gleichzeitige Bearbeitung zweier Geschäftsjahre, wenn im neuen Jahr noch am Jahresabschluß des Vorjahres gearbeitet werden muß.

11.3.2   **Die externen Aktivitäten: abschließende Arbeiten**

Die externen Aktivitäten beschränken sich auf die Nacharbeiten, die unsere Lieferanten erbringen müssen.

Ein Erfahrungsaustausch oder Seminarbesuch in dieser Phase ist im Moment sicher nur in Ausnahmefällen zulässig.

11.3.3   **Das Projektberichtswesen: zeitnah**

Fortschrittsmeldungen

Durch die Tatsache, daß alle langwierigen Arbeiten in den Vorphasen abschließend abgehandelt wurden, geht es nun in dieser Projektphase Schlag auf Schlag. Alle Aktivitäten werden innerhalb weniger Tage durchgeführt. Trotzdem nehmen wir uns jede Woche die Zeit, die Fertigmeldungen zusammenzutragen und in den Monatsbericht einfließen zu lassen. Gerade bei der üblichen Hektik dieser Phase ist es höchst angebracht, den aktuellen Überblick nicht zu verlieren.

Besprechungen

Wegen der schnellen Abfolge der Aktivitäten kann es sinnvoll werden, jeden Abend ein Resümee zu ziehen mit den Lieferanten und Mitarbeitern, die an diesem Tag ihre Aktivitäten abschließen sollten. Daraus resultiert dann die Aktivitätenliste für den nächsten und die folgenden Tage.

Es ist in den meisten Fällen besser, diese Besprechung auf den Abend zu terminieren. Denn die Chancen, einen weiteren, für den nächsten Tag geplanten Lieferanten abends über eine neue Situation zu informieren und umzudisponieren sind zu diesem Zeitpunkt besser, als am nächsten Morgen, wenn er schon in der Türe steht. Wenn er unverrichteter Dinge gehen muß, macht er das sicher nicht zum Nulltarif.

Außer Spesen nichts gewesen!

Die Einladung ist diesmal formlos und Protokolle werden nur dann geschrieben, wenn sich aus der Situation juristische Konsequenzen ergeben sollten. Ansonsten genügt meist die revidierte Aktivitätenliste als Gesprächsergebnis.

Zwischenbericht

Bei längeren Projekten wird in dieser Phase anstatt des Monatsberichts ein Zwischenbericht etwa jede Woche oder alle zehn Tage an das Leitungsteam erstellt, der Aufbau und Inhalt entspricht dem Monatsbericht. Wegen der schnellen Abfolge der Aktivitäten ist ein Monat als Berichtszeitraum für Managemententscheidungen einfach zu lang. Koppeln Sie diese Berichte an wichtige Meilensteine oder berichten Sie eben konsequent alle zehn Kalendertage.

11.4   Der Projektphasenabschluß: Nutzungsphase Ja oder nein?

11.4.1   Die Prüfliste der Projektphase: Abnahme

Zwei Dinge zählen zu diesem Zeitpunkt, um in den Phasenabschluß einzutreten:

- Ergebnis   Abnahmeprotokoll, Schlußzahlung
- Freigabe   Phase 7:
                  Systemnutzung, Betrieb, Einsatz

11.4.2   Der Phasenabschlußbericht: Inbetriebnahme

Der Bericht empfiehlt auf Grund der erfolgreich durchgeführten Abnahme die Inbetriebnahme des Systems und gibt aus der Sicht des Projektteams die Zahlungen frei. Das letzte Wort hierzu hat natürlich das Management, das sich mit diesem Bericht ein abschließendes Bild macht.

Die Inbetriebnahme

Ein amerikanisches Einführungskonzept heißt: **„swim or sink"**. Das klingt furchtbar brutal, hat aber unbestreitbare Vorteile:

Jeder Mitarbeiter weiß, daß seine Arbeit mit zum Erfolg oder Scheitern des Projekts direkt beiträgt und daß er ein „Null Fehler Produkt" anzustreben hat. Einen zweiten Versuch erhält er nicht! Den machen dann vielleicht andere mit größerer Sorgfalt und daher mehr Erfolg.

Ein System, das freigegeben ist, fährt mit voller Kraft voraus und nicht erst mal nur mit drittel oder halber Kraft. Nur wenn es voll einsatzfähig ist, bringt es den angestrebten betrieblichen Gesamtnutzen.

Aber diese Spielregel muß am Anfang der Arbeiten mitgeteilt worden sein und nicht erst zu Beginn der Inbetriebnahme. Etwas schwieriger wird es mit Lieferanten; die haben das Recht zur Nachbesserung; aber nicht endlos, sondern der Kunde bestimmt, wie bereits angeführt, den endgültig letzten Abnahmeversuch.

Der Abschlußbericht

Im Anhang ist eine mögliche Gliederung eines Projektabschlußberichts aufgezeigt. Jeder Projektleiter, der auch weiterhin ernst genommen werden will, erstellt einen Schlußbericht, in dem er zusammenfaßt, was angestrebt wurde, was vergleichsweise erreicht wurde und er gibt einen Ausblick auf weitere positive Aspekte des Projekts.

Kommt es nicht zu einer formellen Präsentation, so erstellen wir zumindest die Tischvorlage und händigen sie den Mitgliedern des Projektsteuerungsteams und den Fachbereichsleitern aus.

Wenn du Erfolg haben willst, begrenze dich.

In diesem Fall ist es dem persönlichen Stil überlassen, in welcher Form (Hauspost, persönlich ausgehändigt) das geschieht, aber die folgenden Inhalte sollten angesprochen werden.

Projektkurzbeschreibung

Wenig Aufwand macht es, die ursprünglichen Projektziele aus der Informationsphase nochmals aufzuführen. Günstig kann es sein, die ursprünglichen Ziele, die gestrichen wurden, auch aufzuführen und zusammenfassend zu begründen, warum diese Punkte entfallen mußten, aber bitte mit Fingerspitzengefühl! Es mag auch ein guter Ansatz sein, die entfallenen Funktionen als Perspektive für ein weiteres Projekt zur Fortentwicklung des Systems vorzuschlagen.

Als Verwaltungsvereinfachung mag es genügen, die Projektbeschreibung aus der Projektphase 2: Design, Sollkonzept aufzuführen. Auch das Projekt-Organigramm ist eine interessante Information, wer hat was gemacht, beziehungsweise zu verantworten.

Projektverlauf

Der Projektverlauf ist am einfachsten nach unserem bewährten Phasenmodell zu gliedern, aber wirklich nur kurze, knappe Aussagen. Und ja keine Vergangenheitsbewältigung oder Tritte gegen irgendwelche Schienbeine einflechten. Das ist jetzt auf jeden Fall zu spät und schlechter Stil, dessen Auswirkungen eher auf den Berichtenden zurückfallen.

Seien wir ergebnisorientiert: was wollten wir erreichen, was haben wir erreicht. Falls es von Bedeutung für den Projektverlauf ist, können widrige Rahmenbedingungen und äußere Einflüsse aufgeführt werden, aber nur dann, wenn ihr Einfluß entscheidend war. Könnte der Eindruck entstehen, daß diese Situation für Ausflüchte für Minderleistungen benutzt wird, so sollte man sehr vorsichtig formulieren und vor allem die Bedingungen nicht überbewerten.

Aussagen über PLAN- und IST-Kosten, ebenso wie über Termine gehören selbstverständlich dazu. Diese Information kann relativ einfach aus den Projektfreigabe Formularen der einzelnen Phasen übernommen werden, ergänzt wird sie um die IST-Kosten.

Das ergibt eine kleine siebenzeilige Tabelle, die alles aussagt, wobei es völlig ausreicht in den Maßeinheiten Kalenderwoche und TDM zu berichten

Ob diese Tabelle weiter erläutert werden muß, oder ob diese Darstellung ausreicht, hängt von den Zahlen, vom Projekt und der Firmenkultur ab. Denkbar wären noch die absolute (in Tagen und / oder TDM) oder alternativ die prozentuale Abweichung als Ergänzung. Alternativ kann das Zeit- und Kostenfortschrittsdiagramm in der abschließenden Fassung benutzt werden.

PROJEKTKOSTEN		Termine				Kosten
	Phase	P-Start	I-Start	I-Ende	Plan	Ist
1.	Information	KW/JJ	KW/JJ	KW/JJ	TDM	TDM
2.	Hauptstudie	KW/JJ	KW/JJ	KW/JJ	TDM	TDM
3.	Detailstudie	KW/JJ	KW/JJ	KW/JJ	TDM	TDM
4.	Entwicklung	KW/JJ	KW/JJ	KW/JJ	TDM	TDM
5.	Implementierung	KW/JJ	KW/JJ	KW/JJ	TDM	TDM
6.	Installation	KW/JJ	KW/JJ	KW/JJ	TDM	TDM
7.	Nutzung	KW/JJ	KW/JJ	KW/JJ	TDM	TDM

> ### *Zum Erfolg gibt es keinen Lift.*
> ### *Man muß die Treppe benutzen*

Sonstige Erkenntnisse

Die Zusammenarbeit mit Beratern und Lieferanten, speziell mit den ausgewählten neuen Partnern, kann eine Aussage wert sein, auch hier ist darauf zu achten, daß die Aussage zukunftsorientiert ist. War der Lieferant schwierig, so ist aufzuzeigen, wie man in Zukunft sich ihm gegenüber verhalten muß, damit er nicht mehr schwierig ist. Auch Stärken und Schwächen sollen nicht unerwähnt bleiben.

Ergebnisse

Ausgehend von unseren Wirtschaftlichkeitsanalysen aus der Vorstudie überprüfen wir, ob die erstrebten finanziellen Einsparungen und die Verfahrensverbesserungen erreicht wurden. Eine Aussage über Verbesserungen, an die zu Beginn keiner dachte, die aber als Zusatznutzen weitere positive Aspekte darstellen, darf erlaubt sein.

Projektresümee

Das Schlußwort muß auf jeden Fall einen positiven Unterton haben, vergessen wir nicht, den Ideengeber für dieses Projekt (derjenige, der die ursprüngliche Vision hatte) und die sonstigen Promoter zu erwähnen. Ein Projekt, das bis zu diesem abschließenden Punkt vorangetrieben worden ist, kann nur ein Erfolgsprojekt sein; wenn nicht, hätte es rechtzeitig abgebrochen oder umkonzipiert werden müssen.

Aber beachten Sie bei aller im Moment gestatteten Euphorie die herbe Lebenserfahrung:

> ### *Lorbeer ist ein schnell welkendes Gemüse.*

Ab der Inbetriebnahme des Projekts werden alle Mitglieder des Projektteams wieder in ihre früheren Arbeitsgebiete zurückkehren oder an neue Aufgaben herantreten.

Die weitere Entwicklung des Systems

Ein EDV-System ist wie alle betrieblichen Prozesse ein dynamisches System, bei allen Aktivitäten muß man im Auge behalten, daß die Entwicklungsfähigkeit nicht eingeschränkt wird. Oft wurden schon mit Schnellschüssen wegen der Terminnot, softwaretechnische oder organisatorische Fehler begangen, die zwar momentan eine Lösung bieten, aber die Türen für zukünftige Entwicklungen zuschlagen.

Daher ist ein fortlaufender Kontakt mit dem Software Lieferanten, (z.B. durch Teilnahme an Workshops) sehr hilfreich, Entwicklungen rechtzeitig zu erkennen und eigene Fehlentwicklungen im organisatorischen Ablauf zu vermeiden.

Andererseits kann man mit guten Ideen auch selbst Einfluß auf die weitere Entwicklung der Software nehmen. Viele erfolgreiche Softwarehäuser haben davon profitiert, daß sie die praktischen Erfahrungen und Anregungen vieler ihrer Kunden in ihre Produkte integriert haben.

Vorteile aus zukünftigen Entwicklungen

Eine Begründung, warum das soeben fertiggestellte System noch weiter entwickelt werden soll, muß gut formuliert sein. Sonst kann leicht die Rückfrage kommen, warum diese Funktionen nicht von vornherein mit eingeschlossen wurden. Hier muß ganz eindeutig der Bezug zu betrieblich verursachten neuen Anforderungen hergestellt werden. Oder aber zusätzliche Funktionen, die mit relativ wenig Aufwand signifikante Arbeits- oder Verfahrensverbesserungen ergeben, und nur solche Veränderungen sollten aufgezeigt werden.

Die technische Entwicklung bleibt nicht stehen, die gesetzlichen Vorschriften, die Veränderungen im Geschäftsgebaren, neue Unternehmensziele machen es notwendig, an den weiteren Entwicklungen der Software teilzuhaben.

Entlastung des Projektteams

Es gehört zum guten Stil, das Team, wie auch die einzelnen Mitarbeiter zu entlasten und für neue Aufgaben oder wieder für ihre früheren Aufgabengebiete formell freizustellen. Das hat auch zur Folge, daß diese Mitarbeiter nicht mehr notwendigerweise für irgendwelche Tagesaktivitäten, die mit dem soeben abgeschlossenen Projekt zusammenhängen, weiterhin zur Verfügung stehen und somit auch nicht von ihren neuen Aufgaben abgelenkt werden.

War das Projekt von gewisser Größenordnung und der Beitrag des einzelnen Mitarbeiters von Bedeutung, so kann es sinnvoll sein, diese Leistung auch positiv in seiner Personalakte zu vermerken. Solche Dinge werden in der Hektik des Tagesgeschehens leider allzu gerne vergessen.

Die Person vergeht, die Sache bleibt.

Ein Mitarbeiter, der sich in dieser Form anerkannt sieht, ist auch in Zukunft bereit, als engagierter Mitkämpfer wieder in einem Projekt mitzuarbeiten.

11.4.3   Das Phasenschlußgespräch: die Freigabe

Dies ist die letzte Zusammenkunft des Arbeitskreises für dieses Projekt. Das Ziel der Besprechung ist es, dem Abschlußbericht inhaltlich zuzustimmen und die Inbetriebnahme zu genehmigen.

Der Projektleiter tut gut daran, sich vor dieser Besprechung bei allen Beteiligten zu informieren, ob nicht *„irgendwo eine Leiche im Keller liegt"*, die dann dummerweise in der Besprechung zutage gefördert wird. Das wäre peinlich und dem Ziel der Zusammenkunft abträglich. Leider ist durch solche unappetitlichen Vorgänge schon manches, eigentlich gutes Projekt in Mißkredit gebracht worden.

Der Vortrag der Projektleiters, oder des Projektcontrollers, ist im Prinzip eine Zusammenfassung des Abschlußberichts mit der formellen Freigabe der Systemnutzung.

Der Teilnehmerkreis umfaßt das Projektsteuerungsteam, das Projektteam, den Systemverantwortlichen und bei Bedarf die Leistungsträger aus den betroffenen Fachbereichen.

11.4.4   Die Freigabe der nächsten Phase: Systemnutzung

Der Projektleiter informiert das Projektleitungsteam und die beteiligten Fachbereiche mit dem Projektabschlußbericht. Danach wird das neu installierte EDV-System für die allgemeine Nutzung durch die Fachbereiche freigegeben.

Je nach Größe und Bedeutung des Projekts und der Unternehmenskultur darf ein Gläschen Sekt / Orangensaft konsumiert werden.

Der Mensch bedarf des Lobes
fast wie der Nahrung.

📖

12 Systemnutzung

12.1 Die Projektphaseneröffnung: neue Verantwortlichkeit

Die nun beginnende Nutzungsphase ist nicht wie die vorherigen Projektphasen über einen Projektplan gesteuert, sondern nun treten die Organisationsanweisungen der Ablauforganisation in Kraft und den Taktschlag gibt das Betriebsgeschehen. Der Systemverantwortliche ist nun der Ansprechpartner in allen Belangen, die dieses Anwendungssystem betreffen.

12.1.1 Die Prüfliste der Projektphase: Freigabe

Nun ist es soweit, das neue System ist betriebsbereit und zur Nutzung freigegeben. Auch zum Schluß bleiben wir unserer Methodik treu und arbeiten unsere Prüfliste für diese Phase kurz durch. Fehlt auch nichts?

Sytemnutzung, Betrieb, Einsatz

Eingabe	Ergebnis Phase 6: Fertigung, Systemeinführung, Integration, Installation, Abnahmeprotokoll, Schlußzahlung, Freigabe für Phase 7
Bearbeiten	Regelbetrieb, Monatsabschlüsse, Quartalsabschlüsse, Jahresabschlüsse, sonstige Auswertungen, Updates, Erweiterungen, Logbuch (von Störungen), Revision
• Ergebnis	Ablauforganisation und Betriebsergebnisse sind verbessert

Wir können also beginnen:

12.1.2 Das Projekteröffnungsgespräch: Die Verantwortungsbereiche

Dieses wichtige Gespräch findet oft leider nicht statt, nach den Belastungen der Einführungsphase ist man froh, endlich sich wieder der Tagesarbeit zuzuwenden. Trotzdem sollte der Systemverantwortliche formell als Ansprechpartner allen Anwendern vorgestellt werden und die wichtigsten Aspekte des neuen Systems werden noch einmal zusammengefaßt vermittelt.

Die Mitarbeiter der Fachbereiche, insbesondere diejenigen Mitarbeiter, die noch nicht während der Einführungsphase mit dem neuen System befaßt waren, sind dankbar für diese Information. Wir vermeiden damit auch eine Zweiklassengesellschaft: die einen kennen das System und die anderen müssen als Bittsteller das Wissen sich erst erfragen und sich mühsam aneignen. Das bei solcher Wissensaufnahme nicht alles vollständig und korrekt ankommt, ist leider eine unbestreitbare Tatsache.

12.2 Die Projektdokumentation ist endgültig

Die Projektdokumentation ist abgeschlossen, die nächste Änderung aus betrieblicher Notwendigkeit oder aus einem Verbesserungsvorschlag wird nicht lange auf sich warten lassen. Auch die Revisionsberichte werden Teil der Projektdokumentation. Aber auch Nachrichten der Hersteller über Erneuerungen und Verbesserungen werden mit aufgenommen.

12.2.1 Die Projektziele verändern sich

Zu Beginn der Einführungsphase hatten wir die Projektziele nach den neuesten Erkenntnissen formuliert und den Mitarbeitern zur Kenntnis gebracht. Dieser Stand sollte vom Systemverantwortlichen in nicht allzu großen Abständen, mindestens jährlich, überprüft und notfalls angepaßt werden. Ein guter Zeitpunkt ist in der Regel die Bekanntgabe des Geschäftsberichts, ein Moment, in dem meistens auch neue Aussagen zu den Unternehmenszielen gemacht werden.

12.2.2 Die Projektinhalte verändern sich auch

Mit sich ändernden Zielen werden auch die Funktionen der Software sich ändern müssen.

Erfolg ist eine Reise, kein Bestimmungsort.

Mit jedem Release Wechsel werden neue Funktionen hinzukommen und vorhandene erweitert oder verändert. Es ist der Systemverantwortliche, der diese neuen Möglichkeiten aufgreifen muß und ihre Umsetzung in das geschehen voran treiben muß. Das setzt voraus, daß er sich kundig macht und den Fachbereichen diese Neuerungen vorstellt und mit den Sachbearbeitern und ihren Vorgesetzten bespricht, inwieweit diese Neuerungen den betrieblichen Ablauf verbessern können. In enger Zusammenarbeit mit den Fachbereichen wird er diese Neuerungen einführen, wobei ihm auch die Koordination mit den mitbetroffenen Bereichen obliegt.

12.2.3   Die Planung des Tagesgeschäfts

Geplant werden die Updates der Software, des Betriebssystems, die vorbeugende Wartung der Hardware und der Infrastruktur (Klima, Stromversorgung, etc.). Werden unterschiedliche Sicherungskonzepte, wie die beschriebenen Voll- und Teilsicherungen vorgesehen, so werden diese Termine in die Planung des Rechnerbetriebs aufgenommen, ebenso wie zeitaufwendige Abschlußarbeiten. Im Prinzip alles, was den normalen Tagesablauf nachhaltig und auf längere Zeit unterbricht oder zumindest beeinträchtigt.

Hierbei ist anzuraten, so oft als möglich mit festen, regelmäßigen Terminen zu arbeiten, z.B. *„An jedem Freitag, 14:00 Uhr ist Vollsicherung eingeplant"*. Solche regelmäßigen Termine prägen sich besser ein und werden daher eher akzeptiert und in der Planung der eigenen Abteilungsarbeit berücksichtigt als eine spontane Meldung an alle: *„In 15 Minuten wird wegen Datensicherung abgeschaltet!"*. Erfahrungsgemäß werden solche Meldungen nur von einem Bruchteil der Benutzer zur Kenntnis genommen und die dann einsetzende Abschaltung stört das Betriebsgeschehen und die Dienstleistung an unseren Kunden nachhaltig.

12.3.4   Die Betriebskosten

Die laufenden Betriebskosten werden von nun an mit der Standard Kostenrechnung des Betriebs erfaßt und auswertet.

Es bleibt im Ermessen des einzelnen Unternehmens, ob und wie es diese Kosten im Rahmen seiner Kostenrechnung darstellt als Verwaltungsgemeinkosten oder den einzelnen Benutzerabteilungen bzw. Kostenträgern entsprechend einem betriebsspezifischen Umlageverfahren anlastet. Zur Festlegung des Umlageverfahrens werden manchmal die Logbucheintragungen des Rechnersystems herangezogen, um die Größenordnungen zu bestimmen, z.B. Anzahl Druckseiten pro Abteilung und ähnliche im Logbuch enthaltene Angaben, auch die Plattenbelegung und die Nutzungszeit werden teilweise herangezogen. Bei größeren Systemen geschieht das maschinell und dynamisch, bei kleineren macht man sporadische Auswertungen, um die Basis für die Umlagefaktoren zu ermitteln und fortzuschreiben.

Hierbei ist kritisch zu prüfen, ob die dadurch gewonnene bessere Transparenz den zusätzlichen Verwaltungsaufwand wert ist.

Erweiterungen des Anwendungssystems werden meist weiterhin als Investitionen beantragt und genehmigt und als Projekte durchgeführt.

12.3 Der Regelbetrieb: Auflagen

Die Inbetriebnahme ist vollzogen, nun trägt das mit dem Projekt entwickelte System täglich zum betrieblichen Ablauf und somit zum Betriebsergebnis bei.

Je nach Komplexität werden Logbucheintragungen (am besten maschinell) notwendig, die dem Betrieb die Möglichkeit geben, z. B. alle Auflagen des Gesetzgebers, des Wirtschaftsprüfers, des Datenschutzbeauftragten, der Partner mit Wartungsverträgen, etc. zu erfüllen, als da sind:

- Ordnungsmäßigkeit der Buchführung
- Datenschutzgesetz
- Datensicherung
- Betriebsbereitschaft
- Durchführung von Wartungsarbeiten

12.3.1 Die internen Aktivitäten: Systemverantwortung

Es ist geklärt, wer die Verantwortung für das System übertragen bekommt. Je nach Firmenstruktur und Personalaustattung kann das die Abteilung Organisation / EDV für das Gesamtsystem sein oder auch nur für die Hardware, sowie das Betriebssystem inklusive Netzwerk, während die Verantwortung für die funktionale Betriebsbereitschaft für dieses Softwarepaket beim Systemverantwortlichen aus dem Fachbereich liegt.

Gibt es keine EDV-Abteilung, so wird der Systemverantwortliche die Gesamtlast tragen müssen, das umfaßt die Betriebsbereitschaft bis hin zur Datensicherung und allen anderen schon angeführten Arbeiten.

Das Tagesgeschäft

Die Erfahrung zeigt, daß im Regelbetrieb der Anwender sich hauptsächlich um die Funktionen des Tagesgeschäfts bemüht, manche wertvolle Funktion wird vergessen, neuen Mitarbeitern nicht oder nur unvollständig erklärt und daher noch weniger, falsch oder auch gar nicht genutzt. Nach und nach wird bei manchen EDV-Anwendungen ein Nutzungsgrad von nur noch etwa 70 bis 80 Prozent des Systems erreicht, und damit wird entsprechend zuwenig von der ursprünglichen Investition für den Betrieb genutzt.

Können ist tun.

Dieser Prozeß des Vergessens ist ein zwar menschlich verständlicher Vorgang, aber dem muß durch Schulungsmaßnahmen gegengesteuert werden. Je komplexer das System ist und damit meist um so bedeutender für den betrieblichen Ablauf, um so stärker muß auf den Wissensstand der Mitarbeiter geachtet werden. Bei jeder verantwortungsbewußten Fluglinie muß der Pilot sein Flugpatent regelmäßig erneuern, um sicher zu sein, daß er sein Flugzeug in allen, vor allem auch in extremen Situationen völlig beherrscht! Also müssen auch die Mitarbeiter unseres Betriebs regelmäßig instruiert werden, damit ihr Wissen aktuell bleibt und sie die Funktionen korrekt und vollständig zum Wohle des Unternehmens anwenden. Bei sicherheitsrelevanten Systemen kann das sogar eine regelmäßige „Führerscheinprüfung" notwendig machen.

Abschlußarbeiten monatlich, jährlich

Ähnlich wie bei Notfallsituationen müssen die nur sporadisch auszuführenden Arbeiten besonders gut dokumentiert sein, denn sonst wird leicht etwas vergessen und das Ergebnis ist dann leider falsch. Als das typische Beispiel sei hier die Jahresinventur genannt, es macht keinen Sinn diesen Programmblock zu starten, ohne das organisatorische Umfeld vorher geklärt zu haben.

Falsch, auch nur zum falschen Zeitpunkt angewandt, kann es zu erheblichen betrieblichen Störungen kommen, bis hin zur Verneinung der ordnungsmäßigen Buchführung. Es empfiehlt sich, diese Art von Arbeiten mit einem separaten Paßwort zu versehen, so daß nur ausgewählte kompetente Mitarbeiter solche Arbeiten veranlassen können.

Sonderauswertungen

Auch hier gilt das zuvor bei den Abschlußarbeiten gesagte in vollem Umfang. Ferner ist zu berücksichtigen, daß solche Sonderaktionen die Rechnersysteme meist zusätzlich belasten und unter Umständen besser abends oder am Wochenende ausgeführt werden. Dadurch werden die Benutzer nicht unnötig in ihrem Tagesgeschäft gestört.

Als Maßstab für unser Handeln sollte gelten: die Beziehungen zu den Geschäftspartnern dürfen nicht durch die Nichtverfügbarkeit des EDV-Systems gestört oder gar beeinträchtigt werden.

Oft sind andere (Monats-) Abschlußarbeiten zuerst durchzuführen, bevor diese eine bestimmte Sonderauswertung durchgeführt werden darf, oder es dürfen keine weiteren Anwender am System tätig sein. Auch diese Auswertungen müssen dem normalen Anwender mittels Paßwort daher versagt sein.

Die Gelehrten streiten sich, ob man diese Sonderprogramme im Menü zeigt und dann dem Anwender mitteilt, daß er nicht kompetent ist, diese Programme auszuwählen, oder ob man ihm generell nur die Programme zeigt, die er auf Grund seines Paßwortes ausführen darf. Die letztere Version ist wohl übersichtlicher und auch benutzerfreundlicher.

Software Updates

Alle Software Updates werden mit Datum und Uhrzeit registriert, und zwar beide Termine, ab wann sie dem Unternehmen zur Verfügung standen und ab wann sie eingesetzt wurden. Die nachweisbare Kenntnis dieses Einsatztermins ist in manchen Fällen wichtig, um später gegenüber einem Prüfer dokumentieren zu können, warum bestimmte Abläufe ab einem Termin anders gehandhabt werden (mußten).

Es kann sinnvoll sein, zusätzlich zur normalen, regulären Datensicherung weitere Sicherungen zu fahren, die dann längerfristig aufbewahrt werden.

Bei einem Versionswechsel wird man sowohl den Datenbestand als auch die Programmbibliothek sichern: Stand vor und Stand nach Update. Stellt sich nach einigen Stunden oder Vorgangsbuchungen heraus, daß Parameter neu oder unterschiedlich zur vorherigen Version benutzt werden, so kann man wählen, wie weit man zurückgehen wird oder gar muß, wenn die Software nach dem Update, bzw. nach dem Setzen der neuen Parameter nicht korrekt in unserem Sinne funktioniert.

In manchen Fällen muß sogar mit dem alten System wieder aufgesetzt und damit weitergefahren werden, da die Neuerungen nicht voll verträglich sind und zusätzliche Arbeiten notwendig machen, die in der Kürze der Zeit nicht machbar sind.

Eine gute Übung ist es, die für die formelle AbnahmeUpdate: benutzten Beispiele (Standardabläufe und vor allem die Sonderfälle) einzusetzen und nach dem Update eine Quasiabnahme durchzuführen, ehe das System für den allgemeinen Betrieb freigegeben wird. Sehr hilfreich ist es nun wiederum, wenn bei der Prüfung der Softwarequalität im Abschnitt Produktwartung gute Noten verteilt wurden. Im Idealfall können die Testbeispiele gespeichert werden und automatisch ablaufen (Eine Art Dialogverarbeitung im Stapelverfahren).

Am einfachsten ist es, wenn ein Datenbestand „TESTFIRMA" existiert, der zunächst auf den neuesten Stand gebracht wird und erst, wenn alle Tests zur vollen Zufriedenheit gelaufen sind, wird das Update für den echten Datenbestand freigegeben.

Da manche Updates per 1. Januar in Betrieb gehen müssen, steht oft nicht viel Zeit zum Testen zur Verfügung, zumal zu diesem Zeitpunkt genügend andere Jahresschlußarbeiten anstehen und alle Kräfte binden.

Trotz allem, beachten Sie die eiserne Faustregel: niemals ein Update ohne Kontrolle für den Betrieb freigeben.

Gehen lernt man durch Stolpern.

Updates sind oft von Hinweisen der Software Hersteller begleitet, die Aussagen über das Update-Verfahren geben, sowie zusätzliche Information über die Neuerungen. Beides ist sorgfältig zu lesen, und gegebenenfalls in der Update-Planung zu berücksichtigen. Unglücklicherweise sind diese Update Informationen meist im allerletzten Moment erstellt worden, und nicht immer für den Fachlaien leicht verständlich formuliert (deshalb werden sie auch so gerne überlesen!). Diese Nichtbeachtung kann zu gravierenden Fehlern und längerem Ausfall des Systems führen, da das Update Verfahren im günstigsten Fall wiederholt werden muß, im ungünstigen Fall zu Datenverlust führen kann.

Denken wir immer daran, ausgenommen von hochkarätigen Softwarepaketen mit einem Update-Verfahren für ONLINE-Betrieb, ist ein Update immer ein mehrstündiger Nutzungsausfall für den Anwender. Somit ist also dieser Ausfall als betriebliche Störung zu sehen und daher dürfen uns möglichst keine Pannen unterlaufen, die diesen Ausfall über Gebühr verlängern.

12.3.2   **Die externen Aktivitäten: Weiterentwicklung**

Informationen vom Lieferanten

Viele Soft- und Hardware Hersteller treiben Kundenpflege, indem mehr oder weniger regelmäßig eine Kundenzeitschrift verteilt wird. Das ist eine Selbstdarstellung des Lieferanten und enthält oft neben der selbstverständlichen Reklame auch wertvolle Hinweise auf neue Funktionen der Software, Trends in der Firmenpolitik, Hardware, Nachrichten zu Personen und über neue Kunden, etc.

Diese Informationen sollte man ruhig im Umlaufverfahren allen Anwendern zukommen lassen, damit diese sehen, daß sie mit einem guten, sich weiterentwickelnden System aus gutem Hause arbeiten.

Übrigens, bleiben diese Nachrichten aus, so wird der Systemverantwortliche schon mal zum Telefon greifen und nach seinem Betreuer fragen, ist der überhaupt nicht erreichbar, so gehen die Warnlampen zunächst mal auf GELB. Antwortet immer nur der Anrufbeantworter und es erfolgt kein Rückruf, so ist Alarmstufe ROT angesagt!

Workshops

Weitere Kontaktmöglichkeiten sind Lehrgänge und Benutzerworkshops, die von den Lieferanten, bei größeren, weitverbreiteten Systemen manchmal auch von Benutzergruppen, angeboten werden. Ein Erfahrungsaustausch zwischen Anwendern ist meist sehr ergiebig, insbesondere auch die Pausengespräche mit dem informellen Wissensaustausch der sachkundigen Anwender. Oft ist es so, daß Anwender bessere, praxisbezogenere Tips und Tricks mitteilen können, als Berater des Herstellers, die nur die Standardnutzung des Systems kennen.

Nehmen Sie also die Gelegenheit wahr und tauschen Sie Erfahrungen und vor allem auch die Telefon-Nr. aus. Manchmal stehen Sie im betrieblichen Alltag vor einem Problem, von dessen Lösung Sie auf diesem Weg gehört haben. Greifen Sie zum Telefon und lassen Sie sich unterweisen, wie der Kollege das löste. Daß bei solchen Aktivitäten auch Fingerspitzengefühl notwendig ist und ein ausgewogenes Geben und Nehmen der Sache dienlich ist, wird jedem einleuchten.

Seminare

Neben der Fortbildung beim Hersteller werden auch Aus- und Weiterbildungsmöglichkeiten von Verbänden, neutralen Seminaranbietern, Kammern und sonstigen Instituten angeboten. Es trägt zur Verbesserung des eigenen Systems bei, wenn man erfährt, was andere Systeme können oder was nach der Lehre „das System" eigentlich können müßte.

Zunächst wird wohl der Systemverantwortliche der regelmäßige Teilnehmer sein, aber bei entsprechender Qualifikation kann auch ein Anwender diese Funktion wahrnehmen. Wichtig ist, daß dieses Wissen anschließend weitergegeben wird und nicht zusammen mit den Seminarunterlagen in einem Aktenschrank verschwindet.

Manchmal kann auch das Studium eines guten Fachbuchs einige wertvolle Anregungen geben, das ist nicht so teuer, verlangt jedoch Zeit zum Lesen.

12.3.3   **Das Berichtswesen: Verbesserungen**

Auch bei dem Tagesgeschäft ist es vorteilhaft, nicht nur zu wühlen, sondern hier und da den Kopf zu heben, einzuhalten und zu überlegen, was man macht und ob es nicht besser ginge.

Verbesserungsvorschläge

Mit dem Formular Verbesserungsvorschlag können alle Anwender und der Systembetreuer vorschlagen, was zur günstigeren Nutzung des Systems getan werden kann. Neben der Beschreibung des Mangels wird die Verfahrensveränderung erläutert, die angestrebte Verbesserung und auch Hinweise auf eventuelle Nebeneffekte sind aufzuführen.

> *Erfahrung ist das, was man zu haben glaubt,*
> *bevor man mehr davon erwirbt.*

Der Systemverantwortliche muß festhalten, ob, wann und zu welchen Kosten diese Verbesserung eingeführt wird. Diese Vorschläge sind auch eine Arbeitsunterlage für den Revisor, um Schwachstellen zu lokalisieren.

Störmeldungen

Auch die beste Software kann einen verdeckten Fehler haben, der irgendwann unter extremen Bedingungen und Datenkonstellationen zutage tritt. Das muß dokumentiert werden, am Besten auf unserem Formular im Anhang: Störmeldung. Dieses Formular kann direkt nach dem Ausfüllen in das FAX-Gerät gesteckt werden, um den Lieferanten zu informieren. Stellt der Lieferant ein Meldeformular zu Verfügung, müssen Sie wohl dieses benutzen, damit Ihre Meldung überhaupt bearbeitet wird. Aber unsere Rubrik der Rückmeldung sollte niemals fehlen, siehe weiter unten im Text.

Alle Meldungen werden gesammelt in einem Ordner beim Systemverantwortlichen (im Projekthandbuch), damit eine lückenlose Historie aller aufgetretenen Störungen dokumentiert werden kann. Das ist insbesondere wichtig während der Gewährleistungsfrist und im Falle eines Wartungsvertrags. Deshalb werden die Störmeldungen durchnumeriert, das erleichtert auch spätere Rückfragen.

Oft werden von der Störannahmestelle (Hotline) Störmeldungsnummern vergeben, diese sind sorgfältig zu notieren, da alle zukünftigen Kontakte betreffs dieses Vorgangs unter dieser Meldenummer bei dem Hotline-Dienst zusammengefaßt werden.

Auch die Rubrik Rückmeldung durch die Hotline soll sorgfältig nachgeführt werden. Diese Informationen, im Prinzip eine Qualitätsaussage zum Wartungsvertrag, benötigt der Projektrevisor für seine Arbeit und ist mitentscheidend für die weitere Gestaltung der Wartungsverträge.

12.4 Die jährliche Revision

Einmal im Jahr oder aus gegebenem Anlaß soll ein Revisor den betrieblichen Ablauf des mit dem Projekt geschaffenen Systems prüfen. Ein kompetenter Projektrevisor wäre sicherlich der ursprüngliche Projektleiter, wenn er nicht zum Systembetreuer geworden ist, in diesem Falle fehlt ihm die notwendige kritische Distanz. Denn er weiß am Besten, welche Ziele mit diesem System erreicht werden sollten und er kann beurteilen, ob diese Ziele im rauhen Alltag erreicht werden.

Jede technische Anlage, vom Fahrzeug bis zur Produktionsanlage wird regelmäßig in festgelegten Wartungsintervallen inspiziert. Mit der steigenden Bedeutung eines EDV-Systems für ein Unternehmen ergibt sich zwangsläufig die Notwendigkeit, folgende Punkte sicherzustellen:

- Entsprechen alle Funktionen noch dem Bedarf (betrieblich, gesetzlich)

- Beherrschen alle Mitarbeiter das System zum optimalen Nutzen des Unternehmens

- Benutzen die Mitarbeiter das System in vollem Umfang oder nur teilweise

- Sind alle Kontrollen in Kraft, damit kein Mißbrauch irgendwelcher Art zum Schaden des Unternehmen vorkommt

- Welche Anpassungen müssen erfolgen, damit der Nutzwert der Investition erhalten bleibt

Es ist nicht genug zu wissen, man muß auch anwenden.
Es ist nicht genug zu wollen, man muß auch tun.

Die folgenden Arbeitsunterlagen sind zu prüfen: Störmeldungen und deren Korrekturen, Historie der Updates, Logbuch, insbesondere die Eintragungen zur Datensicherung, Verbesserungsvorschläge. Des Weiteren gehören dazu: Überprüfung der Zugriffsberechtigungen, Interviews mit den Mitarbeitern der Fachbereiche, die täglich mit dem System arbeiten, dabei können immer wieder verdeckte Mängel zutage kommen. Auch kann es Sinn machen, mit dem Steuerberater / Wirtschaftsprüfer zu sprechen, speziell bei Software im Bereich Finanzen, Warenwirtschaft, ebenso mit den verantwortlichen Bereichsleitern bezüglich der Auswertungen zur Entscheidungsfindung.

Bei zeitkritischen Anwendungen kann auch eine Performance Studie angebracht sein, um zu prüfen, ob die Hardware, aber auch die Software, dem gewachsenen Datenbestand noch angemessen ist.

All diese Informationen stellen wichtige Entscheidungsunterlagen dar für die weiteren Schritte, wie die generelle Überarbeitung des Systems, die Neugestaltung der Wartungsverträge, (Nach-)Schulungsmaßnahmen, Änderung der Arbeits- und / oder Ablauforganisation oder gar eine Neuinvestition.

Eine regelmäßige Revision, vor allem vor dem Zeitpunkt der Verlängerung von irgendwelchen Wartungsverträgen, hilft Geld sparen, verbessert das System und gibt auch den Mitarbeitern das Gefühl, daß das Unternehmen um optimale Arbeitsbedingungen bemüht ist.

12.4.1   Die Prüfliste der Revision: Status und neue Ziele

Auch der Revisor wird sich einen Prüfplan erstellen, folgende Hauptkriterien sind mit Sicherheit dabei:

- Eingabe — Unternehmensziele, Projektziele, Projekthandbuch, Störmeldungen, Updates, Abnahmeprotokoll, Mängelliste, allgemeine Systemkenntnis, Revisionsauftrag
- Erarbeiten — Interviews mit internen und externen Mitarbeitern, Revisionsbericht, Vorschläge zur Weiterentwicklung, Auflagen zur Sicherstellung des Betriebs
- Ergebnis — Betriebszulassung

Um die Wahrheit zu erfahren, muß man den Menschen widersprechen.

Der Revisor muß gut zuhören können, und auch die Stellungnahmen von Mitarbeitern hartnäckig hinterfragen, ob nicht Fehler vertuscht werden. Auch die Möglichkeit von bewußtem oder aus Unkenntnis verursachtem Fehlverhalten ist nicht auszuschließen. Diese Fälle sollten auch im Rahmen einer Revision möglichst aufgedeckt werden. Auch ein Nachhaken der ursprünglichen Mängelliste mag angebracht sein. Manchmal tauchen Mängel nur noch unter besonderen Datenkonstellationen auf, und werden im Tagesgeschäft unter Zeitdruck schnell „umschifft".

12.4.2   Der Revisionsabschlußbericht ist zu befolgen

Ein Prüfbericht sollte auf jeden Fall an das Management und den Systemverantwortlichen gehen und zwar mit konkreten Aussagen zu jedem der folgenden Themen:

- Betriebssicherheit
- Schutz vor Mißbrauch
- Benutzerfreundlichkeit
- Verfügbarkeit
- Qualität der Auswertungen
- Fehlersituationen
- Technischer Zustand der Anlagen, inklusive Infrastruktur (Klima, Stromversorgung, etc.)

- Durchzuführende Maßnahmen, eventuelles Kostenvolumen
- Für ganz Mutige ist eine Aussage zur Erreichung der ursprünglichen Projektziele erlaubt, weniger Mutige beziehen sich auf die Ziele, so wie sie am Ende der Einführungsphase formuliert waren. In diesem Fall ist der Abstand zwischen Vision und Realität nicht mehr so groß.

Sind im bisherigen Nutzungszeitraum eklatante Mängel aufgetreten, so kann es notwendig sein, daß der Revisor mit den entsprechenden Lieferanten die diesbezüglichen Passagen des Prüfberichts bespricht und um Stellungnahmen bittet. Die Ursachen können verdeckte Mängel, Schwachstellen in der Software, im Betriebssystem oder an der Hardware, aber auch Benutzerfehler sein.

Ein normal veranlagter Mitarbeiter wird in den seltensten Fällen von sich aus auf Benutzerfehler hinweisen, auf jeden Fall nicht auf seine eigenen. Oft ist ihm auf Grund seines Kenntnisstandes auch gar nicht bewußt, daß er bestimmte Funktionen des Systems falsch oder gar nicht einsetzt. Diese Situation kann sehr häufig im Zusammenhang mit neuen Releases auftreten, deren weiterentwickelten Funktionen nicht vollständig korrekt vermittelt wurden und daher nicht richtig genutzt werden können. Leider sind bei vielen Herstellern die Update Dokumentationen für viele Anwender ein Buch mit sieben Siegeln; war der arme einzelne Anwender gerade in Urlaub während des Updates, so hinkt er noch weiter hinter den Kollegen her.

<table>
<tr><td>12.4.3</td><td>

Das Revisionsabschlußgespräch intern und extern

</td></tr>
</table>

Man wird den Bericht wohl auch in der Dokumentation ablegen, aber meist ist ein Gespräch mit dem Systemverantwortlichen, je nach Lage auch mit den Fachbereichen oder der Geschäftsleitung notwendig. Auch der Revisor lädt mit Agenda und Teilnehmerliste zur Besprechung ein. Je nach Bedarf wird der Bericht (oder eine Zusammenfassung davon) mit der Einladung ausgeteilt, damit alle Teilnehmer vorbereitet sind.

In diesem Gespräch werden Maßnahmen eingeleitet, die gravierende Fehlfunktionen beheben sollen, ein Paket von Verbesserungsvorschlägen umsetzen oder neue Dienste für das Unternehmen bringen sollen.

Damit startet wieder ein neues Projekt, dessen Phase: Information, Vorstudie hat gerade eben mit dem Bericht des Revisors begonnen.

<table>
<tr><td>12.4.4</td><td>Die Freigabe der Betriebszulassung</td></tr>
</table>

12.4.4 — Die Freigabe der Betriebszulassung

Der Revisor muß eine formelle Freigabe erteilen oder entsprechende Auflagen festlegen, die innerhalb einer gesetzten Frist abgearbeitet sein müssen. Nur dann hat die Geschäftsführung die Sicherheit, daß das Anwendungssystem korrekt arbeitet und korrekt genutzt wird, sowie auch dem neuesten betrieblichen Bedarf regelmäßig angepaßt wird. Es wächst sozusagen mit dem Betrieb und dessen Bedarf. Ob der Revisor die Umsetzung der Auflagen selbst überprüft oder dies an den Systemverantwortlichen delegiert wird, hängt von dessen Stand und Kompetenz ab. Für die Sicherheit relevante Auflagen, z.B. Kontrollmechanismen gegen Mißbrauch muß der Revisor oder ein Mitglied der Unternehmensleitung verfolgen. Angaben zu den Kontrollmechanismen werden vorzugsweise auch in diesem Personenkreis zurückbehalten, damit kein Mißbrauch möglich wird.

Die korrekten Vorgaben zur Weiterentwicklung des Anwendungssystems setzen voraus, daß der Revisor auch die neuesten Unternehmensziele kennt und die Projektziele dann im Gespräch mit den Fachbereichen ergebnisorientiert weiterführt.

Nichts ist von Dauer, nur die Veränderung.

Schlußwort

Zum guten Schluß noch einmal eine kleine Provokation und einige erläuternde Thesen zu der folgenden harten Forderung aus dem Wall Street Journal.

Schaffen wir das Management ab!

Trotz des finanziellen Hintergrunds dieser Zeitschrift, diese Thesen gelten für alle Managementbereiche, für Finanz-, wie auch Technikabteilungen.

- Menschen wollen nicht gemanagt, sondern geführt werden.

- Haben Sie je von einem Staatsmanager gehört? Bestimmt nicht, sondern sicher immer nur von Staatsführern.

- Welches Gebiet Sie auch immer betrachten: Wirtschaft, Politik, Wissenschaft, Sport, soziale Verbände; es sind immer wieder die Führungspersönlichkeiten, die berühmt werden und die in aller Erinnerung bleiben, nicht aber die Manager. Denn diese bekannt gewordenen Persönlichkeiten haben Menschen geführt und nicht Menschen gemanagt.

- Sie können ein Pferd zur Tränke führen, aber Sie können es nicht so managen, daß es säuft. Ebensowenig können sie Menschen managen, schon der Versuch ist unzumutbare Manipulation.

- Wenn Sie jemanden managen wollen, so managen Sie sich selbst. Wenn Sie das Selbstmanagement gut und konsequent machen, sind Sie bald so souverän, daß Sie es nicht mehr nötig haben, andere Menschen zu managen und Sie beginnen, diese Mitarbeiter erfolgreich zu führen.

Und somit werden Sie als Führungskraft tagtäglich neu gefordert:

Dem Mut zum Anderswollen
entspringt ein Weg zum Anderskönnen.

Insbesondere der Projektleiter ist eine Führungskraft unter besonders schwierigen Einsatzbedingungen. Mehr noch als jeder Fachbereichsleiter, der auf Grund der Betriebsorganisation und sein berufliches, durch längere Erfahrung und entsprechende Ausbildung fundiertes Fachwissen quasi automatisch der Vorgesetzte ist, muß der Projektleiter um so mehr seine Mitarbeiter verstärkt situationsgerecht führen. Denn häufig betreut er Mitarbeiter, die alle auf ihrem jeweiligen Gebiet die Sachkundigeren sind, deshalb wurden sie ins Team berufen.

Durch dieses situationsgerechte Führungsverhalten steuert der Projektleiter den Fortschritt seines Projekts besser als durch jede andere, vielleicht disziplinarische Maßnahme. Auf jeden Fall steuert er das Projekt durch Personalführung besser, als wenn er alles selbst machen will, und darüber nicht mehr dazu kommt, seine Mitarbeiter zu führen.

Zehn Führungsregeln

Rekapitulieren wir nun zum guten Schluß noch die zehn wichtigsten Aufgaben einer Führungskraft. Wenn Sie als Projektleiter diese folgenden Führungsregeln sorgfältig beherzigen, dann ist zum einen der Erfolg Ihres Projekts nähergerückt und zum anderen Ihr Aufstieg zu weiterführenden Aufgaben schon abzusehen, zumindest die Weichen sind gestellt.

Probleme managen

Haben Sie immer ein wachsames Auge, um Probleme rechtzeitig zu erkennen, bestimmen Sie die Problemfelder und analysieren die Situation, führen Sie für jedes Problem umgehend eine Lösung herbei.

Ziele bestimmen

Denken Sie immer an die Struktur der Ziele: Unternehmen, Projekt, Abteilung, Mitarbeiter. Zur Zielerreichung gehören auch die Richtlinien für die Mitarbeiter, nach denen die Ziele erreicht werden sollen.

Entscheiden

Stellen Sie die Handlungsalternativen unter Berücksichtigung aller verfügbaren Informationen fest und seien Sie bemüht, schnell eine Entscheidung zu treffen oder herbeizuführen.

Planen

Fassen Sie nur zukunftsorientierte Ziele ins Auge und ermitteln Sie die Methoden zur Zielerreichung rechtzeitig.

Mitarbeiter führen

Auswahl, Beurteilung und Ausbildung der Mitarbeiter sind die Garanten für erfolgreichen Personaleinsatz: den richtigen Mitarbeiter für den richtigen Arbeitsplatz finden, ihn dann aber auch einsetzen und ihn fördern.

> ***Gib mir einen Fisch***
> ***und du machst mich satt für einen Tag.***
> ***Lehre mich fischen***
> ***und du machst mich satt für immer.***

Delegieren

Jedem Mitarbeiter entsprechend seinem Kenntnisstand Aufgaben, Pflichten und Rechte selbstverantwortlich übergeben.

Initiieren und motivieren

Den Mitarbeitern Denkanstöße geben, sie für die Arbeitsziele begeistern und engagieren.

Koordinieren, organisieren

Zwischen Vorgesetzten, Mitarbeitern und Kollegen die Zusammenarbeit steuern und fördern. Setzen Sie nichts als selbstverständlich geschehend voraus.

Kommunikation, Information

Vermitteln Sie allen Vorgesetzten, Mitarbeitern und Kollegen das für deren Arbeit notwendige Wissen in der jeweils für diese Personen erforderlichen Detaillierung oder Zusammenfassung.

Kontrollieren

Bei allen Arbeiten müssen Sie das Arbeitsergebnis prüfen, aber da man nicht immer alles selbst kontrollieren kann, müssen Sie für die Mitarbeiter auch Voraussetzungen zur Selbstkontrolle schaffen.

Werter Leser, wir sind uns einig: natürlich ist das alles viel leichter hier aufgeschrieben, als im täglichen Betriebsgeschehen dann immer getan. Trotzdem, wenn Sie so oft als möglich konsequent diese Regeln befolgen, so wird Ihnen das Leben als Projektleiter mit der Zeit leichter und die Arbeit macht Ihnen mehr Spaß.

Seien Sie nicht entmutigt, wenn Sie sich mal wieder dabei ertappen, daß Sie die eine oder andere Regel vernachlässigt haben. Freuen Sie sich jedesmal, wenn Sie diese, Ihre Panne bemerkt haben, denn nur durch diese Erkenntnis können und werden Sie sich weiterentwickeln auf Ihrem Berufsweg.

> ***Das Leben ist eher eine Folge von Zufällen,
> als von bewußten Entscheidungen.***

Diese etwas philosophische Meinung mag zwar stimmen, aber manchmal muß man die Zufälle eben herbeiführen. Beginnen Sie also noch heute damit, Ihre Ziele zu definieren und aufzuschreiben und ab diesem Moment werden Sie diese Ziele konsequent anstreben. Machen Sie auch eine regelmäßige Erfolgskontrolle und gönnen Sie sich das Erfolgserlebnis, wenn Sie einen Meilenstein erreicht haben. Solche Erlebnisse sind wichtige Verstärker, die Ihnen die Kraft geben, weitere Schritte in Angriff zu nehmen.

Ihr erster Schritt beginnt mit einer ganz einfachen Aktion:

Selbstmanagement

Schreiben Sie sich deshalb diese zehn Regeln für Führungskräfte auf ein Blatt in Ihrem Taschenkalender. Und zwar an einer Stelle, an der Sie diese Regeln jeden Tag sehen müssen, wann immer Sie den Kalender zur Hand nehmen. Das ist eine ganz simple, aber dennoch wirkungsvolle Methode. Rekapitulieren Sie täglich am Abend, später wöchentlich, ob Sie die Regeln alle beachtet haben.

Machen Sie sich zu jeder Regel einen persönlichen Aktivitäten-plan, der exakt auf Ihre persönliche Situation in Ihrem Unter-nehmen eingeht.

Sehr bald werden diese Regeln Ihnen zur guten Gewohnheit werden. Wenn dieser Zeitpunkt erreicht ist, dann dürfen Sie die-se Regeln aus Ihrem Taschenkalender herausnehmen. Aber ab und zu sollten Sie nochmals nachlesen, damit sich keine Nach-lässigkeiten einschleichen.

Und seien Sie immer auf der Hut:

> *Wer SEINE METHODE gefunden hat,*
> *muß immer prüfen,*
> *ob nicht ein Teil seines Gehirns*
> *eingeschlafen ist.*

Sie werden sehen, daß man durch konsequentes Selbstmanage-ment sich berufliche Erfolge erarbeiten kann, die dann um so leichter fallen, je besser man dieses Metier als Führungskraft nicht nur durch Fachwissen, sondern noch mehr durch Füh-rungswissen beherrscht.

Viel Erfolg wünscht Ihnen

Wolfram Brümmer

A Anhang

Anmerkung:

Die hier angeführten Zeitbedarfe für einzelne Aktivitäten sind bestenfalls Orientierungswerte, da sie abhängig sind von:

- Konzeption des Systems
- Software - Qualität
- Hardware
- Kenntnisstand des eigenen Personals
- Qualifikation der Zulieferanten
- Qualifikation der Berater, interne wie externe
- Weiterentwicklung der EDV- und Kommunikationstechnik
- etc.

Stellen Sie daher sicher, daß die für Ihr Projekt notwendigen Zeitbedarfe unter Ihren Einsatzbedingungen sorgfältig ermittelt werden.

Bitte beachten Sie auch die Ausführungen zum Thema Projektdauerschätzung und Kalkulation im Kapitel Information, Vorstudie.

Die einzelne Aktivität mag bei Ihrem Projekt völlig andere Dimensionen annehmen oder mag gar entfallen, ebensogut mag bei Ihnen die Notwendigkeit für weitere, hier nicht aufgeführte Aktivitäten entstehen.

Die Dauerangaben sollten zunächst, in Stunden als kleinster Maßeinheit sein (3 Stunden ist auch besser vorstellbar als 0,38 Tage), werden dann später aber als Manntage weitergeführt.

Als Darstellungsform wurde hier der Ablaufplan gewählt, da Struktur- und Netzplan sich darauf aufbauen, jedoch die projekt- und betriebsspezifischen Abhängigkeiten in Zusammenhang mit diesem Buch nur verwirren würden. Diese Darstellungsformen erstellt Ihnen ein gutes Projektmanagement Softwarepaket.

Der Autor

14.1 EDV Projekt

14.1.1 Information, Vorstudie

Phase 1: Information, Vorstudie

Lfd Nr	Pln Nr	Aktivität	Ge-samt	Zwi-Su	Stun-den	WT	Start-termin	WT	End-termin
101	**100**	**Information, Vorstudie**	**189**			Di	01.03.1994	Mi	30.03.1994
102	**110**	**Projektphaseneröffnung**	**28**	**16**		Di	01.03.1994	Mi	02.03.1994
103		Vorbereitungen			16	Di	01.03.1994	Do	03.03.1994
104	111	Prüfliste Projektphase 1		8		Di	01.03.1994	Mi	02.03.1994
105		Besprechungsunterlagen			6	Di	01.03.1994	Di	01.03.1994
106		Gesprächsvorbereitung			2	Di	01.03.1994	Mi	02.03.1994
107	112	Projekteröffnungsgespräch		4		Mi	02.03.1994	Mi	02.03.1994
108		Besprechung			2	Mi	02.03.1994	Mi	02.03.1994
109		Ergebnis umsetzen			2	Mi	02.03.1994	Mi	02.03.1994
110	**120**	**Projektdokumentation**	**55**			Mi	02.03.1994	Fr	11.03.1994
111	121	Projektziele festlegen		20		Mi	02.03.1994	Mo	07.03.1994
112		Unternehmen			4	Mi	02.03.1994	Do	03.03.1994
113		Projekt			4	Do	03.03.1994	Do	03.03.1994
114		Fachbereiche			8	Do	03.03.1994	Fr	04.03.1994
115		genehmigen lassen			4	Fr	04.03.1994	Mo	07.03.1994
116	122	Projektinhalte		21		Mo	07.03.1994	Mi	09.03.1994
117		Festlegen der Inhalte			8	Mo	07.03.1994	Di	08.03.1994
118		Projektstammblatt			2	Di	08.03.1994	Di	08.03.1994
119		Betriebliche Ergebnisse			3	Di	08.03.1994	Di	08.03.1994
120		Fachliteratur			8	Di	08.03.1994	Mi	09.03.1994
121	123	Planung		6		Mi	09.03.1994	Do	10.03.1994
122		Grobplan erstellen			4	Mi	09.03.1994	Do	10.03.1994
123		Projekttermine			2	Do	10.03.1994	Do	10.03.1994
124	124	Projektkosten		8		Do	10.03.1994	Fr	11.03.1994
125		Preisinformationen			4	Do	10.03.1994	Do	10.03.1994
126		Eigenleistungen			2	Do	10.03.1994	Fr	11.03.1994
127		Budgetantrag			2	Fr	11.03.1994	Fr	11.03.1994
128	**130**	**Projektfortschritte**	**80**			Fr	11.03.1994	Fr	25.03.1994
129	131	interne Aktivitäten		10		Fr	11.03.1994	Mo	14.03.1994
130		Rahmenbedingungen			4	Fr	11.03.1994	Fr	11.03.1994
131		Machbarkeit			6	Fr	11.03.1994	Mo	14.03.1994

132		Wirtschaftlichkeitsanalysen:		40	Mo	14.03.1994	Mo	21.03.1994
133		Verfahrensverbesserungen		4	Mo	14.03.1994	Di	15.03.1994
134		Kostenbetrachtung		6	Di	15.03.1994	Di	15.03.1994
135		sonst.Verbesserungen		6	Di	15.03.1994	Mi	16.03.1994
136		Prüfliste Software Lieferant		4	Mi	16.03.1994	Do	17.03.1994
137		Prüfliste Software Qualität		6	Do	17.03.1994	Do	17.03.1994
138		Prüfliste Hardware Lieferant		4	Do	17.03.1994	Fr	18.03.1994
139		Projektdauerschätzung		4	Fr	18.03.1994	Fr	18.03.1994
140		interner Ressourcenbedarf		4	Fr	18.03.1994	Mo	21.03.1994
141		Budgetantrag		2	Mo	21.03.1994	Mo	21.03.1994
142	132	externe Aktivitäten		28	Mo	21.03.1994	Fr	25.03.1994
143		Informationen zusammenstellen		4	Mo	21.03.1994	Di	22.03.1994
144		Anwendung allgem.		12	Di	22.03.1994	Mi	23.03.1994
145		Softwarelieferanten		4	Mi	23.03.1994	Do	24.03.1994
146		Hardwarelieferanten		4	Do	24.03.1994	Do	24.03.1994
147		sonst.Informationsquellen		4	Do	24.03.1994	Fr	25.03.1994
148	133	Projektberichtswesen		2	Fr	25.03.1994	Fr	25.03.1994
149		Statusbericht		2	Fr	25.03.1994	Fr	25.03.1994
150	**140**	**Projektphasenabschluß**	**26**	**4**	Fr	25.03.1994	Mi	30.03.1994
151		Abschließende Bearbeitung		4	Fr	25.03.1994	Fr	25.03.1994
152	141	Phasenprüfliste		4	Fr	25.03.1994	Mo	28.03.1994
153		Unterlagen zusammenstellen		4	Fr	25.03.1994	Mo	28.03.1994
154	142	Phasenabschlußbericht		8	Mo	28.03.1994	Di	29.03.1994
155		Unterlagen zusammenstellen, abst.		4	Mo	28.03.1994	Mo	28.03.1994
156		Bericht erstellen		4	Mo	28.03.1994	Di	29.03.1994
157	143	Phasenabschlußgespräch		6	Di	29.03.1994	Mi	30.03.1994
158		Vorbereitung		4	Di	29.03.1994	Di	29.03.1994
159		Besprechung		2	Di	29.03.1994	Mi	30.03.1994
160	144	Freigabe		4	Mi	30.03.1994	Mi	30.03.1994
161		Freigabe des Projekts		2	Mi	30.03.1994	Mi	30.03.1994
162		Freigabe der nächsten Phase		2	Mi	30.03.1994	Mi	30.03.1994
163	**199**	**Abschluß Info Phase**			Mi	30.03.1994	Mi	30.03.1994

14.1.2 Konzept, Hauptstudie

Phase 2: Konzept, Hauptstudie

Lfd Nr	Pln Nr	Aktivität	Ge- samt	Zwi- Su	Stun den	WT	Start- termin	WT	End- termin
201	**200**	**Konzept, Hauptstudie**	**223**			Do	31.03.1994	Mo	09.05.1994
202	**210**	**Projektphaseneröffnung**	**3**	**3**		Do	31.03.1994	Do	31.03.1994
203	211	Phasenprüfliste			1	Do	31.03.1994	Do	31.03.1994
204	212	P-Eröffnungsgespräch			2	Do	31.03.1994	Do	31.03.1994
205	**220**	**Projektdokumentation**	**41**			Do	31.03.1994	Do	07.04.1994
206	221	Projektziele		2	2	Do	31.03.1994	Do	31.03.1994
207	222	Projektinhalte		13		Do	31.03.1994	Mo	04.04.1994
208		Projekthandbuch			4	Do	31.03.1994	Fr	01.04.1994
209		Projektbeschreibung			4	Fr	01.04.1994	Fr	01.04.1994
210		Projektstammblatt			1	Fr	01.04.1994	Fr	01.04.1994
211		Machbarkeitsstudie			4	Fr	01.04.1994	Mo	04.04.1994
212	223	Planung		20		Mo	04.04.1994	Mi	06.04.1994
213		Planungswerkzeuge einführen			4	Mo	04.04.1994	Mo	04.04.1994
214		Strukturplan			3	Mo	04.04.1994	Di	05.04.1994
215		Ablaufplan			4	Di	05.04.1994	Di	05.04.1994
216		Konfliktanalyse			2	Di	05.04.1994	Di	05.04.1994
217		Personalbedarf			2	Di	05.04.1994	Mi	06.04.1994
218		Kenntnisstand			2	Mi	06.04.1994	Mi	06.04.1994
219		Schulungsmaßnahmen			2	Mi	06.04.1994	Mi	06.04.1994
220		Verfügbarkeit			1	Mi	06.04.1994	Mi	06.04.1994
221	224	Projektkosten		6		Mi	06.04.1994	Do	07.04.1994
222		Tagessätze festlegen			2	Mi	06.04.1994	Do	07.04.1994
223		Projektbudget			4	Do	07.04.1994	Do	07.04.1994
224	**230**	**Projetkfortschritte**	**157**			Do	07.04.1994	Do	05.05.1994
225	231	interne Aktivitäten		112		Do	07.04.1994	Mi	27.04.1994
226		Teilprojekte beschreiben			6	Do	07.04.1994	Fr	08.04.1994
227		Datenstrukturen			12	Fr	08.04.1994	Mo	11.04.1994
228		Formularwesen IST			16	Mo	11.04.1994	Mi	13.04.1994
229		Formularwesen SOLL			8	Mi	13.04.1994	Do	14.04.1994
230		Betriebl. Berichtswesen IST			8	Do	14.04.1994	Fr	15.04.1994
231		Betriebl. Berichtswesen SOLL			6	Fr	15.04.1994	Mo	18.04.1994
232		Schnittstellen zu EDV Anwendungen			8	Mo	18.04.1994	Di	19.04.1994
233		Schnittstellen zu Meßgeräten			8	Di	19.04.1994	Mi	20.04.1994

234		Mengengerüste Vorgänge		4	Mi	20.04.1994	Do	21.04.1994
235		Aufbauorganisation beschreiben		8	Do	21.04.1994	Fr	22.04.1994
236		Ablauforganisation beschreiben		8	Fr	22.04.1994	Mo	25.04.1994
237		Angebote analysieren		4	Mo	25.04.1994	Mo	25.04.1994
238		Lösungsansatz verifizieren		8	Mo	25.04.1994	Di	26.04.1994
239		Alternativen erarbeiten, gewichten		8	Di	26.04.1994	Mi	27.04.1994
240	232	externe Aktivitäten	35		Mi	27.04.1994	Di	03.05.1994
241		Angebote einholen		6	Mi	27.04.1994	Do	28.04.1994
242		Angebotsanalysen		9	Do	28.04.1994	Fr	29.04.1994
243		Expertisen		4	Fr	29.04.1994	Fr	29.04.1994
244		Referenzbesuche		8	Fr	29.04.1994	Mo	02.05.1994
245		Schnittstellen zu Geschäftspartnern		8	Mo	02.05.1994	Di	03.05.1994
246	233	Projektberichtswesen	10		Di	03.05.1994	Do	05.05.1994
247		Aktivitätenlisten		4	Di	03.05.1994	Mi	04.05.1994
248		Fortschrittsmeldungen		4	Mi	04.05.1994	Mi	04.05.1994
249		Periodische Berichte		2	Mi	04.05.1994	Do	05.05.1994
250	**240**	**Projektphasenabschluß**	**22**		Do	05.05.1994	Mo	09.05.1994
251	241	Phasenprüfliste	2	2	Do	05.05.1994	Do	05.05.1994
252	242	Phasenabschlußbericht	10		Do	05.05.1994	Fr	06.05.1994
253		Lösungsansatz		6	Do	05.05.1994	Fr	06.05.1994
254		Alternativen		2	Fr	06.05.1994	Fr	06.05.1994
255		Projektbudget		2	Fr	06.05.1994	Fr	06.05.1994
256	243	Abschlußgespräch	8		Fr	06.05.1994	Mo	09.05.1994
257		Vorbereitung		6	Fr	06.05.1994	Mo	09.05.1994
258		Besprechung		2	Mo	09.05.1994	Mo	09.05.1994
259	244	Freigabe	2		Mo	09.05.1994	Mo	09.05.1994
260		Freigabe des Projekts		1	Mo	09.05.1994	Mo	09.05.1994
261		Freigabe der nächsten Phase		1	Mo	09.05.1994	Mo	09.05.1994
262	**299**	**Abschluß Konzeptphase**			Mo	09.05.1994	Mo	09.05.1994

14.1.3   Definition, Detailstudie

Phase 3: Definition, Detailstudie

Lfd Nr	Pln Nr	Aktivität	Ge-samt	Zwi-Su	Stun-den	WT	Start-termin	WT	End-termin
301	**300**	**Definition, Detailstudie**	**191**			Di	10.05.1994	Do	09.06.1994
302	**310**	**Projektphaseneröffnung**	**6**	1	1	Di	10.05.1994	Di	10.05.1994
303	311	Phasenprüfliste		1	1	Di	10.05.1994	Di	10.05.1994
304	312	P-Eröffnungsgespräch		4		Di	10.05.1994	Di	10.05.1994
305		Systementwurf			2	Di	10.05.1994	Di	10.05.1994
306		Software Lieferant			1	Di	10.05.1994	Di	10.05.1994
307		Hardware Lieferant			1	Di	10.05.1994	Di	10.05.1994
308	**320**	**Projektdokumentation**	**37**			Di	10.05.1994	Di	17.05.1994
309	321	Projektziele		1	1	Di	10.05.1994	Di	10.05.1994
310	322	Projektinhalte		18		Di	10.05.1994	Fr	13.05.1994
311		Projektbeschreibung			4	Di	10.05.1994	Mi	11.05.1994
312		Projektstammblatt			2	Mi	11.05.1994	Mi	11.05.1994
313		Teilprojekte beschreiben			6	Mi	11.05.1994	Do	12.05.1994
314		Datensicherungskonzept festlegen			6	Do	12.05.1994	Fr	13.05.1994
315	323	Planung		14		Fr	13.05.1994	Mo	16.05.1994
316		Entwicklung planen			4	Fr	13.05.1994	Fr	13.05.1994
317		Strukturplan			2	Fr	13.05.1994	Fr	13.05.1994
318		Ablaufplan			4	Fr	13.05.1994	Mo	16.05.1994
319		Netzplan			4	Mo	16.05.1994	Mo	16.05.1994
320	324	Projektkosten		4		Mo	16.05.1994	Di	17.05.1994
321		Projektbudget			2	Mo	16.05.1994	Di	17.05.1994
322		Kostenrechnung lfd Phase			2	Di	17.05.1994	Di	17.05.1994
323	**330**	**Projetkfortschritte**	**116**			Di	17.05.1994	Fr	03.06.1994
324	331	interne Aktivitäten		68		Di	17.05.1994	Do	26.05.1994
325		Datenstrukturen			8	Di	17.05.1994	Mi	18.05.1994
326		Formularwesen SOLL			4	Mi	18.05.1994	Mi	18.05.1994
327		Berichtswesen SOLL			4	Mi	18.05.1994	Do	19.05.1994
328		Stoffsammlung Testbeispiele			4	Do	19.05.1994	Do	19.05.1994
329		Schnittstellen zu EDV-Anwendungen			2	Do	19.05.1994	Fr	20.05.1994
330		Schnittstellen zu innerbetriebl. Meßgeräten			4	Fr	20.05.1994	Fr	20.05.1994
331		Pflichtenheft erstellen			16	Fr	20.05.1994	Mo	23.05.1994
332		Letzte Änderungen prüfen			2	Mo	23.05.1994	Mo	23.05.1994

Nr.		Aktivität			Start	Ende
333		Teilprojektänderungen		2	Mo 23.05.1994	Di 24.05.1994
334		Datensicherungskonzept Lösung		4	Di 24.05.1994	Di 24.05.1994
335		allg.Installationsmaßnahmen festlegen		8	Di 24.05.1994	Mi 25.05.1994
336		Standard Software festlegen		4	Mi 25.05.1994	Do 26.05.1994
337		Individual Software festlegen		4	Do 26.05.1994	Do 26.05.1994
338		Nutzwertanalyse Standard / Individualsoftw.		2	Do 26.05.1994	Do 26.05.1994
339	332	externe Aktivitäten	38		Do 26.05.1994	Do 02.06.1994
340		Referenzbesuche		10	Do 26.05.1994	Mo 30.05.1994
341		Machbarkeitsstudie ergänzen		2	Mo 30.05.1994	Mo 30.05.1994
342		Schnittstellen zu Geschäftspartnern		8	Mo 30.05.1994	Di 31.05.1994
343		Angebotseinholung		9	Di 31.05.1994	Mi 01.06.1994
344		Software		3	Mi 01.06.1994	Mi 01.06.1994
345		Hardware		2	Mi 01.06.1994	Do 02.06.1994
346		Orgware		2	Do 02.06.1994	Do 02.06.1994
347		Installationsmaßnahmen		2	Do 02.06.1994	Do 02.06.1994
348	333	Projektberichtswesen	10		Do 02.06.1994	Fr 03.06.1994
349		Aktivitätenlisten		2	Do 02.06.1994	Do 02.06.1994
350		Aktivitätenblätter		2	Do 02.06.1994	Fr 03.06.1994
351		Fortschrittsmeldungen		4	Fr 03.06.1994	Fr 03.06.1994
352		Periodische Berichte: Woche, Monat		2	Fr 03.06.1994	Fr 03.06.1994
353	**340**	**Projektphasenabschluß**	**32**		Fr 03.06.1994	Do 09.06.1994
354	341	Phasenprüfliste	2	2	Fr 03.06.1994	Mo 06.06.1994
355	342	Phasenabschlußbericht	18		Mo 06.06.1994	Mi 08.06.1994
356		Lösungsansatz		12	Mo 06.06.1994	Di 07.06.1994
357		Alternativen		6	Di 07.06.1994	Mi 08.06.1994
358	343	Abschlußgespräch	10		Mi 08.06.1994	Do 09.06.1994
359		Vorbereitung		8	Mi 08.06.1994	Do 09.06.1994
360		Besprechung		2	Do 09.06.1994	Do 09.06.1994
361	344	Freigabe	2		Do 09.06.1994	Do 09.06.1994
362		Freigabe des Projekts		1	Do 09.06.1994	Do 09.06.1994
363		Freigabe der nächsten Phase		1	Do 09.06.1994	Do 09.06.1994
364	**399**	**Abschluß Detailstudie**			Do 09.06.1994	Do 09.06.1994

14.1.4   Entwicklung, Design Sollkonzept

Phase 4: Entwicklung, Design Sollkonzept

Lfd Nr	Pln Nr	Aktivität	Ge- samt	Zwi- Su	Stun den	WT	Start- termin	WT	End- termin
401	**400**	**Entwicklung, Design Sollkonzept**	**138**			Fr	10.06.1994	Di	05.07.1994
402	**410**	**Projektphaseneröffnung**	**5**	**5**		Fr	10.06.1994	Fr	10.06.1994
403	411	Phasenprüfliste			1	Fr	10.06.1994	Fr	10.06.1994
404	412	P-Eröffnungsgespräch			4	Fr	10.06.1994	Fr	10.06.1994
405	**420**	**Projektdokumentation**	**36**			Fr	10.06.1994	Fr	17.06.1994
406	421	Projektziele		1	1	Fr	10.06.1994	Fr	10.06.1994
407	422	Projektinhalte		14		Fr	10.06.1994	Di	14.06.1994
408		Projektbeschreibung			4	Fr	10.06.1994	Mo	13.06.1994
409		Standardsoftware Beschreibung			2	Mo	13.06.1994	Mo	13.06.1994
410		Individualsoftware Beschreibung			8	Mo	13.06.1994	Di	14.06.1994
411	423	Planung		15		Di	14.06.1994	Do	16.06.1994
412		Strukturplan			4	Di	14.06.1994	Mi	15.06.1994
413		Ablaufplan			6	Mi	15.06.1994	Mi	15.06.1994
414		Ressourcenplanung			2	Mi	15.06.1994	Do	16.06.1994
415		Netzplan			3	Do	16.06.1994	Do	16.06.1994
416	424	Projektkosten		6		Do	16.06.1994	Fr	17.06.1994
417		Projektbudget			2	Do	16.06.1994	Do	16.06.1994
418		Kostenrechnung lfd Phase			4	Do	16.06.1994	Fr	17.06.1994
419	**430**	**Projektfortschritte**	**70**			Fr	17.06.1994	Fr	17.06.1994
420	431	interne Aktivitäten		13		Fr	17.06.1994	Mo	20.06.1994
421		Aktivitätenlisten			2	Fr	17.06.1994	Fr	17.06.1994
422		Besprechungen, Einladung und Protokolle			4	Fr	17.06.1994	Fr	17.06.1994
423		Interner Schriftverkehr			2	Fr	17.06.1994	Mo	20.06.1994
424		Installationsmaßnahmen			4	Mo	20.06.1994	Mo	20.06.1994
425		Die Projektfreigabe			1	Mo	20.06.1994	Mo	20.06.1994
426	432	externe Aktivitäten		48		Mo	20.06.1994	Di	28.06.1994
427		Aktivitätenlisten			4	Mo	20.06.1994	Di	21.06.1994
428		Vertragsunterlagen			4	Di	21.06.1994	Di	21.06.1994
429		Externer Schriftverkehr			4	Di	21.06.1994	Mi	22.06.1994
430		Auftragsvergabe			2	Mi	22.06.1994	Mi	22.06.1994
431		Dienstleistungsvertrag Software, Beratung			4	Mi	22.06.1994	Do	23.06.1994
432		Kaufvertrag Software, Hardware			2	Do	23.06.1994	Do	23.06.1994

433		Werkvertrag Software			2	Do	23.06.1994	Do	23.06.1994
434		Allgemeine Geschäftsbedingungen			1	Do	23.06.1994	Do	23.06.1994
435		Bestätigungsschreiben			2	Do	23.06.1994	Do	23.06.1994
436		Leasingvertrag: Hardware, Software			4	Do	23.06.1994	Fr	24.06.1994
437		Nutzungsrechte / Lizenzvertrag			4	Fr	24.06.1994	Fr	24.06.1994
438		Hardware Wartungsverträge			2	Fr	24.06.1994	Mo	27.06.1994
439		Software Wartungsverträge			2	Mo	27.06.1994	Mo	27.06.1994
440		**Betriebssystem Wartung**			1	Mo	27.06.1994	Mo	27.06.1994
441		Anwendungssoftware			4	Mo	27.06.1994	Di	28.06.1994
442		Software Hotline Vertrag			2	Di	28.06.1994	Di	28.06.1994
443		sonstige Verträge			4	Di	28.06.1994	Di	28.06.1994
444	433	Projektberichtswesen	9			Di	28.06.1994	Mi	29.06.1994
445		Aktivitätenlisten			1	Di	28.06.1994	Di	28.06.1994
446		Aktivitätenblätter			2	Di	28.06.1994	Mi	29.06.1994
447		Fortschrittsmeldungen			4	Mi	29.06.1994	Mi	29.06.1994
448		Periodische Berichte			2	Mi	29.06.1994	Mi	29.06.1994
449	**440**	**Projektphasenabschluß**	**27**			Mi	29.06.1994	Mi	29.06.1994
450	441	Phasenprüfliste	2		2	Mi	29.06.1994	Do	30.06.1994
451	442	Phasenabschlußbericht	13			Do	30.06.1994	Fr	01.07.1994
452		Auftragsvolumen			8	Do	30.06.1994	Fr	01.07.1994
453		Budget			3	Fr	01.07.1994	Fr	01.07.1994
454		Projektkostenrechnung			2	Fr	01.07.1994	Fr	01.07.1994
455	443	Abschlußgespräch	10			Fr	01.07.1994	Di	05.07.1994
456		Vorbereitung			8	Fr	01.07.1994	Mo	04.07.1994
457		Besprechung			2	Mo	04.07.1994	Di	05.07.1994
458	444	Freigabe	2			Di	05.07.1994	Di	05.07.1994
459		Freigabe des Projekts			1	Di	05.07.1994	Di	05.07.1994
460		Freigabe der nächsten Phase			1	Di	05.07.1994	Di	05.07.1994
461	**499**	**Abschluß Entwicklungsphase**				Di	05.07.1994	Di	05.07.1994

14.1.5   Prototyp, Design Lösung

Phase 5: Prototyp, Design Lösung

Lfd Nr	Pln Nr	Aktivität	Ge-samt	Zwi-Su	Stun-den	WT	Start-termin	WT	End-termin
501	**500**	**Prototyp, Design Lösung**	**191**			Mi	06.07.1994	Fr	05.08.1994
502	**510**	**Projektphaseneröffnung**	**5**	**5**		Mi	06.07.1994	Mi	11.07.1994
503	511	Phasenprüfliste			1	Mi	06.07.1994	Mi	06.07.1994
504	512	P-Eröffnungsgespräch			4	Mi	06.07.1994	Mi	06.07.1994
505	**520**	**Projektdokumentation**	**22**			Mi	06.07.1994	Mo	11.07.1994
506	521	Projektziele prüfen		2	2	Mi	06.07.1994	Mi	06.07.1994
507	522	Projektinhalte prüfen		3	3	Mi	06.07.1994	Do	07.07.1994
508	523	Planung		11		Do	07.07.1994	Fr	08.07.1994
509		Strukturplan			3	Do	07.07.1994	Do	07.07.1994
510		Ablaufplan			4	Do	07.07.1994	Fr	08.07.1994
511		Ressourcenplanung			2	Fr	08.07.1994	Fr	08.07.1994
512		Netzplan			2	Fr	08.07.1994	Fr	08.07.1994
513	524	Projektkosten		6		Fr	08.07.1994	Mo	11.07.1994
514		Projektbudget			2	Fr	08.07.1994	Fr	08.07.1994
515		Kostenrechnung lfd Phase			4	Fr	08.07.1994	Mo	11.07.1994
516	**530**	**Projetkfortschritte**	**143**			Mo	11.07.1994	Mi	03.08.1994
517	531	interne Aktivitäten		102		Mo	11.07.1994	Mi	27.07.1994
518		Aktivitätenlisten			2	Mo	11.07.1994	Mo	11.07.1994
519		Aktivitätenblätter			4	Mo	11.07.1994	Di	12.07.1994
520		interner Schriftverkehr			4	Di	12.07.1994	Di	12.07.1994
521		Installationsmaßnahmen			20	Di	12.07.1994	Fr	15.07.1994
522		Abnahmetests der Installationen			8	Fr	15.07.1994	Mo	18.07.1994
523		Funktionalitätsttests der Software			16	Mo	18.07.1994	Mi	20.07.1994
524		Funktionsabläufe			16	Mi	20.07.1994	Fr	22.07.1994
525		Organisationsanweisungen			16	Fr	22.07.1994	Mo	25.07.1994
526		Schulungsmaßnahmen			16	Mo	25.07.1994	Mi	27.07.1994
527	532	externe Aktivitäten		32		Mi	27.07.1994	Di	02.08.1994
528		externer Schriftverkehr			4	Mi	27.07.1994	Mi	27.07.1994
529		Vertragsunterlagen pro Geschäftspartner			4	Mi	27.07.1994	Do	28.07.1994
530		Software			8	Do	28.07.1994	Fr	29.07.1994
531		Hardware			8	Fr	29.07.1994	Mo	01.08.1994
532		Installationen			8	Mo	01.08.1994	Di	02.08.1994

533	533	Projektberichtswesen	9		Di 02.08.1994	Mi 03.08.1994
534		Aktivitätenlisten		1	Di 02.08.1994	Di 02.08.1994
535		Aktivitätenblätter		2	Di 02.08.1994	Di 02.08.1994
536		Fortschrittsmeldungen		4	Di 02.08.1994	Mi 03.08.1994
537		Periodische Berichte		2	Mi 03.08.1994	Mi 03.08.1994
538	**540**	**Projektphasenabschluß**	**21**		Mi 03.08.1994	Fr 05.08.1994
539	541	Phasenprüfliste	2	2	Mi 03.08.1994	Mi 03.08.1994
540	542	Phasenabschlußbericht	9		Mi 03.08.1994	Do 04.08.1994
541		Software		3	Mi 03.08.1994	Mi 03.08.1994
542		Hardware		3	Mi 03.08.1994	Do 04.08.1994
543		Infrastruktur		3	Do 04.08.1994	Do 04.08.1994
544	543	Abschlußgespräch	8		Do 04.08.1994	Fr 05.08.1994
545		Vorbereitung		6	Do 04.08.1994	Fr 05.08.1994
546		Besprechung		2	Fr 05.08.1994	Fr 05.08.1994
547	544	Freigabe	2		Fr 05.08.1994	Fr 05.08.1994
548		Freigabe des Projekts		1	Fr 05.08.1994	Fr 05.08.1994
549		Freigabe der nächsten Phase		1	Fr 05.08.1994	Fr 05.08.1994
550	**599**	**Abschluß Prototypphase**			Fr 05.08.1994	Fr 05.08.1994

14.1.6   Fertigung Systemeinführung

Phase 6: Fertigung, Systemeinführung

Lfd Nr	Pln Nr	Aktivität	Ge-samt	Zwi-Su	Stun-den	WT	Start-termin	WT	End-termin
601	**600**	**Fertigung, Systemeinführung**	**177**			Mo	08.08.1994	Mi	07.09.1994
602	**610**	**Projektphaseneröffnung**	**6**			Mo	08.08.1994	Mo	08.08.1994
603	611	Phasenprüfliste		2	2	Mo	08.08.1994	Mo	08.08.1994
604	612	P-Eröffnungsgespräch			4	Mo	08.08.1994	Mo	08.08.1994
605	**620**	**Projektdokumentation**	**24**			Mo	08.08.1994	Do	11.08.1994
606	621	Projektziele		2	2	Mo	08.08.1994	Di	09.08.1994
607	622	Projektinhalte		3	3	Di	09.08.1994	Di	09.08.1994
608	623	Planung		10		Di	09.08.1994	Mi	10.08.1994
609		Strukturplan			2	Di	09.08.1994	Di	09.08.1994
610		Ablaufplan			2	Di	09.08.1994	Di	09.08.1994
611		Ressourcenplanung			4	Di	09.08.1994	Mi	10.08.1994
612		Netzplan			2	Mi	10.08.1994	Mi	10.08.1994
613	624	Projektkosten		9		Mi	10.08.1994	Do	11.08.1994
614		Projektbudget			2	Mi	10.08.1994	Mi	10.08.1994
615		Rechnungsprüfung			2	Mi	10.08.1994	Do	11.08.1994
616		Kostenrechnung lfd Phase			5	Do	11.08.1994	Do	11.08.1994
617	**630**	**Projetkfortschritte**	**114**			Do	11.08.1994	Do	01.09.1994
618	631	interne Aktivitäten		95		Do	11.08.1994	Mo	29.08.1994
619		Aktivitätenliste			2	Do	11.08.1994	Fr	12.08.1994
620		Aktivitätenblätter			5	Fr	12.08.1994	Fr	12.08.1994
621		Modultest			8	Fr	12.08.1994	Mo	15.08.1994
622		Integrationstest			4	Mo	15.08.1994	Di	16.08.1994
623		Testbetrieb			8	Di	16.08.1994	Mi	17.08.1994
624		Schulung vor Ort			8	Mi	17.08.1994	Do	18.08.1994
625		Einführungsunterstützung			4	Do	18.08.1994	Do	18.08.1994
626		Datenübernahme			8	Do	18.08.1994	Fr	19.08.1994
627		Ablösung eines alten EDV-Systems			10	Fr	19.08.1994	Mo	22.08.1994
628		Ablösung eines konventionellen-Systems			16	Mo	22.08.1994	Mi	24.08.1994
629		Benennung des Systemverantwortlichen			2	Mi	24.08.1994	Do	25.08.1994
630		Bestellung des Datenschutzbeauftragten			2	Do	25.08.1994	Do	25.08.1994
631		Verpflichtung auf den Datenschutz			2	Do	25.08.1994	Do	25.08.1994
632		Formelle Abnahme			8	Do	25.08.1994	Fr	26.08.1994

Nr.	WBS	Vorgang		Dauer	Anfang		Ende	
633		Abnahmeprotokolle		2	Fr	26.08.1994	Fr	26.08.1994
634		Mängelliste		2	Fr	26.08.1994	Mo	29.08.1994
635		Nachbesserung Termine		2	Mo	29.08.1994	Mo	29.08.1994
636		Teilinbetriebnahme		2	Mo	29.08.1994	Mo	29.08.1994
637	632	externe Aktivitäten	4		Mo	29.08.1994	Di	30.08.1994
638		Nacharbeiten verfolgen		4	Mo	29.08.1994	Di	30.08.1994
639	633	Projektberichtswesen	15		Di	30.08.1994	Do	01.09.1994
640		Aktivitätenlisten		1	Di	30.08.1994	Di	30.08.1994
641		Aktivitätenblätter		2	Di	30.08.1994	Di	30.08.1994
642		Besprechungen		4	Di	30.08.1994	Mi	31.08.1994
643		Zwischenberichte		2	Mi	31.08.1994	Mi	31.08.1994
644		Fortschrittsmeldungen		4	Mi	31.08.1994	Mi	31.08.1994
645		Periodische Berichte		2	Mi	31.08.1994	Do	01.09.1994
646	**640**	**Projektphasenabschluß**	**33**		Do	01.09.1994	Mi	07.09.1994
647	641	Phasenprüfliste	2	2	Do	01.09.1994	Do	01.09.1994
648	642	Phasenabschlußbericht	16		Do	01.09.1994	Mo	05.09.1994
649		Die Inbetriebnahme		1	Do	01.09.1994	Do	01.09.1994
650		Abschlußbericht		2	Do	01.09.1994	Do	01.09.1994
651		Projektkurzbeschreibung		1	Do	01.09.1994	Do	01.09.1994
652		Projektverlauf		1	Do	01.09.1994	Do	01.09.1994
653		Sonstige Erkenntnisse		2	Do	01.09.1994	Fr	02.09.1994
654		Ergebnisse		2	Fr	02.09.1994	Fr	02.09.1994
655		Projektresümee		2	Fr	02.09.1994	Fr	02.09.1994
656		Die weitere Entwicklung des Systems		2	Fr	02.09.1994	Fr	02.09.1994
657		Vorteile aus zukünftigen Entwicklungen		2	Fr	02.09.1994	Mo	05.09.1994
658		Entlastung des Projektteams		1	Mo	05.09.1994	Mo	05.09.1994
659	643	Abschlußgespräch	12		Mo	05.09.1994	Di	06.09.1994
660		Vorbereitung		8	Mo	05.09.1994	Di	06.09.1994
661		Besprechung		4	Di	06.09.1994	Di	06.09.1994
662	644	Freigabe	3		Di	06.09.1994	Mi	07.09.1994
663		Freigabe des Projekts		2	Di	06.09.1994	Mi	07.09.1994
664		Freigabe der nächsten Phase		1	Mi	07.09.1994	Mi	07.09.1994
665	**699**	**Abschluß Fertigungsphase**			Mi	07.09.1994	Mi	07.09.1994

14.1.7 Systemnutzung

Phase 7: Systemnutzung

Lfd Nr	Pln Nr	Aktivität	Ge-samt	Zwi-Su	Stun den	WT	Start-termin	WT	End-termin
701	**700**	**Systemnutzung**	**110**			Do	08.09.1994	Fr	31.12.1997
702	**710**	**Projektphaseneröffnung**		**5**		Do	08.09.1994	Do	08.09.1994
703	711	Phasenprüfliste			1	Do	08.09.1994	Do	08.09.1994
704	712	P-Eröffnungsgespräch			4	Do	08.09.1994	Do	08.09.1994
705	**720**	**Projektdokumentation**	**18**	**7**		Sa	01.10.1994		
706	721	Projektziele			1	Sa	01.10.1994	Mo	03.10.1994
707	722	Projektinhalte			2	Mo	03.10.1994	Mo	03.10.1994
708		Revisionsberichte			4	Mo	03.10.1994	Mo	03.10.1994
709	723	Planung		10		Sa	01.10.1994	Mo	03.10.1994
710		Datensicherung			1	Sa	01.10.1994	Mo	03.10.1994
711		gepl. Abschlußarbeiten (Woche, Mo-nat,..)			1	Mo	03.10.1994	Mo	03.10.1994
712		Wartung			4	Mo	03.10.1994	Mo	03.10.1994
713		Updates			4	Mo	03.10.1994	Di	04.10.1994
714	724	Projektkosten		1		Sa	01.10.1994	Mo	03.10.1994
715		Kostenrechnung / -Umlage			1	Sa	01.10.1994	Mo	03.10.1994
716	**730**	**Projetkfortschritte**	**55**			Sa	01.10.1994	Mo	03.10.1994
717	731	interne Aktivitäten		30		Sa	01.10.1994	Mo	03.10.1994
718		Tagesgeschäft				Mo	03.10.1994	Mo	03.10.1994
719		Abschlußarbeiten monatlich, jährlich			16	Mo	03.10.1994	Mi	05.10.1994
720		Sonderauswertungen			2	Mi	05.10.1994	Mi	05.10.1994
721		Einweisung neuer Mitarbeiter			8	Mi	05.10.1994	Do	06.10.1994
722		Software Updates			4	Do	06.10.1994	Do	06.10.1994
723	732	externe Aktivitäten		17		Di	01.11.1994		
724		Informationen vom Lieferanten			1	Di	01.11.1994	Di	01.11.1994
725		Workshops			8	Di	01.11.1994	Mi	02.11.1994
726		Seminare			8	Mi	02.11.1994	Do	03.11.1994
727	733	Projektberichtswesen		8		Do	01.12.1994		
728		Verbesserungsvorschläge			4	Do	01.12.1994	Do	01.12.1994
729		Störmeldungen			4	Do	01.12.1994	Fr	02.12.1994
730	**740**	**Jährliche Revision**	**32**			Mo	02.10.1995	Fr	06.10.1995
731	741	Prüfliste der Revision		24	2	Mo	02.10.1995	Mo	02.10.1995
732		Interviews intern			6	Mo	02.10.1995	Di	03.10.1995

733		Interviews extern		8	Di	03.10.1995	Mi	04.10.1995
734		Dokumentation prüfen, ergänzen		8	Mi	04.10.1995	Do	05.10.1995
735	742	Revisionsabschlußbericht	3	3	Do	05.10.1995	Do	05.10.1995
736	743	Revisionsgespräch	4	4	Do	05.10.1995	Do	05.10.1995
737	**744**	**Freigabe der Betriebszulassung**	**1**	**1**	Do	05.10.1995	Fr	06.10.1995

Zusammenfassung

Plan Nr	Aktivität	Ges amt	Stun den					
100	Phase 1: Information, Vorstudie	189	16%	Di	01.03.1994	Mi	30.03.1994
200	Phase 2: Konzept, Hauptstudie	223	18%	Do	31.03.1994	i71	09.05.1994
300	Phase 3: Definition, Detailstudie	191	16%	Di	10.05.1994	Do	09.06.1994
400	Phase 4: Entwickl., Design Sollkonzt	138	11%	Fr	10.06.1994	Di	05.07.1994
500	Phase 5: Prototyp, Design Lösung	191	16%	Mi	06.07.1994	Fr	05.08.1994
600	Phase 6: Fertigung, Systemeinführung	177	15%	Mo	08.08.1994	Mi	07.09.1994
700	Phase 7: Systemnutzung	110	9%	Do	08.09.1994	Fr	31.12.1997

Gesamtzeitaufwand in Stunden	**121 9**	**100 %**
Gesamtzeitaufwand in Tagen (8Std)	**152**	
Reserve projektabhängige Aktivitäten	10	
Reserve projektunabhängige Aktivitäten	15	
Gesamtlaufzeit des Projekts	177	01.03.1994 03.11.1994

14.2   Installationsmaßnahmen

Installationsmaßnahmen

Lfd Nr	Pln Nr	Aktivität	Ge-samt	Zwi-Su	Stun den	WT	Start-termin	WT	End-termin
		Installationsmaßnahmen	115			Fr	01.07.1994	Do	21.07.1994
1	**1**	**Standortauswahl**		38		Fr	01.07.1994	Do	07.07.1994
2		Zentralrechner / Fileserver			2	Fr	01.07.1994	Fr	01.07.1994
3		Bildschirme			2	Fr	01.07.1994	Fr	01.07.1994
4		Arbeitsplatzrechner			2	Fr	01.07.1994	Fr	01.07.1994
5		Drucker			2	Fr	01.07.1994	Fr	01.07.1994
6		Datensicherungsgerät			1	Fr	01.07.1994	Fr	01.07.1994
7		Datensicherungsarchiv			2	Fr	01.07.1994	Mo	04.07.1994
8		Kabelwege			4	Mo	04.07.1994	Mo	04.07.1994
9		absehbare Systemerweiterungen			2	Mo	04.07.1994	Mo	04.07.1994
10		Schnittstellen zu BDE, CAD, CAQ, CA..			4	Mo	04.07.1994	Di	05.07.1994
11		Schnittstellen zu Telefon, Telefax, Datex, etc			4	Di	05.07.1994	Di	05.07.1994
12		Kabelwege			4	Di	05.07.1994	Mi	06.07.1994
13		Stromversorgung			1	Mi	06.07.1994	Mi	06.07.1994
14		unterbrechungsfreie Stromversorgung			1	Mi	06.07.1994	Mi	06.07.1994
15		Nachbearbeitungssysteme			2	Mi	06.07.1994	Mi	06.07.1994
16		Klimagerät			1	Mi	06.07.1994	Do	07.07.1994
17		Feuerlöscher			1	Do	07.07.1994	Do	07.07.1994
18		Papierlager			1	Do	07.07.1994	Do	07.07.1994
19		Zugangssicherung			2	Do	07.07.1994	Do	07.07.1994
20	**2**	**Datenübertragungskonzept**		16		Do	07.07.1994	Mo	11.07.1994
21		Leitungswege			4	Do	07.07.1994	Fr	08.07.1994
22		Übertragungsstrecken			4	Fr	08.07.1994	Fr	08.07.1994
23		Störungen				Fr	08.07.1994	Fr	08.07.1994
24		mechachisch			1	Fr	08.07.1994	Fr	08.07.1994
25		elektrisch / elektromagnetisch			1	Fr	08.07.1994	Fr	08.07.1994
26		Umweltbelastung (Temperatur, Säuren)			1	Fr	08.07.1994	Fr	08.07.1994
27		Kabelmaterial			2	Fr	08.07.1994	Mo	11.07.1994
28		Anschlüsse			2	Mo	11.07.1994	Mo	11.07.1994
29		Installationsaufwand			1	Mo	11.07.1994	Mo	11.07.1994
30	**3**	**Büroeinrichtung**		10		Mo	11.07.1994	Mi	13.07.1994
31		Schreibtische			1	Mo	11.07.1994	Mo	11.07.1994

				Start		Ende	
32		Licht(einfall)	1	Mo	11.07.1994	Mo	11.07.1994
33		Verstellbarkeit von Bildschirm	1	Mo	11.07.1994	Mo	11.07.1994
34		Arbeitsfeld, Tastatur	1	Mo	11.07.1994	Di	12.07.1994
35		Druckertisch	2	Di	12.07.1994	Di	12.07.1994
36		Papierzufuhr	2	Di	12.07.1994	Di	12.07.1994
37		Papierablage	2	Di	12.07.1994	Di	12.07.1994
38		Zubehörablage (Disketten, Kassetten, Forms)	3	Di	12.07.1994	Mi	13.07.1994
39		Archivsystem	3	Mi	13.07.1994	Mi	13.07.1994
40	**4 Installation**		51	Mi	13.07.1994	Do	21.07.1994
41		Kabelkanäle	6	Mi	13.07.1994	Do	14.07.1994
42		Stromkabel	2	Do	14.07.1994	Do	14.07.1994
43		Datenkabel	2	Do	14.07.1994	Do	14.07.1994
44		Stromversorgung	4	Do	14.07.1994	Fr	15.07.1994
45		Verteilerschränke	4	Fr	15.07.1994	Fr	15.07.1994
46		Klima	4	Fr	15.07.1994	Mo	18.07.1994
47		Feuerlöscher	1	Mo	18.07.1994	Mo	18.07.1994
48		Rechner	4	Mo	18.07.1994	Mo	18.07.1994
49		Büroeinrichtung	8	Mo	18.07.1994	Di	19.07.1994
50		Bildschirme	4	Di	19.07.1994	Mi	20.07.1994
51		Arbeitsplatzrechner	4	Mi	20.07.1994	Mi	20.07.1994
52		Drucker	2	Mi	20.07.1994	Do	21.07.1994
53		Datensicherungsarchiv	3	Do	21.07.1994	Do	21.07.1994
54		Archivsystem	3	Do	21.07.1994	Do	21.07.1994

Zusammenfassung	WT		Start- termin	WT		End- termin
1 Standortauswahl	38	Fr	01.07.1994	Do	07.07.1994
2 Datenübertragungskonzept	16	Do	07.07.1994	Mo	11.07.1994
3 Büroeinrichtung	10	Mo	11.07.1994	Mi	21.07.1994
4 Installation	51	Mi	13.07.1994	Do	21.07.1994
Gesamtaufwand in Stunden	**115**	Fr	01.07.1994	Do	21.07.1994
Reserve für Unvorhergesehenes	15	Do	21.07.1994	Mo	25.07.1994

14.3 Modulintegration

Modulintegration

Lfd Nr	Pln Nr	Aktivität	Ge-samt	Zwi-Su	Stun-den	WT	Start-termin	WT	End-termin
		Integration	**276**			Mi	01.06.1994	Di	19.07.1994
1		Datenbank und Grundsystem			12	Mi	01.06.1994	Do	02.06.1994
2		Verkauf			8	Do	02.06.1994	Fr	03.06.1994
3		Einkauf			8	Fr	03.06.1994	Mo	06.06.1994
4		Lagerwirtschaft			6	Mo	06.06.1994	Di	07.06.1994
5		Disposition			6	Di	07.06.1994	Mi	08.06.1994
6		Kalkulation			6	Mi	08.06.1994	Mi	08.06.1994
7		Fertigung			8	Mi	08.06.1994	Do	09.06.1994
8		Zeitwirtschaft			8	Do	09.06.1994	Fr	10.06.1994
9		Finanzbuchhaltung			8	Fr	10.06.1994	Mo	13.06.1994
10		Textverwaltung			6	Mo	13.06.1994	Di	14.06.1994
11		Kostenrechnung			10	Di	14.06.1994	Mi	15.06.1994
12		EDI.... Übernahme			6	Mi	15.06.1994	Do	16.06.1994
13		DAX Schnittstelle			6	Do	16.06.1994	Fr	17.06.1994
14		Mehrlagerverwaltung			6	Fr	17.06.1994	Mo	20.06.1994
15		Serien-Nr			6	Mo	20.06.1994	Mo	20.06.1994
16		Varianten			16	Mo	20.06.1994	Mi	22.06.1994
17		DEL Notierung			4	Mi	22.06.1994	Do	23.06.1994
18		Naturalrabatt			4	Do	23.06.1994	Do	23.06.1994
19		CAD Anbindung			12	Do	23.06.1994	Mo	27.06.1994
20		BDE Anbindung			16	Mo	27.06.1994	Mi	29.06.1994
21		DATEV Anbindung			6	Mi	29.06.1994	Do	30.06.1994
22		TELEX / TELEFAX Anbindung			4	Do	30.06.1994	Do	30.06.1994
23		Terminal Emulation			2	Do	30.06.1994	Do	30.06.1994
24		Electronic Mail			16	Do	30.06.1994	Mo	04.07.1994
25		Anbindung anderes Betriebssystem			3	Mo	04.07.1994	Di	05.07.1994
26		Sachmerkmalsleisten			3	Di	05.07.1994	Di	05.07.1994
27		Mehrsprachigkeit			6	Di	05.07.1994	Mi	06.07.1994
28		Anlagenbuchhaltung			4	Mi	06.07.1994	Mi	06.07.1994
29		Netto Zeitlohn			4	Mi	06.07.1994	Do	07.07.1994
30		Bruttolohn			4	Do	07.07.1994	Do	07.07.1994
31		Akkordlohn			4	Do	07.07.1994	Fr	08.07.1994

32	Bankenclearing	4	Fr	08.07.1994	Fr	08.07.1994
33	CAQ Anbindung	8	Fr	08.07.1994	Mo	11.07.1994
34	Schnittstelle Lohn / FiBu	2	Mo	11.07.1994	Di	12.07.1994
35	Betriebsorganisation	16	Di	12.07.1994	Do	14.07.1994
36	Design Erweiterung	4	Do	14.07.1994	Do	14.07.1994
37	Individualprogramme	8	Do	14.07.1994	Fr	15.07.1994
38	Übernahme von Fremdsystem	8	Fr	15.07.1994	Mo	18.07.1994
39	Einbindung in Fremdsystem	8	Mo	18.07.1994	Di	19.07.1994
	Aufwand in Stunden	**276**	Mi	01.06.1994	Di	19.07.1994
		16		19.07.1994		21.07.1994

15 Literaturverzeichnis

- Ammelburg, Gerd: Wie man Besprechungen führt, Verlag Herder, Freiburg

- Bösenberg, Dirk / Heintz Metzen: Lean Management, Verlag Moderne Industrie München

- Bugdahl, Volker: Entscheidungsfindung, Vogel-Verlag Würzburg

- Byham, William C. u.a.: Power Teams, Verlag Moderne Industrie München

- Daenzer, Walter F. (Herausg): Systems Engineering, Hansteinverlag Köln

- Dammann, Dr.Ulrich / Prof. Dr.Spiros Simitis: Bundesdatenschutzgesetz, Nomos Verlag Baden-Baden

- de Bono, Edward: Chancen, erfolgreiche Ideensuche, Econ Verlag Düsseldorf

- Elzer, Peter F.: Management von Softwareprojekten, Verlag Vieweg, Wiesbaden 1994

- Harris, Amy und Thomas: Ich bin o.k.- Du bist o.k., Rowohlt Verlag Reinbek

- Heuer, Georg C.: Projektmanagement, Vogel Verlag Würzburg

- LeBoeuf, Michael: Mehr leisten, weniger arbeiten, MVG München

- Leicher, Rolf: Wirksamer, überzeugender und billiger telefonieren., Heyne Verlag München

- Liebetrau, Georg: Die Feinplanung von DV-Systemen, Verlag Vieweg, Wiesbaden 1994

- Österle, Prof Dr.(Herausg): Integrierte Standardsoftware, AIT Verlag, Halbergmoos

- Peters, Dieter: Projektmanagement mit EXCEL, Verlag Vieweg

- Peters, Thomas J. / Nancy Austin: Leistung aus Leidenschaft, Hoffmann & Campe Hamburg

- Pümpin, Prof.: Management Strategischer Erfolgspositionen, Haupt Verlag Stuttgart
- Reichert, Oskar: Netzplantechnik, Verlag Vieweg, Wiesbaden 1994
- Reichert, Oskar: Computergestützte Netzplantechnik, Verlag Vieweg, Wiesbaden 1994
- Rüdenauer, Manfred: Durchsetzungsvermögen in Besprechungen, WEKA Verlag Kissing
- Sommerlad, Dr. Klaus: Problematik bei Softwareverträgen Seminarunterlagen
- Steinberg, Claus: Projektmanagement in der Praxis, Schäffer Poeschel Verlag Stuttgart
- Warren, Bennis: Leaders, Harpers & Row New York
- Wischnewski, Erik: Modernes Projektmanagement, Verlag Vieweg, Wiesbaden 1993
- Witt, Frank-Jürgen und Kerin: Controlling für Mittel- und Kleinbetriebe, DTV München
- Zander, Prof.Dr.: Zusammenarbeit mit Beratern, Haufe Verlag Freiburg
- Zielke, Wolfgang: Gute Berichte / Lern-, Denk-, und Arbeitstechniken, Verlag Moderne Industrie München

16 Formularsammlung

Die folgenden Formularentwürfe wurden etwas vereinfacht dargestellt, um sie dem Format des Buchs anzupassen. In der Praxis wird man für die meisten Formulare das DIN A4 Format benutzen und die Anzahl der Zeilen dem betrieblichen Informationsumfang entsprechend vergrößern. Damit wird auch Raum geschaffen für betrieblich notwendige weitere Informationen.

Dieses Format empfiehlt sich ferner, damit die Formulare in die üblichen Ablagesystem passen.

Die Schriftart und Größe sollte dem üblichen, in Ihrem Hause bewährten, gut lesbaren Standard entsprechen.

Der schöpferischen Aktivität ist nur eine Zeit- und Kostengrenze gesetzt.

Denken Sie bei der Gestaltung daran, ein sauberes, einheitliches Formularwesen trägt auch zum Arbeitsstil der Projektmitarbeiter bei.

Die meisten Menschen reagieren eher auf optische Reize, somit übermitteln Sie mit einem ansprechenden, sauber gestalteten Formularwesen Ihre Anforderung an die Mitarbeiter.

Projekthandbuch Kapitel 1: Allgemein

Projekt Nr:
Projekttitel:
Projektleiter:
Projektbeginn: ___ / ___ / ___   gepl. Inbetriebnahme: ___ / ___ / ___

0   Allgemein
1.   Inhaltsverzeichnis
2.   Personenverzeichnis
3.   Projektorganigramm
4.   Unternehmensziele
5.   Projekt - Vision
6.   Projektziele
7.   Projektstammblatt
8.   Prospektmaterial
9.   Software
10.   Hardware
11.   Netzwerk
12.   Organisationsmittel
13.   Prüfliste Projektphasen
14.   Projektmonatsberichte
15.   Anlagen zum Monatsbericht
16.   Monatliche SOLL - IST Kostenanalyse
17.   Zeit- / Kosten-Fortschrittsdiagramm
18.   Dokumentation
19.   Relevante Vorschriften
20.   Gesetze
21.   DIN
22.   ISO
23.   TÜV
24.   Fachverbände
25.   Sozialpartner
26.   sonstige Geschäftspartner
27.   Literaturverzeichnis
28.   Sonstiges

Projekthandbuch Kapitel 2: Vorstudie

Projekt Nr: ___________________

Projekttitel: ____

Projektleiter: ____

Projektbeginn: ___ / ___ / ___   gepl. Inbetriebnahme: ___ / ___ / ___

1   Informationsphase, Vorstudie

1. Projektphaseneröffnung
2. Prüfliste der Projektphase
3. Projekteröffnungsgespräch
4. Projektdokumentation
5. Projektziele
6. Verfahren
7. Finanzielle Ziele
8. Projektinhalte
9. Projektbeschreibung, Projektstammblatt
10. Rahmenbedingungen, Budget, Termine
11. Fachliteratur
12. Planung
13. Anteil am betrieblichen Ergebnis
14. Ecktermine laut Unternehmensplanung
15. Ressourcen
16. Betriebs- Projektkalender
17. Projektkosten
18. Investive Maßnahmen
19. Indirekte Projektkosten
20. Folgekosten
21. Budgetantrag
22. Projektfortschritte
23. interne Aktivitäten
24. Machbarkeit
25. Ressourcen
26. Wirtschaftlichkeitsanalyse
27. Verfahren, Kosten, Ideelle Verbesserungen
28. Prüfliste Software Lieferant
29. Prüfliste Hardware Lieferant
30. Projektvorschlag,
31. externe Aktivitäten
32. Projektberichtswesen
33. Projektphasenabschluß
34. Prüfliste der Projektphase
35. Phasenabschlußbericht
36. Phasenschlußgespräch
37. Freigabe der nächsten Phase

Projekthandbuch Kapitel 3: Hauptstudie

Projekt Nr:
Projekttitel:
Projektleiter:
Projektbeginn: ___ / ___ / ___   gepl. Inbetriebnahme: ___ / ___ / ___

2   Konzeptphase, Hauptstudie
1. Projektphaseneröffnung
2. Prüfliste der Projektphase
3. Projekteröffnungsgespräch
4. Projektdokumentation
5. Projektziele
6. Projektziele nach Phase 1
7. Projektinhalte
8. Projektbeschreibung / Projektstammblatt, Teilprojekte
9. Machbarkeitstudie
10. Beschreibungen der Teilprojekte
11. Formularwesen, Berichtswesen, Mengengerüste, Schnittstellen
12. Planung
13. Projektplanung
14. Projektteam
15. Projektkosten
16. Budget pro Phase
17. Projektbudget
18. Projektfortschritte
19. interne Aktivitäten
20. Datenstrukturen
21. Formularwesen IST-SOLL
22. Berichtswesen IST SOLL
23. Schnittstellen zu EDV-Anwendungen
24. Schnittstellen zu innerbetriebl. Meßgeräten
25. Lösungsansatz
26. Alternativen
27. Externe Aktivitäten
28. Lieferanten
29. Angebote für Planung, Expertisen
30. Schnittstellen zu Geschäftspartnern
31. Projektberichtswesen
32. Aktivitätenblätter
33. Projektphasenabschluß
34. Prüfliste der Projektphase
35. Phasenabschlußbericht
36. Phasenschlußgespräch
37. Freigabe der nächsten Phase

Projekthandbuch Kapitel 4: Detailstudie

Projekt Nr: ____________

Projekttitel: ____________

Projektleiter: ____________

Projektbeginn: ___ / ___ / ___   gepl. Inbetriebnahme: ___ / ___ / ___

3	**Definitionsphase, Detailstudie**
1	Projektphaseneröffnung
2	Prüfliste der Projektphase
3	Projekteröffnungsgespräch
4	Projektdokumentation
5	Projektziele
6	Projektinhalte
7	Pflichtenheft
8	Planung
9	Projektstrukturplan
10	Projektablaufplan
11	Netzplan
12	Projektkosten
13	Plan-Kostenaufstellungen
14	Projektrisikoanalyse
15	Finanzierungsmodelle
16	Projektfortschritte
17	interne Aktivitäten
18	Programmiervorgaben
19	Teilprojektstammblatt
20	Besprechungen, Einladung und Protokolle
21	interner Schriftverkehr
22	externe Aktivitäten
23	Angebote
24	Checkliste Lieferanten
25	externer Schriftverkehr
26	Projektberichtswesen
27	Aktivitätenblätter
28	Projektphasenabschluß
29	Prüfliste der Projektphase
30	Phasenabschlußbericht
31	Phasenschlußgespräch
32	Freigabe der nächsten Phase

Projekthandbuch Kapitel 5: Entwicklung

Projekt Nr:

Projekttitel:

Projektleiter:

Projektbeginn: ___ / ___ / ___   gepl. Inbetriebnahme: ___ / ___ / ___

4   Entwicklungsphase, Sollkonzept

1   Projektphaseneröffnung
2   Prüfliste der Projektphase
3   Projekteröffnungsgespräch
4   Projektdokumentation
5   Projektziele
6   Projektinhalte
7   Planung
8   Ressourcenplanung
9   Strukturplan, Ablaufplan, Netzplan
10   Projektkosten
11   Projektfortschritte
12   interne Aktivitäten
13   Aktivitätenlisten intern
14   Softwareanalyse
15   Programmiervorgaben
16   Besprechungen, Einladung und Protokolle
17   interner Schriftverkehr
18   Pflichtenheft
19   externe Aktivitäten
20   Vertragsunterlagen unterteilt nach Geschäftspartnern
21   externer Schriftverkehr
22   Auftragsvergabe extern, Bestellanforderung
23   Projektberichtswesen
24   Aktivitätenblätter
25   Fortschrittsmeldungen
26   Projektphasenabschluß
27   Prüfliste der Projektphase
28   Phasenabschlußbericht
29   Phasenschlußgespräch
30   Freigabe der nächsten Phase

Projekthandbuch Kapitel 6: Lösung

Projekt Nr: _______________

Projekttitel: _______________________________________

Projektleiter: _______________________________________

Projektbeginn: ___ / ___ / ___   gepl. Inbetriebnahme: ___ / ___ / ___

5   Prototypphase, Lösungskonzept

1. Projektphaseneröffnung
2. Prüfliste der Projektphase
3. Projekteröffnungsgespräch
4. Projektdokumentation
5. Projektziele
6. Projektinhalte
7. Planung
8. Projektkosten
9. Projektfortschritte
10. interne Aktivitäten
11. Organisationsanweisungen
12. Teilprojektänderungsblatt
13. Änderungen
14. Aktivitätenlisten intern
15. Fortschrittsmeldungen
16. Schulungsplan
17. Besprechungen, Einladung und Protokolle
18. interner Schriftverkehr
19. Bestellungen
20. externe Aktivitäten
21. Vertragsunterlagen unterteilt nach Geschäftspartnern
22. Auftragsvergabe extern, Bestellanforderung
23. externer Schriftverkehr
24. Projektberichtswesen
25. Aktivitätenblätter
26. Projektphasenabschluß
27. Prüfliste der Projektphase
28. Phasenabschlußbericht
29. Phasenschlußgespräch
30. Freigabe der nächsten Phase

Projekthandbuch Kapitel 7: Einführung

Projekt Nr: ________________
Projekttitel: ____
Projektleiter: ____
Projektbeginn: ___ / ___ / ___   gepl. Inbetriebnahme: ___ / ___ / ___

6   Fertigungsphase, Systemeinführung
1.   Projektphaseneröffnung
2.   Prüfliste der Projektphase
3.   Projekteröffnungsgespräch
4.   Projektdokumentation
5.   Projektziele
6.   Projektinhalte
7.   Planung
8.   Projektkosten
9.   Projektfortschritte
10. interne Aktivitäten
11. Installationsplan
12. Aktivitätenlisten intern
13. Fortschrittsmeldungen
14. Besprechungen, Einladung und Protokolle
15. Abnahmeprotokolle
16. externe Aktivitäten
17. Auftragsvergabe extern, Bestellanforderung
18. Projektberichtswesen
19. Aktivitätenblätter
20. Abnahmedokumentation
21. Projektphasenabschluß
22. Prüfliste der Projektphase
23. Phasenabschlußbericht
24. Schlußbericht
25. Phasenschlußgespräch
26. Freigabe der nächsten Phase

Projekthandbuch Kapitel 8: Nutzung

Projekt Nr: _______________

Projekttitel: ____

Projektleiter: ____

Projektbeginn: ___ / ___ / ___   gepl. Inbetriebnahme: ___ / ___ / ___

Phasenbeginn: ___ / ___ / ___   gepl. Nutzungsdauer: ___ / ___ / ___

7   Nutzungsphase

1   Projektphaseneröffnung
2   Prüfliste der Projektphase
3   Projekteröffnungsgespräch
4   Projektdokumentation
5   Projektziele
6   Projektinhalte
7   Planung
8   Projektkosten
9   Projektfortschritte
10   interne Aktivitäten
11   Störmeldungen
12   Software Updates
13   Verbesserungsvorschläge
14   Revisionsbericht
15   Datenschutz
16   Datensicherung
17   externe Aktivitäten
18   Informationen vom Lieferanten
19   Projektberichtswesen
20   Logbuch
21   Projektphasenabschluß
22   Prüfliste der Projektphase
23   Phasenabschlußbericht
24   Phasenschlußgespräch
25   Freigabe der nächsten Phase
26   Revisionsbericht
27   Betriebszulassung

Geschäftsgrundsätze der Firma

Vorgeschlagene Gliederung und Inhalte:

Wir haben gemeinsame Ziele

Die Aktivitäten aller Mitarbeiter sind auf die Erreichung der gesetzten Unternehmensziele ausgerichtet.

Die Geschäftsgrundsätze sind verbindlich für alle Mitarbeiter im Verhalten gegenüber allen Geschäftspartnern, wie auch im Betriebsablauf. Der Unternehmenserfolg ist die Summe aller Aktivitäten der Mitarbeiter, der Maßstab für den Erfolg ist das Erreichen der von allen getragenen Unternehmensziele.

Wir vertrauen unseren Mitarbeitern und schätzen ihr Wissen und ihre Persönlichkeit.

Wir gehen davon aus, daß die Mitarbeiter exzellente Arbeit leisten wollen und dies auch tun. Das Unternehmen will für fähige Mitarbeiter ein attraktiver Arbeitgeber sein, der bei entsprechendem Unternehmenserfolg auch die individuellen Beiträge entsprechend honorieren wird.

Wir legen ausdrücklichen Wert auf die Qualität unserer Produkte und Dienstleistungen.

Unsere Kunden erwarten Ware und Beratung, die störungsfrei die Organisation ihres Unternehmens unterstützen. Dieser Kundenwunsch ist für unsere Mitarbeiter Verpflichtung, stets auf dem Stand der technischen Entwicklung zu sein. Damit wir auch in Zukunft diesen Anforderungen gerecht werden können, müssen unsere Mitarbeiter ständig bessere Methoden suchen und zum Einsatz bringen.

Wir verlangen absolute Integrität.

Das Vertrauen unserer Geschäftspartner kann nur erhalten werden, wenn jeder Mitarbeiter offen und ehrlich seine Arbeit erledigt, und nach den Regeln guten Geschäftsgebarens handelt. Die Geschäftsgrundsätze sind daher bindend für alle und müssen für jeden Mitarbeiter Leitlinie seines Handelns sein.

Wir sind ein Team.

Jeder Mitarbeiter bringt seinen individuellen Beitrag, aber er kann nur durch Zusammenarbeit mit den verschiedenen Stellen unseres Unternehmens den vollen Umfang seines Auftrags erfüllen. Wir verlangen partnerschaftliche Zusammenarbeit.

Wir verlangen permanente Weiterentwicklung.

Im Rahmen dieser Geschäftsgrundsätze und der Unternehmensziele werden mit den Mitarbeitern Freiräume vereinbart, die die Möglichkeit geben, neue Lösungswege zu finden. Der dynamische Wirtschaftsbereich, in dem das Unternehmen sich betätigt, erfordert, daß die Mitarbeiter einen ständigen Wandel vollziehen.

Zielsetzung

Das Unternehmen wird nur Geschäfte tätigen, die den geltenden Gesetzen entsprechen und ein ordnungsgemäßes Geschäftsgebaren darstellen. Mit der Übergabe dieser Geschäftsgrundsätze verpflichtet das Unternehmen alle Mitarbeiter, in allen geschäftlichen Aktivitäten diese Leitlinien einzuhalten. Wir wollen dauerhafte, vertrauensvolle Beziehungen mit allen unseren Geschäftspartnern, die zum beiderseitigen Geschäftserfolg beitragen.

Führungskräfte haben darauf zu achten, daß diese Grundsätze eingehalten werden, Problemfälle müssen der Geschäftsführung zur Entscheidung vorgebracht werden. Konfliktsituationen müssen sofort bereinigt werden, bevor Schaden für das Unternehmen eintreten kann. Wir erwarten, daß jeder Mitarbeiter sich bemüht, in seinem Tätigkeitsbereich unter Beachtung dieser Grundsätze die gemeinsam vereinbarten Unternehmensziele wie auch die persönlichen Ziele zu erreichen.

Die Geschäftsleitung

Unternehmensziele

für das Kalenderjahr: _______________

Vorgeschlagene Gliederung:

1. Motto / Leitidee(n) für das Jahr
2. Strategische Erfolgspotentiale
3. Die Produkte (Kurzbeschreibungen)
4. Vertriebswege / Marketingschienen / Marketingmaßnahmen
5. Kundenzielgruppen
6. Lieferanten
7. Produktstrategie (eigene versus Markt oder Konkurrenz)
8. Markteinführung, -eroberung, -sättigung, -auslauf (Baby, Star, Cashcow, Lazy Dog)
9. stark zu fördernde Produkte
10. zu fördernde Produkte
11. zu haltende Produkte
12. zurückzufahrende Produkte
13. Märkte (erobern / abbauen)
14. Regionen
15. Kundenzielgruppen
16. geplante Zu- / Rücknahme
17. Messen / Ausstellungen
18. Strategische Partnerschaften
19. Distributoren, Handel, Genossenschaften, Berater, etc
20. Entwicklungsaktivitäten mit Kunden, Lieferanten, Instituten, etc
21. Firmenentwicklung
22. geplanter Umsatz
23. Personalpolitik, qualitative und quantitative Entwicklung
24. Besondere Großprojekte: Neubau, Umbau, neue Produktionsanlagen, etc
25. Strukturelle Maßnahmen: Kapital, Tochterfirmen, Geschäftsstellen, Beteiligungen, etc
26. Typische Kennzahlen (Planung) z.B. Lohnstückkosten, Gemeinkostenfaktoren, etc.
27. Längerfristiger Ausblick
28. Firma
29. Produkte
30. Personal
31. Umsatzschwerpunkte
32. nicht kommerzielle Aktivitäten
33. sonstiges Wissenswertes

Anmerkung:

Diese Unternehmensziele sind ein Kommunikationsinstrument, mit dem Kunden, Interessenten, Lieferanten und Mitarbeiter mit wenigen Zeilen informiert werden können. Es zeigt dem Leser die Vision des Unternehmens und wie realistisch das Unternehmen seine Möglichkeiten zur Umsetzung nutzen will.
Optimistischer Realismus ist angebracht, jeder Leser kann den einen oder anderen Punkt kompetent beurteilen. Wem eine Fehleinschätzung unterläuft, hat Schwierigkeiten, für den Rest glaubwürdig zu bleiben.
Das Unternehmen will sich allen o.a. Lesern als zuverlässiger Partner für die Zukunft darstellen.

Projektziele

Projekt Nr:

Projekttitel: ____

Projektleiter: ____

Projektbeginn: ___ / ___ / ___   gepl. Inbetriebnahme: ___ / ___ / ___

Funktionale Ziele, Verfahrensverbesserung(en):

____

____

____

____

____

____

____

____

Finanzielle Verbesserung(en):

____

____

____

____

____

Soziale Ziele und sonstige Verbesserung(en):

____

____

____

____

Projektstammblatt

Projekt Nr: ______________

Projekttitel: ____

Projektleiter: ____

Projektbeginn: ___ / ___ / ___   gepl. Inbetriebnahme: ___ / ___ / ___

Projektbudget: ________ TDM   gepl. Einsparungen: ________ TDM

Sachgebiet(e):   **Verantwortliche(r)**

________________   ________________

________________   ________________

________________   ________________

________________   ________________

________________   ________________

Projektkurzbeschreibung:

____

____

____

____

____

____

____

____

____

Ergebnisorientierte Projektziele:

____

____

____

____

____

Projektbeschreibung

Projekt Nr:
Projekttitel:
Projektleiter:

Beteiligte Fachbereiche:

Soll-Konzeption:

notwendige Maßnahmen:

Projekt Organigramm

Projekt Nr:
Projekttitel:
Projektleiter:
Projektbeginn: ___ / ___ / ___   gepl. Inbetriebnahme: ___ / ___ / ___

Zuständiger Ansprechpartner:
Unternehmensziele
Geschäftsleitung

Unternehmensziele, Projektziele, Inhalte

Projektleitungsteam

Termine für Meilensteine:

Projektziele, Termine, Kosten

Projektcontroller

Projektziele, Inhalte, Termine, Kosten

Projektleiter

Verantwortlich für Themen aus den Bereichen:

Organisation / EDV

Ansprechpartner bei Lieferanten (Projekt bezogen)

Firma   Name   Telefon

Personenverzeichnis

Projekt Nr:
Projekttitel: ____

Projekt Mitarbeiter im Hause:

Funktion / Sachgebiet	Namen	dienstl.Telefon	privat Telefon
Projektleiter:	___________	_______	_______ / _______
___________:	___________	_______	_______ / _______
___________:	___________	_______	_______ / _______
___________:	___________	_______	_______ / _______
___________:	___________	_______	_______ / _______
___________:	___________	_______	_______ / _______

Projekt Mitarbeiter bei Lieferant: _______________________________

Telefonzentrale: _______ / _______

Faxanschluß: _______ / _______

Hotlinedurchwahl: _______ / _______

Funktion lefon	Namen	d.Telefon	p.Telefon / Autotelefon
Bereichsleiter:	___________	_______	_______ / _______
Projektleiter:	___________	_______	_______ / _______
___________:	___________	_______	_______ / _______
___________:	___________	_______	_______ / _______
___________:	___________	_______	_______ / _______
___________:	___________	_______	_______ / _______
___________:	___________	_______	_______ / _______

Teilprojektstammblatt

Projekt Nr:
Projekttitel: ___________________________
Projektleiter: ___________________________
Projektbeginn: ___ / ___ / ___   gepl. P-Inbetriebnahme: ___ / ___ / ___
Teilprojektbeginn: ___ / ___ / ___   gepl.Teilp.- Inbetriebnahme: ___ / ___ / ___

Teilprojektbudget: _______TDM

gepl. Personalaufwand   _____ MTage _________ DM
Material   _________ DM
Sonstige Kosten   _________ DM
Gesamtkosten   _________ DM

Teilprojektkurzbeschreibung:

Teilprojektziele:

Ecktermine: Beschreibung   **Termin**

Teilprojektänderungsblatt

Projekt Nr: ___________________
Projekttitel: ___________________
Projektleiter: ___________________
Projektbeginn: ___ / ___ / ___   gepl.P- Inbetriebnahme: ___ / ___ / ___
Teilprojektbeginn: ___ / ___ / ___   gepl.Teilp. Inbetriebnahme: ___ / ___ / ___

Änderungsursache / Begründung:

Änderungsbeschreibung:

Zusatzkosten / Terminveränderungen / sonstige Konsequenzen:

Projekt Dauerkalkulation: Nettobedarf 1: Funktionen

Projekt Nr:

Projekttitel:

Projektleiter:

Projektbeginn: ___ / ___ / ___   gepl. Inbetriebnahme: ___ / ___ / ___

	---- ANALYSE ----------		DESIGN-PHASE -------		EINFÜHRUNG -----		
Aktivitäten	Vorab	Haupt	Detail	Soll	Ist	Schulg	Nutzg	Gesamt
ca Prozentanteil	5	15	20	20	20	15	5	Stunden
Grund-System	2,5	7,5	10,0	10,0	10,0	7,5	2,5	47,5
Einkauf	1,5	4,5	6,0	6,0	6,0	4,5	1,5	28,5
Lagerwirtschaft	1,5	4,5	6,0	6,0	6,0	4,5	1,5	28,5
Verkauf	1,5	4,5	6,0	6,0	6,0	4,5	1,5	28,5
Disposition	1,5	4,5	6,0	6,0	6,0	4,5	1,5	28,5
Kalkulation	1,5	4,5	6,0	6,0	6,0	4,5	1,5	28,5
Fertigung	2,0	6,0	8,0	8,0	8,0	6,0	2,0	38,0
Zeitwirtschaft	2,0	6,0	8,0	8,0	8,0	6,0	2,0	38,0
Finanzbuchhaltg	4,0	12,0	16,0	16,0	16,0	12,0	4,0	76,0
Kostenrechnung	4,0	12,0	16,0	16,0	16,0	12,0	4,0	76,0
Anlagenbuchhaltg	1,5	4,5	6,0	6,0	6,0	4,5	1,5	28,5
Lohn / Gehalt	4,0	12,0	16,0	16,0	16,0	12,0	4,0	76,0
Bankenclearing	0,5	1,5	2,0	2,0	2,0	1,5	0,5	9,5
Schnittst Lohn / FiBu	2,0	6,0	8,0	8,0	8,0	6,0	2,0	38,0
Optionen								
Mehrlagerverwaltg	2,0	6,0	8,0	8,0	8,0	6,0	2,0	38,0
Chargen-/ Serien-Nr	0,5	1,5	2,0	2,0	2,0	1,5	0,5	9,5
Varianten	2,0	6,0	8,0	8,0	8,0	6,0	2,0	38,0
DEL Notierung	0,5	1,5	2,0	2,0	2,0	1,5	0,5	9,5
Naturalrabatt	0,5	1,5	2,0	2,0	2,0	1,5	0,5	9,5
Sachmerkmale	1,5	4,5	6,0	6,0	6,0	4,5	1,5	28,5
Mehrsprachigkeit	1,0	3,0	4,0	4,0	4,0	3,0	1,0	19,0

Bürokommunikation	2,0	6,0	8,0	8,0	8,0	6,0	2,0	38,0
Textverarbeitung	3,0	9,0	12,0	12,0	12,0	9,0	3,0	57,0
Schnittstellen								
PC/DOS Anbindung	0,5	1,5	2,0	2,0	2,0	1,5	0,5	9,5
TELEFAX Anbindung	0,5	1,5	2,0	2,0	2,0	1,5	0,5	9,5
TELEX Anbindung	0,5	1,5	2,0	2,0	2,0	1,5	0,5	9,5
DATEV Anbindung	0,5	1,5	2,0	2,0	2,0	1,5	0,5	9,5
EDI Anbindung	0,5	1,5	2,0	2,0	2,0	1,5	0,5	9,5
BDE Anbindung	2,0	6,0	8,0	8,0	8,0	6,0	2,0	38,0
CAQ Anbindung	2,0	6,0	8,0	8,0	8,0	6,0	2,0	38,0
CAD Anbindung	2,0	6,0	8,0	8,0	8,0	6,0	2,0	38,0

Projekt Dauerkalkulation: Nettobedarf 2: Umfeld

Projekt Nr:
Projekttitel:
Projektleiter:

Aktivitäten	Vorab	Haupt	Detail	Soll	Ist	Schulg	Nutzg	Gesamt
		---- ANALYSE ----------		DESIGN-PHASE -------		EINFÜHRUNG -----		
ca Prozentanteil	5	15	20	20	20	15	5	Stunden
Betriebsorganisation	4,0	12,0	16,0	16,0	16,0	12,0	4,0	76,0
Hardware	1,0	3,0	4,0	4,0	4,0	3,0	1,0	19,0
Verkabelung	1,0	3,0	4,0	4,0	4,0	3,0	1,0	19,0
Schulungsbedarf	1,5	4,5	6,0	6,0	6,0	4,5	1,5	28,5
sonstige Projektlaufzeit								
Design Erweiterung								0,0
Dokumentation								0,0
Individualprogramme								0,0
Übernahme von Fremdsys								0,0
Einbindung in Fremdsysteme								0,0
Projektabhängige Zeit								
Zusatzprogramme								0,0
Tests								0,0
zus.Dokumentation								0,0
Design-Änderungen								0,0
Release-Wechsel								0,0
neue Hardware								0,0
Reisetätigkeit								0,0
Gesamt Stunden	68	204	272	272	272	204	68	1292
Gesamt Netto Bedarf								
Tage	8,5	25,5	34,0	34,0	34,0	25,5	8,5	161,5

Projekt Dauerkalkulation: Bruttobedarf 1: Funktionen

Projekt Nr:

Projekttitel:

Projektleiter:

Projektbeginn: ___ / ___ / ___   gepl. Inbetriebnahme: ___ / ___ / ___

Faktoren	Nettobedarf	Bruttobedarfsrechnung				
		--- Schwierigkeitsgrad ---		------Nebenzeiten-----		
		Entwickler	Anwender	P-Abhängig	P-Unabhängig	Gesamt
		0,5 - 4.0	0,0 - 1,75	0,05 - 0,25	0,30 - 0,50	
Aktivitäten	Stunden					
Grund-System	47,5	___	___	___	___	___
Einkauf	28,5	___	___	___	___	___
Lagerwirtschaft	28,5	___	___	___	___	___
Verkauf	28,5	___	___	___	___	___
Disposition	28,5	___	___	___	___	___
Kalkulation	28,5	___	___	___	___	___
Fertigung	38,0	___	___	___	___	___
Zeitwirtschaft	38,0	___	___	___	___	___
Finanzbuchhaltung	76,0	___	___	___	___	___
Kostenrechnung	76,0	___	___	___	___	___
Anlagenbuchhaltung	28,5	___	___	___	___	___
Lohn / Gehalt	76,0	___	___	___	___	___
Bankenclearing	9,5	___	___	___	___	___
Schnittst,Lohn / FiBu	38,0	___	___	___	___	___
Optionen						
Mehrlagerverwaltung	38,0	___	___	___	___	___
Chargen-/ Serien-Nr	9,5	___	___	___	___	___
Varianten	38,0	___	___	___	___	___
DEL Notierung	9,5	___	___	___	___	___
Naturalrabatt	9,5	___	___	___	___	___
Sachmerkmalsleiste	28,5	___	___	___	___	___
Mehrsprachigkeit	19,0	___	___	___	___	___

Bürokommunikation	38,0	___	___	___	___	___
Textverarbeitung	57,0	___	___	___	___	___
Schnittstellen						
PC/DOS Anbindung	9,5	___	___	___	___	___
TELEFAX Anbindung	9,5	___	___	___	___	___
TELEX Anbindung	9,5	___	___	___	___	___
DATEV Anbindung	9,5	___	___	___	___	___
EDI Anbindung	9,5	___	___	___	___	___
BDE Anbindung	38,0	___	___	___	___	___
CAQ Anbindung	38,0	___	___	___	___	___
CAD Anbindung	38,0	___	___	___	___	___

Projekt Dauerkalkulation: Bruttobedarf 2: Umfeld

Projekt Nr:
Projekttitel:
Projektleiter:

Faktoren	Nettobedarf	Bruttobedarfsrechnung				Gesamt
		--- Schwierigkeitsgrad ---		------Nebenzeiten -----		
		Entwickler	Anwender	P-Abhängig	P-Unabhängig	
		0,5 - 4.0	0,0 - 1,75	0,05 - 0,25	0,30 - 0,50	
Aktivitäten	Stunden					
Betriebsorganisation	76,0	—	—	—	—	—
Hardware	19,0	—	—	—	—	—
Verkabelung	19,0	—	—	—	—	—
Schulungsbedarf	28,5	—	—	—	—	—
sonstige Projektlaufzeit						
Design Erweiterung	0,0	—	—	—	—	—
Dokumentation	0,0	—	—	—	—	—
Individualprogramme	0,0	—	—	—	—	—
Übernahme von Fremdsys	0,0	—	—	—	—	—
Einbindung in Fremdsysteme	0,0	—	—	—	—	—
Projektabhängige Zeit						
Zusatzprogramme	0,0	—	—	—	—	—
Tests	0,0	—	—	—	—	—
zus.Dokumentation	0,0	—	—	—	—	—
Design-Änderungen	0,0	—	—	—	—	—
Release-Wechsel	0,0	—	—	—	—	—
neue Hardware	0,0	—	—	—	—	—
Reisetätigkeit	0,0	—	—	—	—	—
Gesamt Stunden	**1292**	—	—	—	—	—
Gesamt Brutto Tage	**161,5**	—	—	—	—	—

Formel: (Netto*(SG Ent+SG Anw)*(1+(PA+PU)))

Projektbudget

Projekt Nr: _______________

Projekttitel: ____

Projektleiter: ____

Projektbeginn: ___ / ___ / ___   gepl. Inbetriebnahme: ___ / ___ / ___

Kostenvoranschläge: Investive Maßnahmen

	Betrag	Termin
Zentrale Rechenanlage		
Rechner	DM __________	___ / ___ / ___
Plattenkapazität	DM __________	___ / ___ / ___
Anschlüße	DM __________	___ / ___ / ___
sonstige (Drucker,etc)	DM __________	___ / ___ / ___
Gesamtbetrag	DM __________	___ / ___ / ___
Netzwerk		
Verkabelung	DM __________	___ / ___ / ___
Hardware für LAN	DM __________	___ / ___ / ___
Terminals, PCs	DM __________	___ / ___ / ___
sonstige (Drucker,etc)	DM __________	___ / ___ / ___
Gesamtbetrag	DM __________	___ / ___ / ___
Software		
Module	DM __________	___ / ___ / ___
Beratungen	DM __________	___ / ___ / ___
Schulungen	DM __________	___ / ___ / ___
Gesamtbetrag	DM __________	___ / ___ / ___
Weitere Investitionen		
Büromöbel	DM __________	___ / ___ / ___
Formulare	DM __________	___ / ___ / ___
Literatur,etc	DM __________	___ / ___ / ___
Eigenleistungen	DM __________	___ / ___ / ___
sonstiges	DM __________	___ / ___ / ___
Gesamtbetrag	DM __________	___ / ___ / ___

Gesamtinvestitionen   DM __________

Geplante Nutzungsdauer   Monate __________

Kosten pro Monat   **DM __________**

Laufende Betriebskosten	Betrag
monatliche Kosten	
Leasing	DM __________
Hardware Wartung	DM __________
Software Wartung,Hotline	DM __________
Telefonkosten DM __________	
sonst.Verbrauchsmaterial	DM __________

Betriebskosten / Monat   **DM __________**

Gesamtkosten / Monat   **DM __________**

Wirtschaftlichkeitsanalyse: Verfahrensverbesserung

Projekt Nr: __________
Projekttitel: __________
Projektleiter: __________
Projektbeginn: ___ / ___ / ___   gepl. Inbetriebnahme: ___ / ___ / ___

Beurteilungskriterien:	Verbesserung Punkte 0-3	Gewichten Punkte 0-3	Bewerten Verbesserung x Gewichtung
Integration der Abrechnungssysteme:			
Einkauf	___	___	___
Bestandsführung	___	___	___
Verkauf	___	___	___
Finanz- und Rechnungswesen	___	___	___
Produktion	___	___	___
Kontrollen, Abstimmungen	___	___	___
Korrekturen	___	___	___
Bürokommunikation	___	___	___
Kommunikation mit Partnern	___	___	___
Betriebliches Informationswesen:			
Aktualität	___	___	___
Integrität	___	___	___
Antwortzeitverhalten	___	___	___
Darstellung, Übersichtlichkeit	___	___	___
Berichtswesen			
Operationelle Daten	___	___	___
Statistische Auswertungen	___	___	___
Graphische Darstellungen	___	___	___
Anwenderfreundlichkeit			
Abläufe	___	___	___
Bedienungskomfort	___	___	___
Wartungskonzept	___	___	___
Transparenz des Ablaufs	___	___	___
Kapazitätsreserven	___	___	___
Betriebsbereitschaft	___	___	___
Datensicherheit	___	___	___
Kompetenz, Marktsituation	___	___	___
__________	___	___	___
__________	___	___	___
__________	___	___	___
__________	___	___	___
Summe: Veränderung	___	___	___

Veränderungsindikator (Summe Bewertung / Summe Gewichtung): ___
0 = Keine, 1 = Geringfügige, 2 = Spürbare, 3 = Sehr deutliche Verbesserung.

Wirtschaftlichkeitsanalyse: Kostenbetrachtung

Projekt Nr:
Projekttitel: ____
Projektleiter: ____
Projektbeginn: ___ / ___ / ___   gepl. Inbetriebnahme: ___ / ___ / ___

Kostenübersicht

Gesamtinvestitionen (siehe Budget)   DM ___________

Geplante Nutzungsdauer   ___________ Monate

Kosten pro Monat   DM ___________

Laufende Betriebskosten / Monat   DM ___________

Sonstige Monatl. Kosten des Betriebs

(Personal, Zinsen, Versicherung, Abschreibungen, etc)   DM ___________

Gesamtkosten / Monat   DM ___________

Geplante Einsparungen:
- **durch verbesserte Organisation**

optimierter Personaleinsatz   DM ___________

Maschinenbelegung   DM ___________

Sonstiges   DM ___________

____________________________   DM ___________

Summe: DM ___________

- **durch Verfahrensverbesserungen:**

reduzierte Lagerbestände   DM ___________

höherer Warenumschlag   DM ___________

Fertigungsabläufe   DM ___________

Innerbetriebliche Logistik   DM ___________

Logistik mit Zulieferern   DM ___________

Logistik für Kunden   DM ___________

Kapitalfluß   DM ___________

Sonstiges   DM ___________

____________________________   DM ___________

Summe: DM ___________

Gesamteinsparung / Monat   Summe: DM ___________

Wirtschaftlichkeitsanalyse: Sonstige Verbesserungen

Projekt Nr: _________________
Projekttitel: _________________
Projektleiter: _________________

1   Absatzsteigerung:
Begründung: _________________

____

____

Gesamtbetrag / Jahr   DM _________
2   Umsatzsteigerung:
Begründung: _________________

____

____

Gesamtbetrag / Jahr   DM _________
3   Verbesserte Kommunikation
3.1   Innerbetrieblich
Beschreibung: _________________

____

____

3.2   Mit Kunden
Beschreibung: _________________

____

____

3.3   Mit Lieferanten
Beschreibung: _________________

____

____

3.4   Mit sonstigen Instituten, Behörden
Beschreibung: _________________

____

4   Sonstige Verbesserungen
Beschreibung: _________________

____

Finanzielle Beurteilung dieser Verbesserungen
Gesamtbetrag / Jahr   DM _________
Gesamtbetrag Nutzungsphase   DM _________

Evaluationsmatrix

Projekt Nr:

Projekttitel:

Projektleiter:

Mußkriterien:

	Gewichtung Notwendig 0-3	Lösung 1 verfügbar 0-3	Bewertg	Lösung 2 verfügbar 0-3	Bewertg
1					
2					
3					
4					
5					
6					
7					
8					
9					
10					
11					
12					
13					
14					
Gesamtwert Mußkriterien					

Kannkriterien

	Gewichtung Notwendig 0-2	Lösung 1 verfügbar 0-3	Bewertg	Lösung 2 verfügbar 0-3	Bewertg
1					
2					
3					
4					
5					
6					
7					
8					
9					
10					
11					
12					

Gesamtwert Kannkriterien

Summe Muß- + Kannkriterien

Entscheidung für Lösung:

Unterschrift:

Portfolio-Analyse

Projekt Nr:

Projekttitel:

Kriterien, Faktoren:

Beschreibung	Gewichtung für Betrieb 0-3 Pkte	Positiver Einfluß 0-3 Pkte	**Y-Achse** Bewertg	Negativer Einfluß 0-3 Pkte	**X-Achse** Bewertg
1					
2					
3					
4					
5					
6					
7					
8					
9					
10					

Matrix: Y-Achse = positiver Einfluß:

```
hoch
  9 |                    |                    |
    |                    |                    |
    |     I.Priorität    |     II.Priorität   |
  6 |                    |                    |
    |____________________|____________________|
    |                    |                    |
  3 |                    |                    |
    |    IV.Priorität    |    III.Priorität   |
  1 |                    |                    |
  0 |____________________|____________________|
niedrig  0 1        3              6         9  hoch
```

X-Achse=negativer Einfluß:

Reihenfolge der Ausführung

Beschreibung	POSITIV	NEGATIV	Bemerkung
1			
2			
3			
4			
5			
6			
7			
8			
9			
10			

Unterschrift(en):

Pflichtenheft Teil 1: Unternehmen und Projekt

Projekt Nr:
Projekttitel:
Projektleiter:

Gliederungsvorschlag:

Das Unternehmen und das Projekt

1. Titelblatt
2. Verzeichnis
3. Allgemeine Informationen
- Das Unternehmen,
- Gesellschaftsform,
- Branche,
- Größenabgaben,z.B. Mitarbeiter, Umsatz
- Marktdurchdringung
- Die Produkte, der Markt, Trends
- Die Unternehmensziele
- allgemein und mittelfristig
4. Das Projekt:
- Inhalt, Ziele, Termine
- Vorhandene EDV-Anwendungen
- Hardware
- Software
- Schnittstellen
5. Mengengerüste:
- derzeitiges Informationsvolumen
  - Kunden
  - Lieferanten
  - Artikel
  - Stücklisten
  - Konten
  - Personaldaten
  - Vorgänge pro Zeiteinheit
  - Pro Sachgebiet
- geplantes Informationsvolumen
  - Kunden
  - Lieferanten
  - Artikel
  - Stücklisten
  - Konten
  - Personaldaten
  - Vorgänge pro Zeiteinheit
  - Pro Sachgebiet
6. Aufbauorganisation IST-Situation Kurzbeschreibung
7. Ablauforganisation IST-Situation Kurzbeschreibung

Pflichtenheft Teil 2: Sollkonzept

Projekt Nr:

Projekttitel:

Gliederungsvorschlag:

Soll-Konzept und Umgebungsbedingungen

1   SOLL-Konzept gegliedert pro Anwendungsbereich
2   Aufbauorganisation SOLL-Konzept
3   Ablauforganisation SOLL-Konzept
4   Datenstrukturen
5   Formularwesen
6   Berichtswesen:
- täglich
- wöchentlich
- monatlich
- jährlich
- ad hoc Auswertungen

7   Integration
- Neue Anwendungsbereiche
- Bestehende Anwendungsbereiche
- Betriebsdatenerfassung
- Cad, CAQ, CAM, CA...

8   Speicherfristen online, Archivierung
9   Bedienanforderungen:
- Antwortzeiten Dialog und Stapelverarbeitung,
- Informationsqualität,
- Ergonomie

10   Kriterien der Softwarequalität
11   Abnahmeverfahren
12   Umgebungsbedingungen:
- Hardware, Betriebssystem
- Datenbank
- Programmier-Sprachen
- Werkzeuge

13   falls erforderlich Pläne von Betriebsgelände und Gebäude(n)
14   (Netzwerk, verteilte Verarbeitung)
15   Einsatz in Büro, Werkstatt, Freigelände
16   Geplante Projektorganisation
- Verfügbarkeit eigenes Personal
- Dienstleistungen Lieferant
- Dienstleistungen Dritte, z.B.Berater
- Schulung, Einführungsunterstützung, Wartung, Hotline-Service

17   Sonstige Maßnahmen
18   Sonstige Anforderungen

Prüfliste Projektphasen 1 bis 4

Projekttitel: ____
Projektleiter: ____
Projektbeginn: ___ / ___ / ___   gepl. Inbetriebnahme: ___ / ___ / ___

1   Information, Vorstudie, Analyse, Planung, Projektvorschlag

Eingabe	Vision, Projektziele, Wunschtermin, Finanzielles Volumen, Erarbeiten Inhalte, Termine, Kosten, betriebl. Ergebnisse, Wirtschaftlichkeitsanalysen (Verbesserungen, Kosten, Projektdauer) Machbarkeit, Lieferanten, Literatur, allgem. Rahmenbedingungen
Ergebnis	Projektvorschlag, Projektziele, Projektbeschreibung, Projektstammblatt, Budgetantrag
Freigabe	a: Gesamtprojekt, b: Phase 2

2   Konzept, Hauptstudie, Definition, Requirement

Eingabe	Ergebnis Phase 1
Erarbeitenung, rüste,	Projektbeschreibungen, Teilprojekte, Lieferanten, Projektplanung, Datenstrukturen, Formularwesen, Berichtswesen, Mengenge-Schnittstellen, Lösungsansatz, Alternativen, Angebote für Planung, Expertisen
Ergebnis	Projektteam, Projektplan, Budget pro Phase
Freigabe	Phase 3

3   Definition, Detailstudie, Entwurf, Systementwurf

Eingabe	Ergebnis Phase 2
Erarbeiten	Checkliste Lieferanten, Stoffsammlung wird zum Pflichtenheft Formularwesen, Berichtswesen, Mengengerüste, Schnittstellen intern / extern Projektstrukturplan, Projektablaufplan, Netzplan
Ergebnis	Lieferanten für SW, HW, Orgware, Installation festlegen Pflichtenheftkonzept, Angebotseinholung
Freigabe	Phase 4

4   Entwicklung, Design Sollkonzept, Komponentenentwurf

Eingabe	Ergebnis Phase 3
Erarbeitengen	Angebote, Standard SW gegen Pflichtenheft prüfen, endgültigen Umfang festlegen
rung	Individualprogramme festlegen, eigene / fremde Programmierung festlegen Projektstrukturplan, Projektablaufplan, Netzplan
Ergebnis	Beschlußfähiges Pflichtenheft, Aufträge an Lieferanten z.Genehmigung vorbereiten
Freigabe	Phase 5

Prüfliste Projektphasen 5 bis 7

Projekt Nr:
Projekttitel:
Projektleiter:

5   Prototyp, Design Lösung, Implementierung, Realisierung

Eingabe	Ergebnis Phase 4
Erarbeiten	Bestellungen SW, HW, Orgware, Installation
	Standard SW Funktionsablauf darstellen,
	Organisationsanweisungen
	Individualprogramme erstellen, testen, integrieren
	Schulungen bei Hersteller
Ergebnis	getestete Software, kundiges Personal,
	An- / Teilzahlungen
Freigabe	Phase 6

6   Fertigung, Systemeinführung, Integration, Installation

Eingabe	Ergebnis Phase 5
Erarbeiten	Installation: Hardware, Netzwerk, Software
	Modultest, Integrationstest, Schulung vor Ort
	Einführungsunterstützung
	Abnahmeverfahren, Mängelliste
Ergebnis	Abnahmeprotokoll, Schlußzahlung
Freigabe	Phase 7

7   Systemnutzung, Betrieb, Einsatz

Eingabe	Ergebnis Phase 6
Bearbeitung	Regelbetrieb, Monatsabschlüsse, Quartalsabschlüsse,
	Jahresabschlüsse,
	sonstige Auswertungen
	Updates, Erweiterungen, Logbuch von Störungen
	Revision
Ergebnis	Betriebsergebnisse verbessert

Prüfliste Soft- / Hardwarelieferant

Projekt Nr:
Projekttitel:
Projektleiter:

Mußkriterien:

	Gewichtung Notwendig 0-3	Lieferant A verfügbar 0-3	Bewertg	Lieferant B verfügbar 0-3	Bewertg
1					
2					
3					
4					
5					
6					
7					
8					
9					
10					
11					
12					
13					
14					
Gesamtwert Mußkriterien					

Kannkriterien

	Gewichtung Notwendig 0-2	Lieferant A verfügbar 0-3	Bewertg	Lieferant B verfügbar 0-3	Bewertg
1					
2					
3					
4					
5					
6					
7					
8					
9					
10					
11					
12					
Gesamtwert Kannkriterien					
Summe Muß- + Kannkriterien					

Entscheidung für Lieferant:

Unterschrift:

Prüfliste Software Qualität

Projekt Nr:
Projekttitel:
Projektleiter:

Software Hersteller und Produktname:

Produktbenutzg	Prüfkriterien:	geprüft	Bewertung
Benutzbarkeit:	Bedienerfreundlichkeit		
	Erlernbarkeit		
	Kommunikationsfähigkeit, Hilfen		
	Mengengerüst Eingabe		
	Mengengerüst Ausgabe		
	Antwortzeitverhalten Eingabe		
	Antwortzeitverhalten Ausgabe		
	Zugriffssteuerung		
	Zugriffsüberwachung		
Effizienz:	Speichereffizienz		
	Ausführungseffizienz		
Korrektheit:	Nachvollziehbarkeit		
	Vollständigkeit		
	Konsistenz der Daten		
	Testat von Wirtschaftsprüfer		
	ISO 9000 geprüft		
	Datenschutzauflagen		
Zuverlässigkeit:	Genauigkeit		
	Fehlertoleranz		
	Konsistenz		
	Einfachheit		
Produktwartung			
Wartbarkeit:	Konsistenz		
	Einfachheit		
	Genauigkeit		
	Software- Werkzeuge		
Testbarkeit:	Einfachheit		
	Gewissenhaftigkeit		
	Software- Werkzeuge		
Flexibilität:	Erweiterbarkeit		
	Allgemeingültigkeit		
	Selbsterklärbarkeit		
	Modularität		
Produktweiterverwendung			
Wiederverwendbarkeit:	Allgemeingültigkeit		
	Selbsterklärbarkeit		
	Modularität		
Portabilität:	Selbsterklärbarkeit		
	Modularität		
	Maschinenunabhängigkeit		
	unabhängig v. Systemsoftware		
Verknüpfbarkeit:	Modularität		
	Schnittstellenkonventionen		
	Datenstrukturkonventionen		

Prüfliste Formulardesign 1: Technische Angaben

Projekt Nr: ___________________
Projekttitel: ____
Prüfer: ____
Teilbereich: ____

Formularbezeichnung: ___________________ **Form Nr.** ________

Technische Angaben:
Papierqualität: Original: ___ Gramm / m²
        1. Kopie: ___ Gramm / m²
        2. Kopie: ___ Gramm / m²
        3. Kopie: ___ Gramm / m²
Selbstdurchschreibend mit Kohlepapier / Spezialpapier: _____________

Format A4 / A5 / sonst: Breite ___ mm x Höhe ___ mm,

Warum Sonderformat notwendig?_______________________________

Lage: hoch / quer

Ausfüllen: von Hand / mit Schreibmaschine (Typengröße?) ______ / mit EDV

Ausfüllanweisung vorhanden: Ja / Nein / Anlage

Zweck des Formulars:

____

____

____

____

____

____

Blanko Musterformulare (Sätze) und typische, ausgefüllte Exemplare liegen bei.

Besondere Hinweise zu den Beispielen

____

____

Prüfliste Formulardesign 2: Fragen zur Verwendung

Projekt Nr: ___________________
Projekttitel: ____

Formularbezeichnung: ____________________ **Form Nr.** _______

Fragen zur Verwendung	Antworten	Punkte
Wird das Formular nur für den ursprünglichen Zweck verwendet?	Ja	5
	Nein	10
Werden alle Felder ausgefüllt?	Immer	15
	Manchmal unvollständig	10
	Immer unvollständig	20
Werden alle Angaben wirklich benötigt?	Nie	5
	Manchmal	15
	Häufig	25
Werden nicht vorgesehene Angaben hinzu gefügt?	Nie	5
	Manchmal	15
	Häufig	25
Treten Fehler im Ablauf auf, wenn das Formular nicht richtig ausgefüllt wird?	Selten	5
	Manchmal	20
	Häufig	30
Was geschieht mit den Kopien?	Einige sind überflüssig	10
	Alle werden verteilt	5
	Es gibt keine Kopie	5
Wie häufig wird das Formular benötigt?	Täglich	20
	Wöchentlich	15
	Monatlich	5
	Läßt sich nicht feststellen	20
Wurde der Arbeitsablauf seit dem Entwurf des Formulars geändert?	Nein	5
	Kaum	10
	Stark	25
Wann wurde das Formular entworfen?	Vor weniger als 12 Monaten	5
	Vor mehreren Jahren	10
	Unbekannt	15
Wie lange braucht man, um alle Informationen zusammenzutragen?	Wenige Minuten	5
	Bis zu einer Stunde	20
	Mehr als eine Stunde	30

Übertrag ___________________

Prüfliste Formulardesign 3: Fragen zur Verwendung

Projekt Nr:
Projekttitel: ____ ___________________

Formularbezeichnung: ____________________________ Form Nr. _________

Fragen zur Verwendung	Antworten	Punkte
Woher kommen die Unterlagen / Informationen ?	Von Geschäftspartner(n)	10
	Von innerbetrieblichen Formularen	30
	Von internen & externen Belegen	20
	Durch (Telefon)Gespräche	15
	Notwendige Fachkenntnis	10
Werden Daten von anderen Formularen übernommen?	Nein	5
	Von einem Dokument	15
	Von mehreren Dokumenten	25
Wieviel Information wird ohne Änderung von anderen Dokumenten übernommen ?	Der überwiegende Teil	30
	Nur ein geringer Teil	10
	Gar nichts	5
Kommen die selben Daten auf mehreren Formularen vor, z.B. Anschrift?	Nein	5
	Bis zu 5 Formulare	15
	Bis zu 10 Formulare	25
	Mehr als 10 Formulare	30
Werden mit den Angaben auf dem Formular Informationen anderer Dokumente geprüft ?	Nein	5
	Ja, externe Dokumente	15
	Ja, interne Dokumente	20
	Ja, interne und externe Dokumente	20
Wie viele Dokumente werden geprüft ?	Keins	5
	Ein Dokument	15
	Mehrere Dokumente	25
Welche Berechnungen werden durchgeführt, um das Formular auszufüllen ?	Keine	10
	Grundrechnungsarten	10
	Zeilen-/spaltenw. Berechnung	30
	Komplizierte Formeln	25
Welche Hilfsmittel werden für die Berechnungen benutzt ?	Im Kopf	10
	Papier und Bleistift	15
	Tischrechner	25
	Andere Hilfsmittel	15

Übertrag von Seite 2 ___________________

Summe der Punkte (mind 110) ___________________

Prüfliste Formulardesign 4: Betriebsablauf

Projekt Nr: ______________

Projekttitel: ________________________________

Teilbereich: ________________________________

Formularbezeichnung: ______________________   Form Nr. ________

Das Formular im Betriebsablauf

WER macht **WAS**   **WANN**   **WIE OFT**   und **WARUM**

Beleg Original

______   ____________   __________   ___/___   __________

______   ____________   __________   ___/___   __________

______   ____________   __________   ___/___   __________

______   ____________   __________   ___/___   __________

______   ____________   __________   ___/___   __________

Beleg Kopie 1

______   ____________   __________   ___/___   __________

______   ____________   __________   ___/___   __________

______   ____________   __________   ___/___   __________

______   ____________   __________   ___/___   __________

______   ____________   __________   ___/___   __________

Beleg Kopie 2

______   ____________   __________   ___/___   __________

______   ____________   __________   ___/___   __________

______   ____________   __________   ___/___   __________

______   ____________   __________   ___/___   __________

______   ____________   __________   ___/___   __________

WER: Kunde, Lieferant, Abteilung im Hause (Einkauf, Verkauf, etc.)
WAS: erstellen, ändern, ergänzen, prüfen, versenden, ablegen (wo?), sonstiges
WANN: sofort, täglich morgens / abends, wöchentlich (Wochentag), monatlich,
          sonstige Termine
WIE OFT: Anzahl Vorgänge pro Zeiteinheit: Tag, Woche, Monat, sonstige Angaben
WARUM: Veranlasser, Grund, Vorschrift, Gesetz

Prüfliste Datensicherheit

Projekt Nr: _______________
Projekttitel: ____

1   Allgemeine Organisation
Verantwortlichkeiten Datenschutz, Organisation, EDV, Fachbereiche, Revision, Funktionstrennung

2   Mitarbeiter
Einstellung, Verpflichtung auf Geheimhaltung, BDSG, ungewöhliches Verhalten (Urlaub, Überstunden), Vertretungsregelung, Schlüsselgewalt.

3   Bauliche Maßnahmen
Brandschutz, Wassereinbruch, Klimaanlage, separate Stromversorgung, Wartungsmöglichkeit der DV-Geräte, Nottelefon, Einbruchssicherung außerhalb Bürozeit, Rauch-, Temperaturmelder.

4   Organisation der EDV-Abteilung
Gesamtdokumentation, Funktionentrennung, Zutrittsregelungen Rechner und Archiv, Testbetriebsregelung und Programmfreigabe, Logbuchführung (Datensicherung, Updates, Tagesgeschäft), Systemverwalter, Paßwortverwalter, Genehmigungsverfahren für Änderungen.

5   Katastrophenfall
Pflege des Katastrophenhandbuchs, neue Mitarbeiter einweisen, K-Schutzübungen, Adressenverzeichnis, Sicherungsdatenträger außerhalb.

6   Hard- und Software
Hardware: Vorbeugende Wartung, Reinigung, Ausweichanlage Software: Betriebssystemversion, Tuningmaßnahmen, Sicherheitsfunktionen.

7   Anforderungen Sicherheitsarchiv
Räumlichkeiten, Tresor, kein Starkstromkabel, Brandschutz, Auflagen des Versicherers.

8   Sicherheitsarchiv Türendurchgang
Feuerwiderstandsdauer, Einbruchschutz, Panikentriegelung, Notbeleuchtung, Zutrittsberechtigungen.

9   Sicherheitsarchiv Klimatisierung
Feuerschutzklappen, Brandmelder, Filter, Wartung.

10   Sicherheitsarchiv Elektroanlage / Feuerlöschvorrichtung
Hersteller, Montagefirma, Kabelpläne, Sicherungen.

11   Datenträger Lagerung / Transport / Ausgabe
Arbeitsarchiv, Sicherheitsarchiv, Archiv außerhaus, Logbuch, Mobiliar, verschließbare Transportcontainer, Empfangsberechtigung und Quittierung.

Geprüfte Punkte abhaken und die jeweiligen Lösungen / Vorschriften im Projekthandbuch ablegen.

Prüfliste Datenschutz

Projekt Nr:
Projekttitel:

In der Anlage zu § 9 des BDSG sind folgende zehn Kriterien aufgeführt und kurz erläutert:

1   Zugangskontrolle
Aufgabenstellung: Kein unbefugter Zugang zu den DV-Anlagen.
Lösung:

2   Datenträgerkontrolle
Aufgabenstellung: Verhinderung von lesen, kopieren, verändern, entfernen von Datenträgern.
Lösung:

3   Speicherkontrolle
Aufgabenstellung: Verhinderung von lesen, kopieren, verändern, entfernen von Datenspeichern.
Lösung:

4   Benutzerkontrolle
Aufgabenstellung: Verhindern unbefugte Nutzung über DFÜ-Systeme.
Lösung:

5   Zugriffskontrolle
Aufgabenstellung: Benutzung nur im Rahmen der Zugriffsberechtigung.
Lösung:

6   Übermittlungskontrolle
Aufgabenstellung: Nachweis der (möglichen) Datenübermittlungen.
Lösung:

7   Eingabekontrolle
Aufgabenstellung: Nachweis der Pflege personenbezogener Daten durch wen.
Lösung:

8   Auftragskontrolle
Aufgabenstellung: Bei Auftragsverarbeitung sichere Ausführung der Anweisungen des Auftraggebers.
Lösung:

9   Transportkontrolle
Aufgabenstellung: Verhinderung von lesen, kopieren, verändern, entfernen von Datenträgern beim Transport oder bei der Datenübertragung
Lösung:

10   Organisationskontrolle
Aufgabenstellung: Betrieblicher Organisationsablauf entsprechend den Anforderungen des Datenschutzes.
Lösung:

Geprüfte Punkte abhaken und die jeweiligen Lösungen / Vorschriften im Projekthandbuch ablegen.

Prüfliste Auftragsvergabe

Projekt Nr: ______________
Projekttitel: ______________________________________
Projektleiter: ______________________________________
Projektbeginn: ___ / ___ / ___   gepl. Inbetriebnahme: ___ / ___ / ___

	Auftragnehmer:	**Subunternehmer:**
Name	________________	________________
Straße	________________	________________
Plz,Ort	________________	________________
Telefon	________________	________________
Fax	________________	________________
Bearbeiter	________________	________________

Leistungsumfang: Pflichtenheft   vom ___ / ___ / ___
        schriftl.Auftrag ___________ vom ___ / ___ / ___
        Schriftverkehr: ___________ vom ___ / ___ / ___

Nebenleistungen: Fracht, Installation,Einführungsunterstützung, frei / nach Aufwand
Nebenkosten: An- / Abreise: Zeitaufwand, Reisekosten, Spesen
Vertragsform: Kauf-, Lizenz-, Werks-, Dienstleistungsvertrag

Vergütung: lt Auftragsbestätigung, nach Aufwand, Preisbindungsfrist, Gleitklausel
Zahlungstermine: bei Lieferung, bei Betriebsbereitschaft, bei Abnahme, Stufenplan
Zahlungsfristen: netto, Skonto, Termine, sonstiges, Abnahme
Liefertermine: fest, nach Fertigstellung, Stufenplan

Gewährleistungs- Fristen, Beginn, Leistungsumfang, Ort, Ausschlüsse, Teil-,
fragen: Endabnahme, Beginn Verjährungsfrist, Gewährleistungbeginn
Haftungsfragen: Umfang, Fristen, Ausschlüsse

Vertragskündigung: aus wichtigem Grund,

____

Leistungsverzug: Fristen, Strafen, Rücktrittsrecht

Sonst.Vereinbarungen:

____

Lizenzrechte: eigene, Dritter, Quellencode liefern / bei Notar hinterlegen

Geheimhaltung: Verpflichtung, Referenzliste, Konkurrenzklausel, Fristen

Eigenleistung: Umfang, Termine, Verzugskonsequenzen

AGB, Vertragsform: juristisch geprüft, notwendig ab TDM _________ Auftragswert.

Projektbestellanforderung

Projekt Nr: _______________
Projekttitel: ____
Projektleiter: ____
Projektbeginn: ___ / ___ / ___   gepl. Inbetriebnahme: ___ / ___ / ___

Bestelltermin: ___ / ___ / ___   geplante Anlieferung: ___ / ___ / ___
geplante Inbetriebnahme der folgenden Waren: ___ / ___ / ___

Folgende Positionen sind für obigen Anlieferungstermin zu bestellen:

Pos.   Beschreibung (lt Angebot, Datenblatt)   Menge   E-Preis   Wert

1   ____

2   ____

3   ____

4   ____

5   ____

6   ____

7   ____

8   ____

9   ____

10   ____
Nebenkosten:
Verpackung / Fracht / Installation / Schulung / etc   DM _______________

Gesamtbetrag für diesen (Teil-)Auftrag   DM _______________

Vorgeschlagener / Vorgeschriebener Lieferant

____

____

Angebot liegt (nicht) vor: Nummer _______________   vom ___ / ___ / ___

Zahlungstermine:
bei Lieferung / Inbetriebnahme / Abnahme zuzüglich übliche Fristen.
Zahlungsbedingungen:
Netto / Skonto, Tage / Termine

Aktivitätenblatt

Projekt Nr: _______________
Projekttitel: ____
Projektleiter: ____
Projektbeginn: ___ / ___ / ___   gepl. Inbetriebnahme: ___ / ___ / ___

Delegation = 7 x W: Was, Wer, Wie, Womit, Wo, Wann, Warum
Projektphase:
Information, Konzept, Definition, Entwicklung, Prototyp, Fertigung, Nutzung

Aktivität Nr: __   Titel _______________________________

Plantermin: ___ / ___ / ___   revidierter Plantermin: ___ / ___ / ___
geplante Inbetriebnahme: ___ / ___ / ___
Abhängigkeiten:
Vorleistungen:____
Folgeaktivitäten:____

Beschreibung der Aktivität

____
____
____
____
____
____
____
____
____

Ausgaben für Aktivität gesamt   DM _______________
Arbeitsaufwand   Manntage _______   DM _______________
Bemerkungen:
____
____
____

Fertiggestellt durch: _______________________ **am:**   ___ / ___ / ___

Projektfortschrittsmeldung

Projekt Nr: ________________
Projekttitel: ____
Projektleiter: ____
Projektbeginn: ___ / ___ / ___   gepl. Inbetriebnahme: ___ / ___ / ___
von Projektmitarbeiter: ____

Berichtszeitraum: von ___ / ___ / ___   bis ___ / ___ / ___

Projektstatus:

💣____ 🔔____ ☹____ ✋____ 😐____ ☝____ ☺____ 👍____
✓

bitte ankreuzen

Im Zeitraum geplante Aktivitäten:

ldf Nr	Aktivität	Dauer in Stunden geplant	benötigt	Art der Arbeit	Status 0-100 %
___	___________	___	___	___	___
___	___________	___	___	___	___
___	___________	___	___	___	___
___	___________	___	___	___	___
___	___________	___	___	___	___

Ungeplante Aktivitäten:

ldf Nr	Aktivität	Dauer in Stunden geplant	benötigt	Art der Arbeit	Status 0-100 %
___	___________	___	___	___	___
___	___________	___	___	___	___

Art der Arbeit:
Analyse, Beratung, Schulung, Programmierung, Test, Fehlerbeseitigung, Fortbildung, sonstige Tätigkeit

Bemerkungen:

____
____
____
____

Projektmonatsbericht

Projekt Nr:
Projekttitel:
Projektleiter:
Projektbeginn: ___ / ___ / ___   gepl. Inbetriebnahme: ___ / ___ / ___

Berichtszeitraum: von ___ / ___ / ___   bis ___ / ___ / ___

Projektstatus:

💣___ 🔔___ ☹___ ✋___ 😐___ ☝___ ☺___ 👍___

✓

bitte ankreuzen

Inhalte:
geplante Aktivitäten wurden fertiggestellt: (Nr aus Plan)

____

____

____

geplante Aktivitäten wurden nicht fertiggestellt (Begründung: Anlage)

____

zusätzliche Aktivitäten wurden fertiggestellt: (Begründung: Anlage)

____

Terminplanung:
Kritische Termine müssen verschoben werden: JA / NEIN
Unkritische Termine müssen verschoben werden.   JA / NEIN
Meilensteintermine müssen verschoben werden   JA / NEIN
Abläufe müssen neu geplant werden.   JA / NEIN
Terminaussagen im Moment nicht möglich   JA / NEIN
Endtermin kann gehalten werden   JA / NEIN
Voraussichtliche Abweichung um   ca ________ Tage / Wochen

Kosten:	TDM PLAN	TDM IST	TDM Abw	% Abw
Projektgesamtkosten Planung	______			
Ausgaben bis Vormonat	______	______	______	______
Ausgaben bis laufender Monat	______	______	______	______
Bestellobligo	______	______	______	______
noch verfügbarer Saldo	______	______	______	______

STAND DES PROJEKTS	PLAN	IST	Proz.Abweichg
Prozent fertig per Termin	______	______	______
Ausgabenstand in TDM	______	______	______

Datum: ___ / ___ / ___ Projektleiter: _______________________

Datum: ___ / ___ / ___ Verantwortl. Finanzen: _______________________

Anlage zum Projektmonatsbericht

Projekt Nr: ________________
Projekttitel: ________________
Projektleiter: ________________

Berichtszeitraum: von __ / __ / ___   bis ___ / ___ / ___

Projektstatus:

💣 ___ 🔔 ___ ☹ ___ ✋ ___ 😐 ___ ☝ ___ ☺ ___ 👍 ___

✓

bitte ankreuzen

Geplante, nicht fertiggestellte Arbeiten:

Nr Plan	Aktivität Stichwort	Begründung Stichwort	Proz fertig	n. Termin KW / Jahr
__	________________	________________	__	__ / __
__	________________	________________	__	__ / __
__	________________	________________	__	__ / __
__	________________	________________	__	__ / __
__	________________	________________	__	__ / __

Begründungen: Abwesenheit Dienstreise, Urlaub, Krankheit   wegen neuer Piorität verschoben
wegen Design Änderung gestoppt   sonstige betriebl.Aufgaben
Hardware Fehler, Software Fehler   Lieferantenproblem
Vorausgesetzte Aktivität Nr ________ nicht fertig

Zusätzliche, nicht geplante Aktivitäten wurden bearbeitet:

Nr Plan	Aktivität Stichwort	Begründung Stichwort	Proz fertig	n. Termin KW / Jahr
__	________________	________________	__	__ / __
__	________________	________________	__	__ / __
__	________________	________________	__	__ / __
__	________________	________________	__	__ / __
__	________________	________________	__	__ / __

Begründungen: vorgezogen wegen neuer Priorität   vorgezogen wegen freier Kapazität
übernommen von: ________________   neu aufgenommen, fehlte im Konzept
sonstige ________________

Datum ___ / ___ / ___ Sachbearbeiter: ________________

Datum ___ / ___ / ___ Projektleiter: ________________

Diagramm: Zeit- und Kostenfortschritt

Projekt Nr:
Projekttitel:
Projektleiter:
Projektbeginn: __ / __ / __   gepl. Inbetriebnahme: __ / __ / __
Status per: __ / __ / __

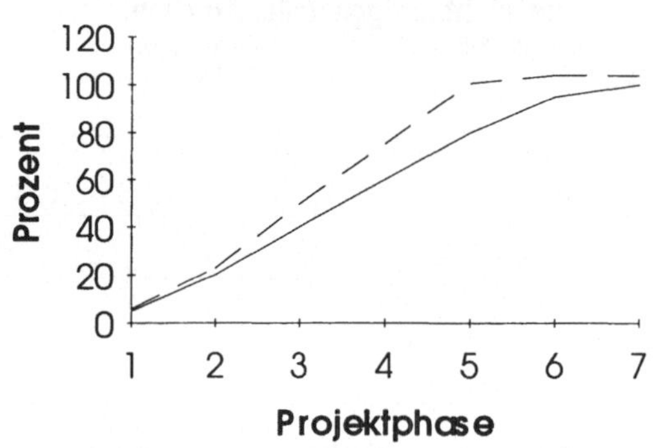

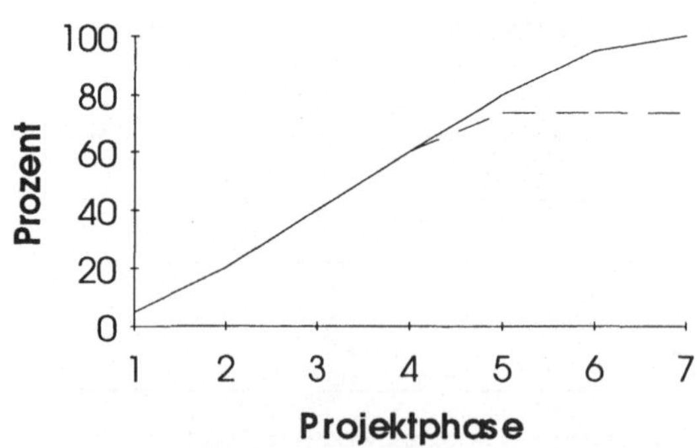

Beispiel einer graphischen Ausgabe aus einer Tabellenkalkulation

Programmiervorgabe 1: Eingabe, Verarbeitung

Projekt Nr: _______________

Projekttitel: ____

Projektleiter: ____

Projektbeginn: ___ / ___ / ___   gepl. Inbetriebnahme: ___ / ___ / ___

Programmtitel: _______________________________________

Beginn Programmierg: ___ / ___ / ___   gepl. Inbetriebnahme: __ / ___ / __

1. Eingaben:
Dateien / Datenbanken:

____

____

____

Datenfelder:

____

____

____

____

Bildschirmeingaben:

____

____

____

____

2. Verarbeitung / Formeln / Vorschriften / Plausibilitätskontrollen:

____

____

____

____

____

____

Programmiervorgabe 2: Ausgabe

Projekt Nr:
Projekttitel: ____

Programmtitel: ____

3. Ausgaben:
Dateien / Datenbanken:

____

____

____

Datenfelder:

____

____

____

Bildschirm: (Layout anfügen, Hinweis auf Terminaltyp)

____

____

____

Drucker: (Layout anfügen, Hinweis auf spezielle Formulare und Drucker)

____

besondere Hinweise (Ablauforganisation, Zugriffsschutz, Laufzeit, etc)

____

Kalk. Aufwand in Manntagen	Plan	IST	
Analyse	_____	_____	
Programmierung	_____	_____	
Test	_____	_____	
Integration	_____	_____	
Schulung	_____	_____	
Gesamt	_____	_____	Manntage

Nebenleistungen (intern / extern)   **DM**

Programmiervorgabe: Dauerkalkulation

Projekt Nr: _________________
Projekttitel: _________________
Programmtitel: _________________

| Aktivitäten | * Schwierigkeitsgrad * | | | * Qualifikationsfaktor * Programm Mitarbeiter | | Sachgebiet | Kalk. |
	nieder	normal	hoch	PFI	MAFI	SQFI	Dauer
Eingabe Definitionen	1	4	6	___	___	___	___
Eingabemaske(n)	1	4	8	___	___	___	___
Ausgabemaske(n)	1	4	8	___	___	___	___
Blättern-Funktion	2	3	5	___	___	___	___
Datenbankzugriffe	1	3	5	___	___	___	___
Mehrfach (match) Zugriffe	2	3	5	___	___	___	___
Datenstruktur	2	5	8	___	___	___	___
Druckausgabe(n)	1	3	6	___	___	___	___
Plausibilitätsprüfungen	2	5	8	___	___	___	___
Plausi mit DB-Zugriff	2	3	5	___	___	___	___
Berechnungen	1	3	6	___	___	___	___
Integration	2	4	6	___	___	___	___
Fremddateien	2	6	8	___	___	___	___
DFÜ	2	4	8	___	___	___	___
Utilities	2	2	4	___	___	___	___
				___	___	___	___
				___	___	___	___
				___	___	___	___
				___	___	___	___
Gesamt Punkte / Stunden	24	56	98				___
Gesamt Tage	**3**	**7**	**13**				___

Punktbewertung Schwierigkeitsgrad: 1 Punkt entspricht 1 Stunde ungestörter Arbeit

Dauer = Schwierigkeitsgrad x (MA-Faktor + SQ Faktor)

| Mitarbeiter Qualifikationsfaktor (MAF) | | | Sachgebiet Qualifikationsfaktor (SQF) Kenntnisstand | | | |
| | min | max | erforderliche Kenntnisse | vorhandene Kenntnisse | | |
				gute	einige	keine
Senior Projektierer	0,5	0,8	detailierte	0,8	0,2	0,0
Projektierer	1,0	1,5	gute	1,0	0,4	0,0
Junior Projektierer	1,5	3,0	allgemeine	1,3	0,6	0,1
Projektierer-Trainee	3,0	4,0	sonstige	1,5	0,8	0,2
			keine	1,8	1,0	0,3

Projekt(phasen)freigabe

Projekt Nr: _______________

Projekttitel: _______________

Projektleiter: _______________

Projektbeginn: ___ / ___ / ___   gepl. Inbetriebnahme: ___ / ___ / ___

Phasenbeginn: ___ / ___ / ___   gepl. Abschluß: ___ / ___ / ___

tatsächlicher Abschluß: ___ / ___ / ___

Die Projektphase: _______________

ist abgeschlossen: o Inhalte   o Termine   o Kosten

Die nächste Projektphase: _______________

beginnt am: __ / __ / __,   der Abschluß ist geplant per: ___ / ___ / ___

Genehmigtes Budget für diese Phase: TDM

Investitionen:

Hardware   _______

Softwarekauf   _______

Softwareentwicklung   _______

Schulung / Beratung   _______

Installationsmaßnahmen   _______

Sonstiges Material   _______

Investitionssumme für diese Phase   _______

Meldepflicht bei Abweichung von   _______

Geplante betriebl. Arbeitszeit   **Manntage**

ORG. / EDV   _______

Fachbereiche   _______

Meldepflicht bei Abweichung von   _______

Fortschrittsberichte:

wöchentlich an die Projektleitung,

monatlich an die Geschäftsleitung,   erstmals am: ____ / ____ / ____

Bemerkungen / Einschränkungen:

____

____

Projektleitung: _______________   Datum ___ / ___ /___

Geschäftsleitung: _______________   Datum ___ / ___ /___

Projektabnahmeprotokoll

Projekt Nr: ________________
Projekttitel: ____
Projektleiter: ____
Projektbeginn: ___ / ___ / ___   gepl. Inbetriebnahme: ___ / ___ / ___

Beginn Abnahmetest: __ / __ / __   gepl Inbetriebnahme: __ / __ / __
Folgende Programme / Module / Programmpakete wurden geprüft:

____

____

____

____

____

____

____

Aufgetretene ____ Mängel sind in beiliegender Mängelliste(n) 1 bis ___ detailliert aufgeführt.

Die oben aufgeführten Komponenten sind (teil-) abgenommen / nicht abgenommen.
Die Bezahlung der oben angeführten Komponenten ist freigegeben am / gesperrt bis
___ / ___ / ___
bzw. bis zur erfolgreichen Abnahme.

Teilzahlung vorzusehen: Komponenten lt. Angebot: ________________________
                            Prozentsatz vom Angebot   ____ %
                            pauschale Abschlagszahlung   DM ________

Nachbesserungen sind auszuführen bis: ___ / ___ / ___
Nächster Abnahmetermin: ___ / ___ / ___

Sonstige Bemerkungen:

____

____

____

Die Prüfungen wurden ausgeführt am / durch / Unterschrift:

Auftragnehmer: __ / __ / __   ________________ ________________

Auftraggeber: __ / __ / __   ________________ ________________

Projektabnahmeprotokoll Mängelliste

Projekt Nr: _______________
Projekttitel: ____
Projektleiter: ____
Projektbeginn: ___ / ___ / ___   gepl. Inbetriebnahme: ___ / ___ / ___

Lfd
Nr   Programm/Mangelbeschreibg/Ursache/Behebung: wie / wer / wann
1   ____
      ____
2   ____
      ____
3   ____
      ____
4   ____
      ____
5   ____
      ____
6   ____
      ____
7   ____
      ____
8   ____
      ____
9   ____
      ____
10   ____
      ____

Auftragnehmer: ___ / ___ / ___   ___________________________________
Auftraggeber: ___ / ___ / ___   ___________________________________

Blatt ___ von ___

Projektabschlußbericht

Projekt Nr: _______________

Projekttitel: ____

Projektleiter: ____

Projektbeginn: ___ / ___ / ___   gepl. Inbetriebnahme: ___ / ___ / ___

Gliederung:

1. Aufgabe (siehe Projektstammblatt)
2. Projektkurzbeschreibung
3. Ziele
4. Termine
5. Budget
6. Projektverlauf
7. Informationsphase
8. Konzeptphase
9. Definitionsphase
10. Entwicklungsphase
11. Prototypphase
12. Fertigungsphase
13. Nutzungsphase
14. Voraussetzungen
15. Änderungen
16. Zielerreichung
17. Terminabweichungen
18. Kosten: Unter- / Überschreitungen
19. Technische Probleme
20. Zusammenarbeit interne / externe Beteiligte
21. Bewertung
22. Projektziele
23. Verfahrensverbesserungen
24. finanzielle Verbesserungen
25. sonstige Verbesserungen
26. Weitere Maßnahmen
27. notwendige Maßnahmen
28. empfohlene Maßnahmen / zukünftige Verbesserungen
29. Resümee
30. Projektdokumentation

Störungsmeldung

Projekt Nr:
Projekttitel: _______________________

An	Von
Software Lieferant	**Benutzerfirma GmbH**
Hotline-Service	Herr/Frau
12345 Dingsda	**54321 Irgendwo**

Telefax - Nr: ______ / ______   Telefax - Nr: ______ / ______
Telefon - Nr: ______ / ______   Telefon - Nr: ______ / ______

Betr.: Störmeldung Nr: ______ zu Vertrags Nr: __________

Sehr geehrte Damen und Herren,

am __ / __ / __, um __ : __ Uhr ist die folgende Störung aufgetreten:

Im Softwarepaket: ____

Im Modul: ____

In Bildschirmmaske / auf Formular: ____

Beschreibung / mögliche Ursache / Behebung: wie / durch / bis Datum

____

____

____

____

Für weitere Informationen steht Ihnen unser Mitarbeiter: _____________________
Telefon __________ heute von __ : __ bis __ : __ Uhr zur zur Verfügung.
Das System steht völlig / ist bis auf obige Störung betriebsbereit / Tages-, Wochen-, Monats-
schlußarbeiten können / können nicht ausgeführt werden.
Besten Dank für umgehende Bearbeitung.

Mit freundlichen Grüßen

Benutzerfirma GmbH

Unterschrift

____

Bearbeitungsvermerk: Rückruf / Rückfax   am __ / __ / __ , um __ : __ Uhr
durch Herrn / Frau ________________
System wieder betriebsbereit   am __ / __ / __ , um __ : __ Uhr

Unterschrift ____

Verbesserungsvorschlag

Projekt Nr:
Projekttitel:
An Systemver-
antwortlichen:
Von Mitarbeiter:

Teilprojekt:
Programm:

1   Beschreibung der Situation:

2   Verbesserungsvorschlag:

Bildschirm und Drucker: (Layouts anfügen)
besondere Hinweise (Ablauforganisation, Zugriffsschutz, Laufzeiten)

3   Erzielbare Verbesserung(en):
3.1 Inhaltlich / 3.2 Ablauf, Zeitverhalten / 3.3 Kosteneinsparung

4   Nebeneffekte:

5   Kosten:

Kalk. Aufwand in Manntagen	**PLAN**	**IST**	
Analyse	___	___	
Programmierung	___	___	
Test	___	___	
Integration	___	___	
Schulung	___	___	
Gesamt	___	___	Manntage

Nebenleistungen (intern / extern)

6   Beschluß:
Verbesserung wird sofort / später / gar nicht eingeführt.
Begründung:

Tagessatz

Projekt Nr:
Projekttitel:
Projektleiter:

VERTRAULICH

Mitarbeiter / Leistungsgruppe:

Kostenart:	**Monatlich**	**im Jahr**
Bruttogehalt		
Zulagen		
Urlaubsgeld		
Weihnachtsgeld		
AG-Anteile:		
Rentenversicherung		
Krankenversicherung		
Arbeitslosenversicherung		
Sonstiges		

Gesamt: Gehaltskosten

zuzüglich
Verwaltungskosten
Arbeitsplatzkosten

Gesamt: Arbeitskosten

Produktive Arbeitszeit im Jahr
Werktage (z.B. 12 Monate à 20 Tage)
abzüglich
    Urlaub
    Schulungen
    Krankheit (Firmendurchschnitt)
    sonstige Abwesenheiten

Gesamttage (Durchschnitt)

Tagessatz 1 (Gehaltskosten / Gesamttage)   DM _______
Tagessatz 2 (Arbeitskosten / Gesamttage)   DM _______

Psychogramm des Projektleiters

Projekt Nr: ___________________
Projekttitel: ___________________
Projektleiter: ___________________

VERTRAULICH

Ihre Einschätzung: Eignung zum Projektleiter?

Welche Eigenschaften sind notwendig?
Inwieweit entsprecht er diesem Psychogramm?

	Soll-Gewichtung	Soll-Korrektur	Ist-Gewichtung
Kontaktfähigkeit	2	——	——
Begeisterungsfähigkeit	1	——	——
Teamgeist	3	——	——
Durchsetzungsvermögen	3	——	——
Streßstabilität	3	——	——
Persönliches Engagement	1	——	——
Verhandlungsgeschick	2	——	——
Anpassungsfähigkeit	1	——	——
Aggressivität	2	——	——
Flexibilität	2	——	——
Vitalität	1	——	——
Beharrlichkeit	2	——	——
Entscheidungsfreudigkeit	3	——	——
Risikofreudigkeit	2	——	——
Logik	2	——	——
Kreativität	3	——	——
Schnelle Auffassungsgabe	2	——	——
Systematik	2	——	——
Organisationstealent	2	——	——
Initiative	2	——	——
Kombinationsvermögen	2	——	——
Konzentrationsvermögen	2	——	——
Kostenbewußtsein	2	——	——
Abstraktionsvermögen	1	——	——
Sorgfalt	2	——	——
Gesamt	**50**	——	——

Sollgewichtung:	**Sollkorrektur**	**Istgewichtung:**
3 = entscheidend,	Betriebl. notwendig	3 = überdurchschnittlich
2 = wichtig,		2 = in normalem Umfang
1 = weniger wichtig,		1 = kaum
0 = unwichtig		0 = nicht **vorhanden**

Gesprächsvorbereitung

Projekt Nr:
Projekttitel:
Projektleiter:

Gesprächsthema:
Gesprächspartner:
Datum: ___ / ___ / ___, um ____:____ Uhr, vorraussichtliche Dauer ____ Min.

Was will ich, kann ich, muß ich erreichen?

Wo und wieweit kann ich ohne Probleme nachgeben?

Wie weit kann ich nachgeben unter eigenen Abstrichen?

Meine unabdingbare Mindestforderung (Schmerzgrenze):

Was wird der Gesprächspartner warum erreichen wollen?

Bemerkungen:

Einladung zur Besprechung

Projekt Nr: ________________
Projekttitel: ____
Projektleiter: ____

Datum: __ / __ / __ , um __:__ Uhr, Dauer _________ Stunden
im Gebäude: ______________________ , Raum _________
Koordination: ______________________
Teilnehmer:
Geschäftsleitung: ____
Abteilung:

_______________ ____
_______________ ____
_______________ ____

ORG-EDV: ____
Firma:

_______________ ____
_______________ ____

Thema / Ziel der Besprechung:

____

____

Besprechungspunkte:

Uhrzeit	Thema	GL-Teilnahme
__ : __	1. Darstellung der folgenden Besprechungspunkte	ja / nein
__ : __	2. _____________________________________	ja / nein
__ : __	3. _____________________________________	ja / nein
__ : __	4. _____________________________________	ja / nein
__ : __	5. _____________________________________	ja / nein
__ : __	6. _____________________________________	ja / nein
__ : __	7. _____________________________________	ja / nein
__ : __	8. _____________________________________	ja / nein
__ : __	.... Diskussion des Ergebnisses	ja / nein
__ : __	.... Beschlußfassung	ja / nein

Bitte um Teilnahmebestätigung bis: __ / __ / __ an Koordination
Bemerkungen:

____

Unterlagen: vorbereiten / mitbringen / werden (vorab) gestellt

Projekt(phasen)eröffnungsgespräch

Projekt Nr:
Projekttitel:
Projektphase:

Datum   __ / __ / __ , um ___:___ Uhr,   Dauer ______ Stunden

im Gebäude   _________________________ Raum _______________

Koordination: ____

Teilnehmer:
Geschäftsleitung   ____
Abteilungen:

ORG-EDV:
Firma:

Ziele des Gesprächs / Agenda:

Uhrzeit	Thema	GL-Teilnahme
__ : __	1. Vorstellung des Projekts / der Phase / des Status	ja
__ : __	2. Festlegen der Ecktermine der Projektabschnitte	ja
__ : __	3. Personelle Resourcen eigen / fremd	ja
__ : __	4. Festlegen Schulungsbedarf	
__ : __	5. Erarbeiten Struktur- und Ablaufplan zur Einführung des Systems	
__ : __	6. Zuordnung der Resourcen zu den Teilschritten	
__ : __	7. Überprüfen der Verfügbarkeit, Konfliktsituationen	
__ : __	8. Festlegen von Schnittstellen zur Betriebsorganisation	
__ : __	9. Festlegen organisatorische Maßnahmen	
__ : __	9.1 Installation: Hardware, Netzwerk, Sonstiges	
__ : __	9.2 Betriebliches Datenmodell	
__ : __	9.3 Ablaufdiagramme	
__ : __	9.4 Stoffsammlung aller betrieblichen Belege und Berichte	
__ : __	9.5 Neues Formularwesen	
__ : __	9.6 externe Schnittstellen	
__ : __	9.7	
__ : __	9.8	
__ : __	9.9	
__ : __	10. Festlegen der Reihenfolge: Module und Termine	
__ : __	11. Festlegen der Schulungstermine	
__ : __	12. Präsentation der Ergebnisse an die Geschäftsleitung	ja
__ : __	13. Diskussion der Ergebnisse	ja
__ : __	14. Beschlußfassung	ja

Bitte um Teilnahmebestätigung bis: ___ / ___ / ___ an Koordination

Besprechungsprotokoll

Projekt Nr: _______________
Projekttitel: ____
Projektleiter: ____

Datum   ___ / ___ / ___,um ___:___ Uhr, Dauer ______ Stunden
im Gebäude ____________________________,   Raum _________
Teilnehmer und Themen laut Einladung.
Nicht erschienen sind: ____
Weitere Anwesende: ____

Beschlußfassungen / Aktivitäten zu den Punkten:

1. Darstellung der Besprechungspunkte wurde akzeptiert / wurde wie folgt wiedersprochen:

____

____

Aktivität(en):____
Termin: ___ / ___ / ___ Verantwortlich: ___________________________
2. ____

Aktivität(en):____
Termin: ___ / ___ / ___ Verantwortlich: ___________________________
3. ____

Aktivität(en):____
Termin: ___ / ___ / ___ Verantwortlich: ___________________________
4. ____

Aktivität(en):____
Termin: ___ / ___ / ___ Verantwortlich: ___________________________
5. ____

Aktivität(en):____
Termin: ___ / ___ / ___ Verantwortlich: ___________________________
6. ____

Aktivität(en):____
Termin: ___ / ___ / ___ Verantwortlich: ___________________________

Protokollführer: ____________________   Datum ___ / ___ / ___

Anlagen: wurden ausgehädigt / liegen bei
Verteiler: Teilnehmer lt. Einladung und Anwesenheit
           weitere Teilnehmer   ________________________________
           mit Aufgaben Beauftragte   _____________________________
           zur Kenntnisnahme   ________________________________

Telefonatsvorbereitung

Projekt Nr:
Projekttitel:

Gesprächsthema:

Gesprächspartner: _______________________   Telefon Nr: _______ / ____________

Alternativer Partner: _______________________   Telefon Nr: _______ / ____________

Datum: ___ / ___ / ____   um ____ : ____ Uhr   voraussichtliche Dauer ____ Min

Was will ich erreichen?

Gesprächseinleitung: allgemein

Gesprächseinleitung: Bezug auf Vorgespräche, Schriftverkehr, etc

Wichtigsten Diskussionspunkt definieren (Interesse wecken)

Mein Angebot:

Seine mögliche(n) Reaktion(en) / meine Argumente

R: ____

A: ____

R: ____

A: ____

R: ____

A: ____

Vereinbarung / Termin / Bestätigung schriftlich / FAX / Rückruf am

Delegationsblatt

Projekt Nr:

Projekttitel: ____

Delegation = 7 x W: Was, Wer, Wie, Womit, Wo, Wann, Warum

Thema: ____

Von: ____

An Gesprächspartner: ____

Mit der Bitte um

o Kenntnisnahme   o Zustimmung   o Prüfung

o Vorbereitung   o Rücksprache   o Rückgabe

o Stellungnahme   o Bearbeitung   o Erledigung

o Weiterleitung

o _________________   o _________________

Frau / Herr _________________________   Telefon ________ / ________

Firma _________________________   in _________________________

o hat angerufen   o war hier   o kommt wieder

o ruft wieder an   o erbittet Rückruf   o erbittet Termin

Termin: __ / __ / __

Information:

____

____

____

____

____

____

____

____

____

Datum: __ / __ / __   Unterschrift: _________________________

Verpflichtung auf das Bundesdatenschutzgesetz BDSG

Firma
verpflichtet

den Mitarbeiter

Abteilung / Firma

auf Einhaltung des Datengeheimnisses gemäß §5 des BDSG.
Es ist Ihnen untersagt, geschützte personenbezogene Daten unbefugt zu einem anderen als dem zur jeweiligen rechtmäßigen Aufgabenerfüllung gehörenden Zweck zu verarbeiten, bekanntzugeben, zugänglich zu machen oder sonst zu nutzen.

Diese Verpflichtung besteht auch nach Beendigung Ihrer jetzigen Tätigkeit fort, das heißt sowohl bei Arbeitsplatz-, wie auch Arbeitgeberwechsel.

Verstöße gegen die Vorschriften des BDSG können nach dem **§43: Strafvorschriften** mit Freiheitsstrafe oder Geldstrafe oder nach dem **§44: Bußgeldvorschriften** mit Geldbuße belegt werden.

Ein Merkblatt über die von Ihnen zu beachtenden Bestimmungen des BDSG erhalten Sie ausgehändigt.

Unterschriften:
Firma   Verpflichtete Person

_______________________   _______________________
Funktion, Datum   Unterschrift, Datum

Ablage: Datenschutzbeauftragter oder Personalakte
             Verpflichtete Person

Merkblatt zum Bundesdatenschutzgesetz

Das Bundesdatenschutzgesetz (Stand 1990) bestimmt wie folgt:

§ 1 Allgemeine Bestimmungen

(1) Zweck des Gesetzes ist es, den einzelnen davor zu schützen, daß er durch den Umgang mit seinen personenbezogenen Daten in seinem Persönlichkeitsrecht beeinträchtigt wird.

(2) Dieses Gesetz gilt für die Erhebung, Verarbeitung und Nutzung personenbezogener Daten durch

1. Bund...

2. Länder...

3. nicht-öffentliche Stellen, soweit sie Daten in oder aus Dateien geschäftsmäßig oder für berufliche oder gewerbliche Zwecke verarbeiten oder nutzen.

§ 5 Datengeheimnis

Den bei der Datenverarbeitung beschäftigten Personen ist untersagt, personenbezogene Daten unbefugt zu verarbeiten oder zu nutzen (Datengeheimnis). Diese Personen sind, soweit sie bei nichtöffentlichen Stellen beschäftigt werden, bei der Aufnahme ihrer Tätigkeit auf das Datengeheimnis zu verpflichten. Das Datengeheimnis besteht auch nach Beendigung ihrer Tätigkeit fort.

§ 9 Technische und organisatorische Maßnahmen

Öffentliche und nichtöffentliche Stellen, die selbst oder im Auftrag personenbezogene Daten verarbeiten, haben die technischen und organisatorischen Maßnahmen zu treffen, die erforderlich sind, um die Ausführung der Vorschriften dieses Gesetzes, insbesondere die in der Anlage zu diesem Gesetz genannten Anforderungen, zu gewährleisten. Erforderlich sind Maßnahmen nur, wenn ihr Aufwand in einem angemessenen Verhältnis zu dem angestrebten Schutzzweck steht.

In der Anlage zu § 9 sind folgende zehn Kriterien aufgeführt und kurz erläutert:

Zugangskontrolle	Datenträgerkontrolle
Speicherkontrolle	Benutzerkontrolle
Zugriffskontrolle	Übermittlungskontrolle
Eingabekontrolle	Auftragskontrolle
Transportkontrolle	Organisationskontrolle.

Diese aufgeführten Kontrollbereiche sind in unseren betrieblichen Ablauf integriert und sorgfältig zu beachten.

Sachwortverzeichnis

S

T

Ü

U

V

W

X

Z

Computergestützte Netzplantechnik

Ein Leitfaden für Praktiker in Unternehmen

von Oskar Reichert

1994. X, 132 Seiten. Gebunden.
ISBN 3-528-05410-7

Aus dem Inhalt: Entwicklungen beim Einsatz der computergestützten Netzplantechnik – Gegenwärtiger Stand der computergestützten Netzplantechnik – Kurzbeschreibung von 26 Netzplantechnikprogrammen, insbesondere von PC-Programmen – Tabellarische Übersicht wichtiger Auswahlkriterien – Gemeinsamkeiten der untersuchten Programme – Bezugsadressen der Programme – Kriterien für die Auswahl eines Programmbeispieles für die computergestützte Anwendung.

Der Konkurrenzkampf auf den Märkten zwingt die Unternehmen bei Planungen und Ausführungen ihrer Projekte, Zeiten und Kosten zu minimieren. Daher gewinnt die computergestützte Netzplantechnik zunehmend an Bedeutung. In diesem Buch werden 26 Netzplanprogramme, insbesondere PC-Programme beschrieben, wichtige Auswahlkriterien in Tabellen zusammengestellt und die Bezugsadressen genannt. Dem Anwender der Netzplantechnik werden wesentliche Gesichtspunkte und Checklisten für die Auswahl eines Programmes geboten.

Verlag Vieweg · Postfach 58 29 · 65048 Wiesbaden

Die Feinplanung von DV-Systemen

Ein Handbuch für detailgerechtes Arbeiten in DV-Projekten

von Georg Liebetrau

1994. XII, 461 Seiten. Gebunden.
ISBN 3-528-05397-6

Aus dem Inhalt: Feinplanung als Teil eines Phasenkonzepts – Pojektorganisation – Einsatz der Benutzer – Datenmodellierung – Programmplanung – Ablauforganisation – Testplanung – Interne Normen – Nummerierungssysteme und Prüfziffern – Bilder und Dialoge – Hardware und Datennetz – Personalplanung – Infrastruktur – Datenübernahme – Sicherheit – Kostenkontrolle – Schulung – Werkzeuge – Vorlagen und Muster – Checklisten – Fallstudien – Glossar.

Informatikprojekte verlangen nach ihrem großen Entwurf die Planung vieler Einzelheiten. Das Buch beschreibt alles, was in dieser Feinplanung getan werden muß – bei vielem auch, wie man es machen könnte. Der Stoff ist in 24 Kapitel unterteilt, die einzeln erarbeitet werden können. Die dargestellten Verfahren sind einfach und praktisch bewährt. Beispiele und eine Fallstudie in Fortsetzungen beleuchten die einzelnen Themen. Vorlagen und Muster erleichtern die Arbeit in jedem Projekt. Eine Checkliste mit nahezu 300 Positionen soll Sicherheit bieten, daß keine Tätigkeit vergessen oder zu spät begonnen wird.

Verlag Vieweg · Postfach 58 29 · 65048 Wiesbaden